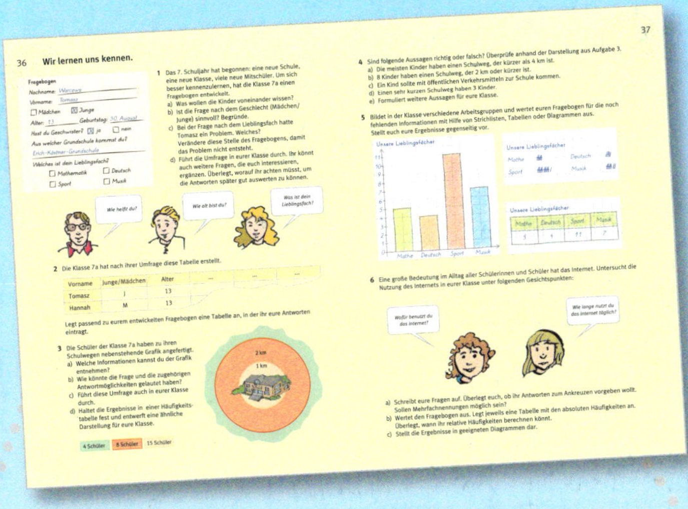

Besondere Seiten befassen sich vertieft mit einem interessanten Thema.

Auf einen Blick: Der Stoff des Kapitels ist jetzt komplett. Die erste Seite enthält das **Grundwissen** des Kapitels in kompakter Form. Auf den nächsten drei Seiten kannst du dein Wissen und Können mit **abwechslungsreichen Aufgaben** auf **unterschiedlichen Anforderungsstufen festigen** und **vertiefen.**

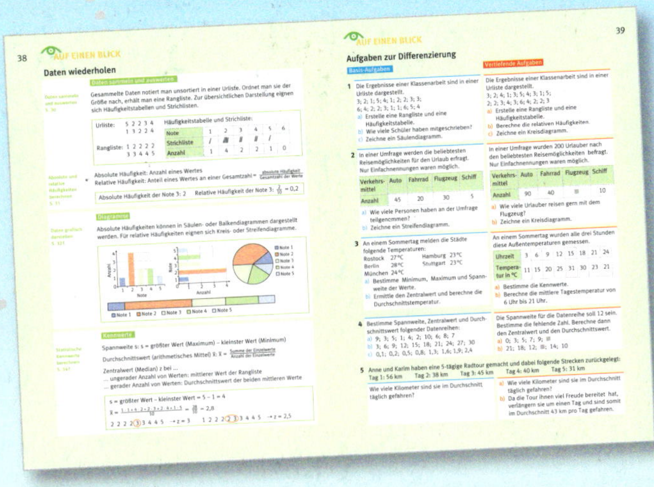

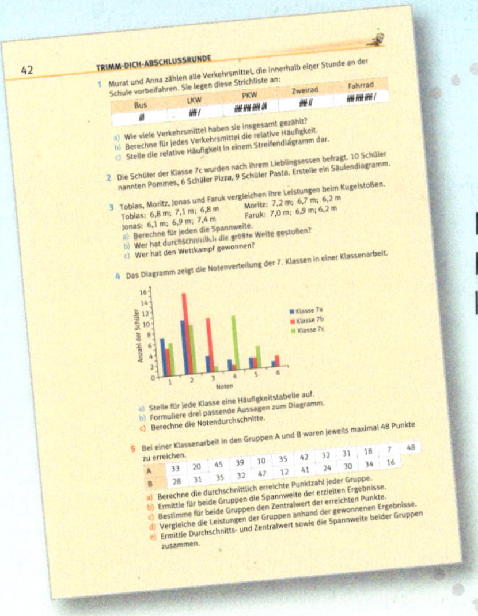

Das Kapitel ist abgeschlossen. Bist du fit? In den **Trimm-dich-Abschlussrunden** kannst du es testen.

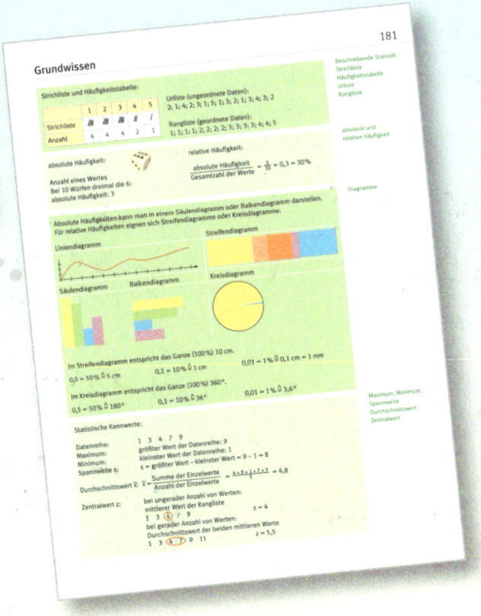

Im **Grundwissen** ab Seite 181 ist das komplette Merkwissen zusammengetragen.

FORMEL 7

Mathematik

Herausgegeben von Martina Liebchen

Bearbeitet von Katrin Haugk, Kerstin Heuer, Carola Hoppe,
Martina Liebchen, Julia Müßig, Gretel Ost, Frank Ufert und Regina Walther

C.C.Buchner

FORMEL 7

Mathematik

Herausgegeben von Martina Liebchen

Bearbeitet von Katrin Haugk, Kerstin Heuer, Carola Hoppe, Martina Liebchen, Julia Müßig, Gretel Ost, Frank Ufert und Regina Walther

Formel 7 wurde erarbeitet auf Basis der Lehrwerksreihe „Formel – neu“, herausgegeben von Karl Haubner, Walter Sailer, Engelbert Vollath und Simon Weidner.

2. Auflage, 3. Druck 2022
Alle Drucke dieser Auflage sind, weil untereinander unverändert, nebeneinander benutzbar.

www.ccbuchner.de

Redaktion: Sonja Krause
Grafische Gestaltung: ARTBOX Grafik und Satz GmbH, Bremen
Druck- und Bindearbeiten: Firmengruppe Appl, aprinta Druck, Wemding

ISBN 978-3-661-**60037**-6

Inhaltsverzeichnis

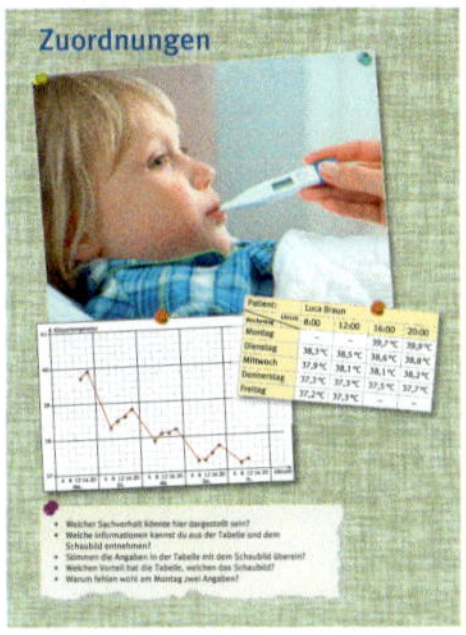

Prozentrechnung
50% off
Sale

Beschreibung und
Konstruktion von Dreiecken

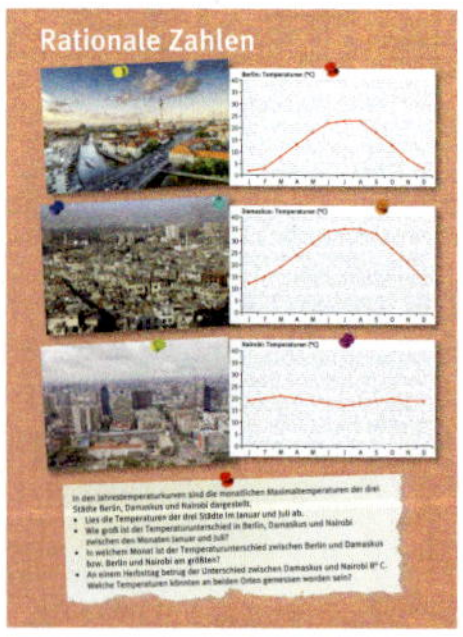
Rationale Zahlen

Terme und Gleichungen

Umfang und Flächeninhalt von Figuren

Rechenstrategien

Liebe Schülerinnen und Schüler,

vermutlich seid ihr nun schon einige Tage an eurer neuen Schule und in eurer neuen Klasse. Vielleicht habt ihr schon Freunde gefunden. Und nun wieder Mathematik! Nicht alle von euch denken mit guten Gefühlen an dieses Unterrichtsfach. Wir haben für euch ein Schulbuch gestaltet, das euch zeigen soll, dass man erfolgreich Mathematik lernen kann, um fit für das Leben und den Beruf zu sein. Manchmal wird es nötig sein, sich noch einmal an einzelne Themen aus der Grundschule zu erinnern. Aber nicht jeder muss alles wiederholen. Löst die Aufgaben des Basiswissenchecks so gut wie ihr könnt und besprecht mit euren Lehrern, welche Seiten des Kapitels Rechenstrategien ihr bearbeitet. Ihr werdet sehen, dass euch dann der Einstieg in die neuen Themen der 7. Klasse leicht fällt.

Viel Erfolg wünscht euch das Autorenteam von Formel 7

Julya
Wiktoria
Hamza
Zakaria
Ivelina
Tagi
Paul
Kevin
Jonas
Ali
Max
Hakan
Jacqueline
Georgie
Jeremy

Basiswissencheck

S. 10/11

Stellenwertsystem

1 Welche Zahlen sind größer oder kleiner als 1800?

1000   8000   1700   1008   8100   1810   1708   1709   1801

2 Setze das richtige Zeichen ein: >, < oder =.

a) 6048 ■ 6084
b) 9840 ■ 9480
c) 7007 ■ 7070
d) 5000 ■ 4990

S. 12/13
S. 14/15

Addition und Subtraktion

3 Versuche möglichst viele Aufgaben im Kopf zu lösen.

a) 58 + 37
b) 360 + 241
c) 358 + 37
d) 465 + 465
e) 930 – 465
f) 57 – 34
g) 21 – 19
h) 187 – 89
i) 400 – 299
j) 437 + 282 + 63 + 118
k) 437 – 15 – 150 – 22

4 Setze die richtige Zahl ein.

a) ■ + 101 = 500
b) ■ – 399 = 901
c) 901 – ■ = 450

S. 16/17
S. 18/19

Multiplikation und Division

5 Versuche möglichst viele Aufgaben im Kopf zu lösen.

a) $9 \cdot 9$
b) $10 \cdot 11$
c) $11 \cdot 11$
d) $5 \cdot 106$
e) $3 \cdot 28$
f) $450 \cdot 2$
g) $1089 \cdot 100$
h) $28 \cdot 3$
i) $75 \cdot 15$
j) 72 : 6
k) 125 : 25
l) 824 : 8
m) 17 000 : 1000
n) 900 : 2
o) 720320 : 40

6 Wie viel ist ...

a) ... die Hälfte von 700?
b) ... das Doppelte von 350?
c) ... das Hundertfache von 1000?
d) ...700 dividiert durch 2?

S. 20/21

Rechenstrategien in Sachzusammenhängen

7 Das Gartenbauamt muss pilzkranke Bäume fällen. In der Allee stehen 120 Bäume. Der 3., der 10. und der 15. Baum müssen gefällt werden.
Wie viele Bäume bleiben stehen?

8 Du veranstaltest eine Party und erwartest 58 Gäste. Du brauchst 72 Literflaschen Cola. Diese sind immer zu je drei Flaschen zusammen gepackt.
Du kannst nur zwei Dreierpacks tragen.

9 Im Supermarkt kannst du Apfelsinen verpackt in Kisten zu je 8 kg kaufen. Eine Kiste kostet 7,20 €. Du kannst aber auch die gleichen Apfelsinen zum selben Kilopreis lose kaufen. Du benötigst 5 kg. Wie viel musst du bezahlen?

Bruchrechnung

S. 22/23

10 Bestimme die Anteile der gefärbten Flächen.

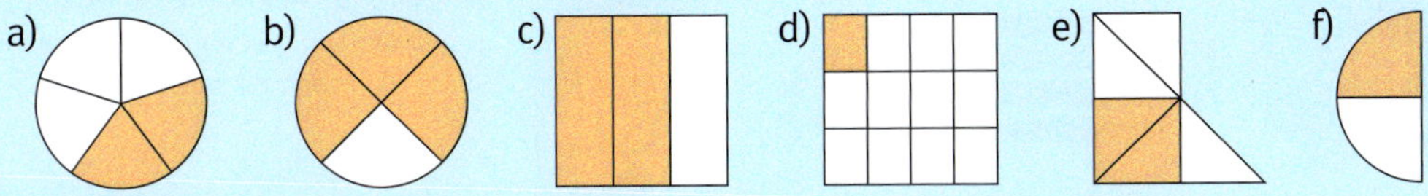

11 Übertrage und färbe ein.

a) $\frac{1}{10}$ aller Kreise

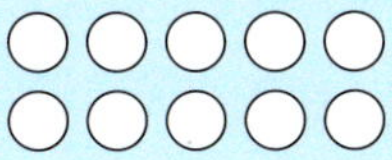

b) $\frac{1}{5}$ aller Kreise

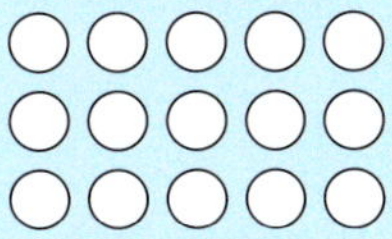

c) $\frac{3}{5}$ aller Kreise

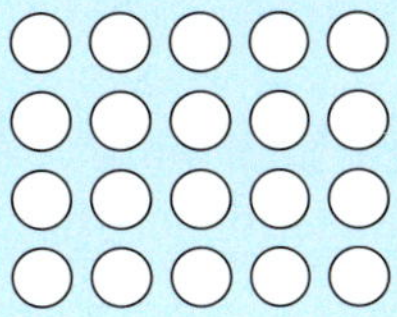

12 Schreibe als gemischte Zahl oder als natürliche Zahl.

a) $\frac{19}{4} = \blacksquare$ b) $\frac{77}{10} = \blacksquare$ c) $\frac{12}{3} = \blacksquare$ d) $\frac{25}{5} = \blacksquare$

13 Übertrage und ergänze, so dass wertgleiche Brüche entstehen.

a) $\frac{3}{7} = \frac{\blacksquare}{63}$ b) $\frac{\blacksquare}{9} = \frac{49}{63}$ c) $\frac{7}{\blacksquare} = \frac{84}{108}$ d) $\frac{3}{5} = \frac{33}{\blacksquare}$ e) $\frac{112}{180} = \frac{28}{\blacksquare}$ f) $\frac{80}{\blacksquare} = \frac{2}{3}$

14 Berechne.

S. 24/25

a) $\frac{3}{5} + \frac{1}{5}$
$\frac{4}{5} + \frac{3}{5}$

b) $\frac{4}{10} + \frac{3}{10}$
$\frac{6}{10} + \frac{3}{10}$

c) $\frac{3}{9} - \frac{1}{9}$
$\frac{4}{9} - \frac{3}{9}$

d) $\frac{7}{13} - \frac{3}{13}$
$\frac{5}{13} - \frac{3}{13}$

e) $\frac{6}{11} + \frac{5}{11} + \frac{4}{11}$
$\frac{8}{17} + \frac{4}{17} + \frac{3}{17}$

f) $\frac{7}{10} - \frac{2}{10} - \frac{1}{10}$
$\frac{8}{9} + \frac{3}{9} + \frac{5}{9}$

15 Berechne.

a) $3\frac{9}{15} - 2\frac{12}{15}$
$8\frac{3}{16} - 7\frac{9}{16}$

b) $4 - 1\frac{2}{9}$
$5 - 1\frac{2}{7}$

c) $12\frac{1}{10} - 2\frac{2}{10}$
$3\frac{4}{9} - 2\frac{5}{9}$

d) $6\frac{1}{3} - 3\frac{2}{3}$
$4\frac{1}{9} - 3\frac{2}{9}$

16 Berechne.

a) $\frac{7}{10} \cdot 5$ b) $\frac{7}{24} \cdot 6$ c) $3\frac{2}{5} \cdot 10$ d) $1\frac{3}{4} \cdot 8$ e) $1\frac{3}{7} \cdot 14$

17 Bestimme den Anteil.

S. 26

a) Von 21 Schülern sind $\frac{3}{7}$ Nichtschwimmer.

b) Von 24 Schülern sind $\frac{3}{4}$ Mädchen.

c) Von 36 Schülern sind $\frac{2}{9}$ Brillenträger.

d) Von 18 Schülern sind $\frac{5}{6}$ Fahrschüler.

Das Stellenwertsystem

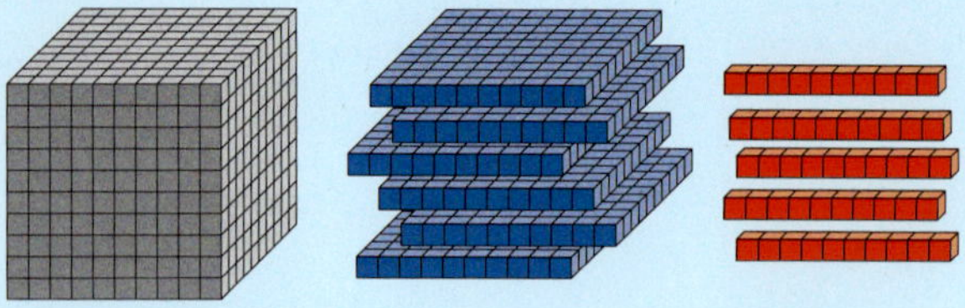

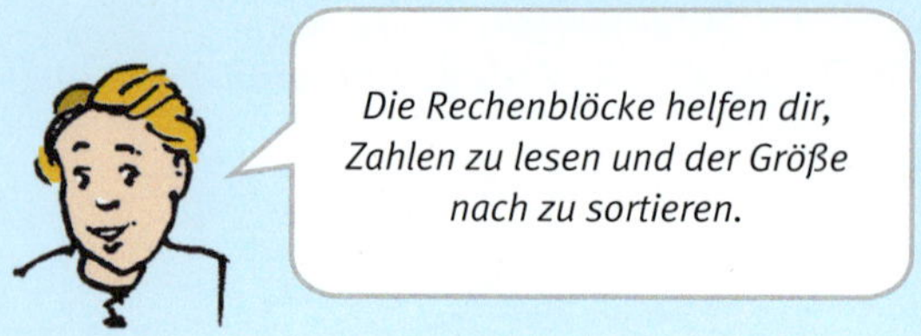

Mit diesen Rechenblöcken kann man Zahlen darstellen:
- Tausenderblock (T)
- Hunderterplatten (H)
- Zehnerstangen (Z)
- Einerwürfel (E)

Die oben gelegte Zahl lautet 1 656
und wird „eintausendsechshundertsechsundfünfzig“ gelesen.

Das Stellenwertsystem – Zahlen lesen

Im Stellenwertsystem werden immer 10 Rechenblöcke zusammengefasst.

Tausender (T)	Hunderter (H)	Zehner (Z)	Einer (E)
3. Bündelung	2. Bündelung	1. Bündelung	Einheit
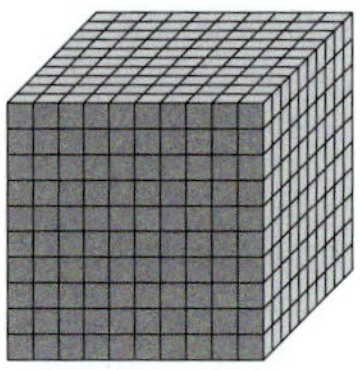	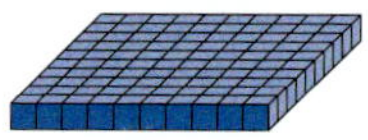		
1 Tausenderblock	1 Hunderterplatte	1 Zehnerstange	1 Einerwürfel

1 Ordne die Rechenblöcke in Gedanken, lies und schreibe als Zahl.

a) 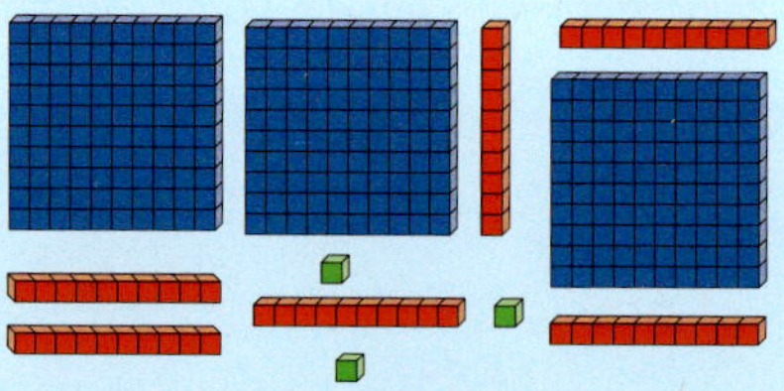

b) 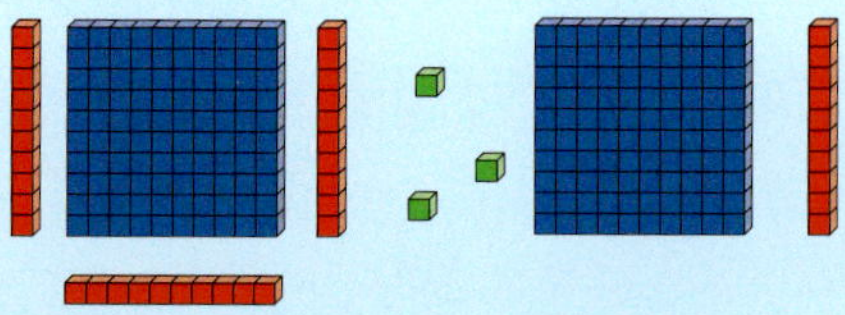

c) 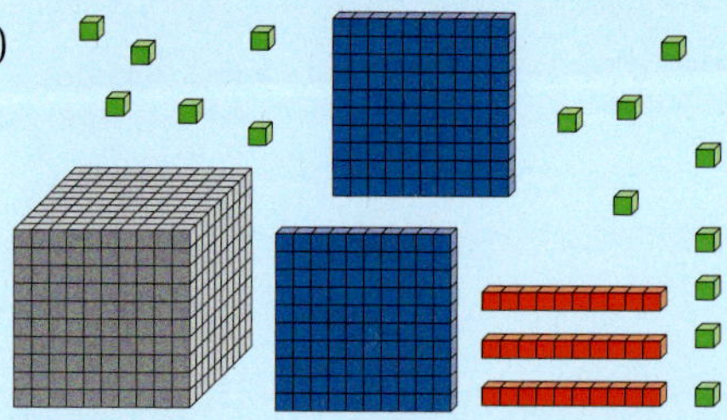

d) 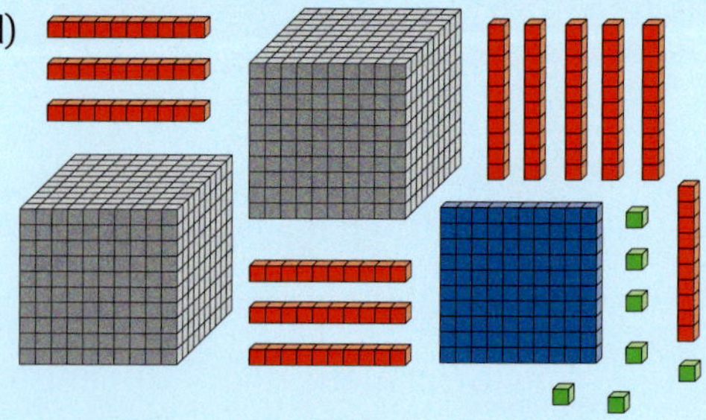

2 Schreibe die dazugehörenden Zahlen und lies sie.

a)

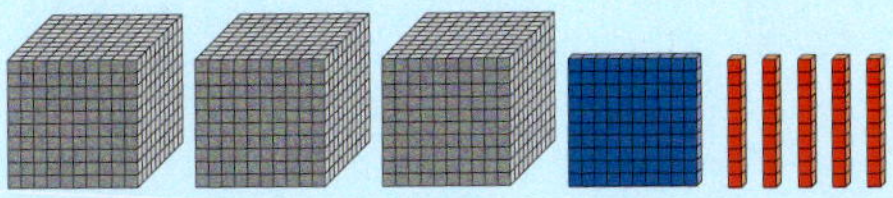

b)

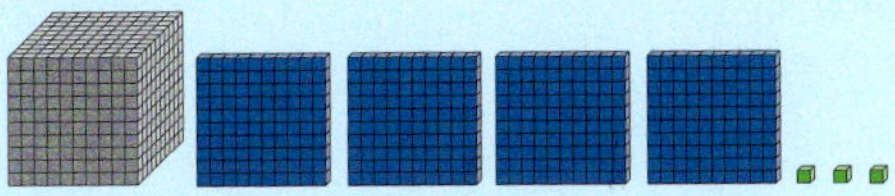

3 Lege in Gedanken Rechenblöcke und schreibe als Zahl.

a) fünftausendvierhundertzweiundzwanzig
b) eintausendundvier
c) siebzehntausendachthundertneunzehn
d) zweitausendzweihundert

Das Stellenwertsystem – Zahlen ordnen und vergleichen

Beim Vergleich von Zahlen ist der Wert der größten Stelle entscheidend.

Tom	Tina	Jens

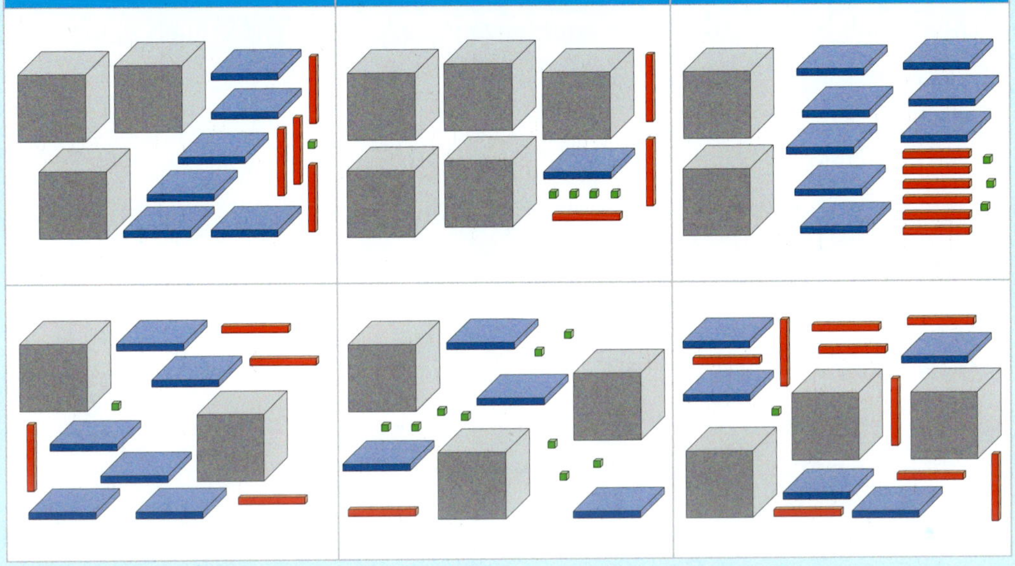

Tom hat die Zahlen 3 641 und 2 641 gelegt.

3 641 ist größer als 2 641. Oder umgekehrt: 2 641 ist kleiner als 3 641.

Das schreibt man kurz auch so:

$3641 > 2641$ Oder umgekehrt: $2641 < 3641$

4 a) Schreibe auf, wie viele Würfel Tina und Jens jeweils vor sich haben.
b) Ordne die Zahlen von Tina und Jens der Größe nach.
c) Ordne alle Zahlen der Größe nach. Beginne einmal mit der kleinsten, dann mit der größten Zahl.

5 Finde fünf Zahlen, die ...

a) größer als 5 000 sind. b) größer als 6 291 sind. c) kleiner als 8 705 sind.

6 Übertrage und setze das richtige Zeichen ein: >, < oder =.

a) 3 471 ■ 3 417 b) 7 382 ■ 7 328 c) 5 917 ■ 5 197 d) 4 368 ■ 4 683

Die Addition – addieren

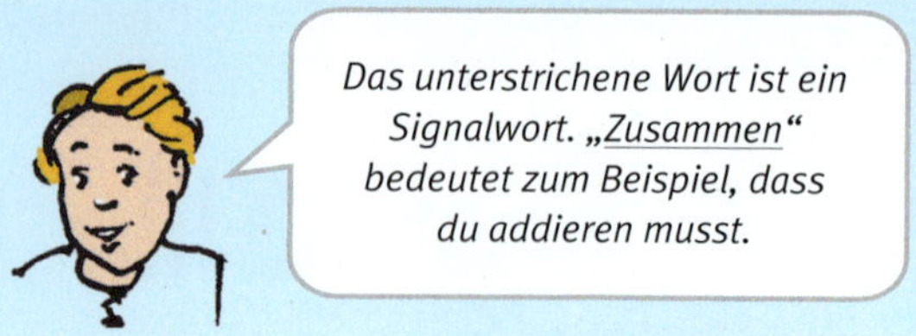

Frage:
Wie viele Lose wurden zusammen verkauft?

Rechnung:
126 (1. Summand) + (plus) 30 (2. Summand) = 156 (Summe)

Antwort:
Es wurden 156 Lose verkauft.

Rechentechniken helfen dir dabei, Additionsaufgaben sicher und schnell zu lösen.

Stellenwertrechnen

Mit den Rechenblöcken lassen sich Additionsaufgaben veranschaulichen.

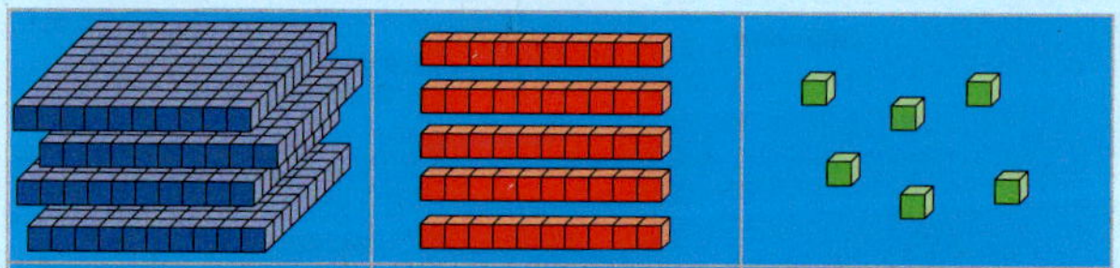

Hunderter (H)	Zehner (Z)	Einer (E)
4	5	6

Pl	St	W		Pl	St	W
H	Z	E		H	Z	E
4	5	6	+			3
4	5	6	+		3	0
4	5	6	+	3	0	0

1. Schreibe die Additionsaufgaben auf und löse sie.

2. Rechne genauso. Du kannst in Gedanken auch Rechenblöcke verwenden.
   a) 225 + 4 b) 225 + 40 c) 225 + 400 d) 225 + 4000

Zahlenzerlegungen

Jede Zahl lässt sich auf verschiedene Weisen in zwei Summanden zerlegen.

5 = 0 + 5 5 = 1 + 4 5 = 2 + 3 5 = 4 + 1 5 = 5 + 0

Diese Zerlegungen sind bei schwierigeren Additionsaufgaben hilfreich.

145 + 24 = ■	145 + 240 = ■
145 + 20 = 165	145 + 200 = 345
165 + 4 = 169	345 + 40 = 385
145 + 24 = 169	145 + 240 = 385

3. Bilde aus den Kärtchen Additionsaufgaben und rechne genauso.
   Kannst du die Zerlegungen schon in Gedanken ausführen?

324 531 445 612 + 43 52 34 21

Übergänge

Additionsaufgaben mit Übergängen rechnen sich einfach, wenn man die Zahlen im Kopf zerlegt und bündelt.

600 + 900 = 1 500

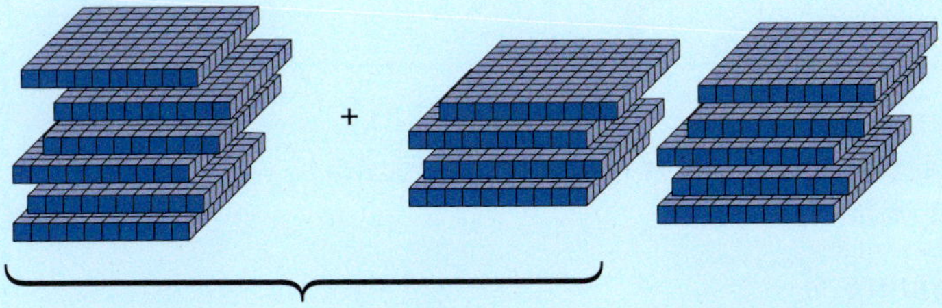

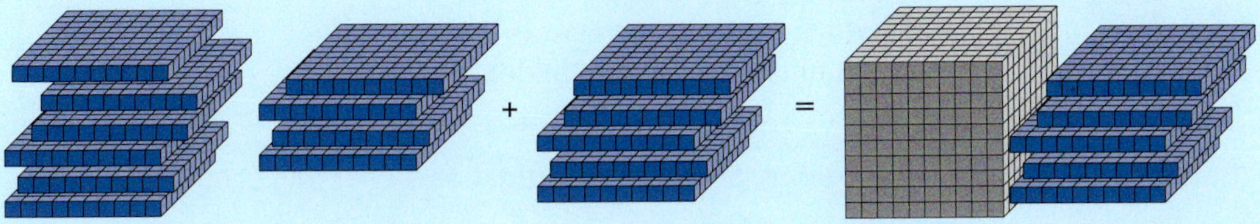

Manchmal rechnet es sich einfacher, wenn man die Summanden vertauscht.
600 + 900 = 900 + 600

4 Rechne genauso.
a) 90 + 50 b) 300 + 800 c) 1 200 + 900

Schriftliche Addition

	T	H	Z	E
	4	6	9	5
+	1	2	3	2
		1		
	5	9	2	7

5 Schreibe untereinander und addiere.
a) 4 235 + 2 436 b) 4 235 + 4 456 c) 4 235 + 584

Textaufgaben

6 Die Klasse 7c verkaufte auf dem Schulfest 83 Lose.
Die Klasse 7d hat 59 Lose mehr verkauft.

7 Herr Trebuth fährt einen LKW mit Gemüse von Berlin nach München.
Sein Tachometer zeigt bei Hof 18 800 km an.
Bis München sind es noch 320 km.

Die Subtraktion – subtrahieren

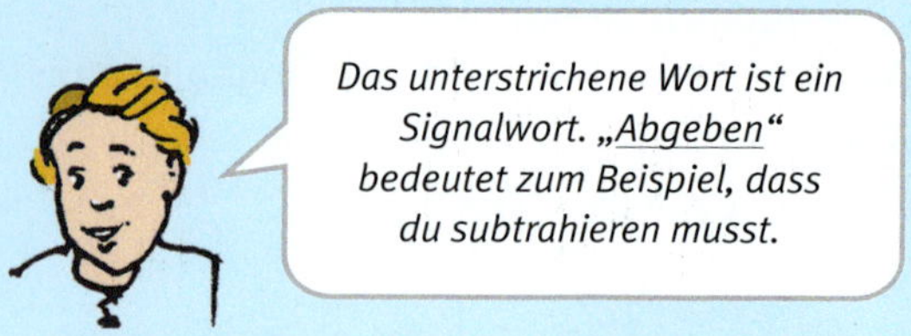

Frage:
Wie viele Sammelbilder hat der Schüler noch, wenn er 25 abgegeben hat?

Rechnung:
150 (Minuend) – (minus) 25 (Subtrahend) = 125 (Differenz)

Antwort:
Er hat noch 125 Sammelbilder.

Rechentechniken helfen dir dabei, Subtraktionsaufgaben sicher und schnell zu lösen.

Addition und Subtraktion gehören zusammen.

Die Subtraktion ist die Umkehrung der Addition.
Wenn ich zu 125 Sammelbildern 25 dazulege, habe ich wieder 150.
150 – 25 = 125   125 + 25 = 150

❶ Rechne genauso und notiere die zugehörige Additionsaufgabe.
a) 160 – 20   b) 55 – 4   c) 80 – 5   d) 130 – 15

❷ Finde heraus, welche Zahl addiert wurde. Notiere die zugehörige Subtraktionsaufgabe.
a) 5 261 + ■ = 5 761   b) 356 + ■ = 386   c) 1 478 + ■ = 7 478

Stellenwertrechnen

Mit den Rechenblöcken lassen sich Subtraktionssaufgaben veranschaulichen.

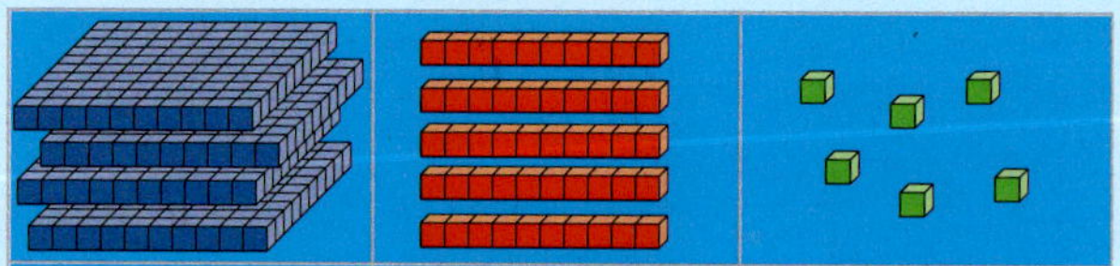

Hunderter (H)	Zehner (Z)	Einer (E)
4	5	6

Pl	St	W		Pl	St	W
H	Z	E		H	Z	E
4	5	6	–			3
4	5	6	–		3	0
4	5	6	–	3	0	0

❸ Schreibe die Subtraktionsaufgaben auf und löse sie.

❹ Rechne genauso. Du kannst in Gedanken auch Rechenblöcke verwenden.
a) 655 – 4   b) 655 – 40   c) 655 – 400

Zahlenzerlegungen

Zahlenzerlegungen sind bei auch bei Subtraktionsaufgaben hilfreich.

145 – 24 = ■	1 450 – 240 = ■
145 – 20 = 125	1 450 – 200 = 1 250
125 – 4 = 121	1 250 – 40 = 1 210
145 – 24 = 121	1 450 – 240 = 1 210

5 Bilde aus den Kärtchen Subtraktionsaufgaben und rechne genauso.
Kannst du die Schritte schon in Gedanken ausführen?

879 467 786 998 – 45 54 33 25

Entbündeln

Subtraktionsaufgaben mit Übergängen rechnen sich einfach, wenn man Stellen entbündelt.
Möchte man also mehr Einer, Zehner oder Hunderter subtrahieren als da sind, entbündelt man die nächsthöhere Stelle.
236 – 60 = 176

6 Rechne genauso.
a) 845 – 63 b) 516 – 42 c) 983 – 93 d) 275 – 19

Schriftliche Subtraktion

	H	Z	E
	4̇	4̇	2
–	2	8	9
	1	5	3

7 Schreibe untereinander und subtrahiere.
a) 651 – 232 b) 496 – 369 c) 9 007 – 4 328 d) 3 005 – 1 237

Textaufgaben

8 Die Klasse 7c verkaufte auf dem Schulfest 183 Lose.
Die Klasse 7d hat 59 Lose weniger verkauft.

9 Der älteste Baum der Welt – eine japanische Tanne – ist 7240 Jahre alt.
Der älteste Baum in Deutschland – eine Gerichtslinde im Reinhardswald – ist 1400 Jahre alt.
Wie alt war die japanische Tanne, als die Linde gepflanzt wurde?

Frage:
Wie oft darf man insgesamt werfen?

Rechnung:
$3 + 3 + 3 + 3 = 12$
Das kann man kürzer schreiben: $4 \cdot 3$
4 (Multiplikand oder 1. Faktor) · (multipliziert mit)
3 (Multiplikator oder 2. Faktor) = 12 (Produkt)

Antwort:
Es darf 12-mal geworfen werden.

Rechentechniken helfen dir dabei, Multiplikationsaufgaben sicher und schnell zu lösen.

Verdoppeln und Halbieren

Mit Hilfe von Verdoppeln und Halbieren kann man andere Multiplikationsaufgaben lösen.

$1 \cdot 8 = 8 \quad \Leftrightarrow \quad 2 \cdot 8 = 16 \quad \Leftrightarrow \quad 4 \cdot 8 = 32 \quad \Leftrightarrow \quad 8 \cdot 8 = 64$

1 Rechne genauso.

a) $1 \cdot 6$ $2 \cdot 6$ $4 \cdot 6$ $8 \cdot 6$ b) $10 \cdot 6$ $5 \cdot 6$ c) $3 \cdot 6$ $6 \cdot 6$

Zahlenzerlegungen

Diese Aufgaben des kleinen Einmaleins müssen auswendig gelernt werden:

1 · ■ 2 · ■ 5 · ■ 10 · ■

Mit diesen „Kernaufgaben“ kann man andere Multiplikationsaufgaben lösen.

6 · 6	4 · 6	9 · 6
5 · 6 + 1 · 6	5 · 6 – 1 · 6	■ · 6 – ■ · 6
30 + 6	■ – ■	■ – ■
6 · 6 = 36	4 · 6 = ■	9 · 6 = ■

2 Übertrage die Schemas und vervollständige sie. Rechne dann genauso. Kannst du die Schritte schon in Gedanken ausführen?

a) $3 \cdot 6$ b) $7 \cdot 6$ c) $8 \cdot 6$ d) $12 \cdot 6$

Die Multiplikation – multiplizieren

Mit Verdoppeln und Halbieren lassen sich auch diese Aufgaben leicht lösen:

$10 \cdot ■ \Leftrightarrow 20 \cdot ■$ $\quad$ $50 \cdot ■ \Leftrightarrow 100 \cdot ■$

Damit lassen sich noch schwierigere Multiplikationsaufgaben lösen:

$15 \cdot 4 = 10 \cdot 4 + 5 \cdot 4 = 40 + 20 = 60$

$12 \cdot 7 = 10 \cdot 7 + ■ \cdot ■ = ■ + ■ = ■$

$13 \cdot 8 = ■ \cdot ■ + ■ \cdot ■ = ■ + ■ = ■$

Manchmal rechnet es sich einfacher, wenn man die Faktoren vertauscht.

$7 \cdot 14 = 14 \cdot 7$

3 Übertrage die Rechnungen und vervollständige sie. Rechne dann genauso.
Kannst du die Schritte schon in Gedanken ausführen?

a) $16 \cdot 7$ b) $14 \cdot 8$ c) $8 \cdot 21$ d) $3 \cdot 53$

Zahlen lassen sich auch mit Multiplikationsaufgaben auf verschiedene Weise zerlegen.

$38 = 5 \cdot 7 + 3$ $\quad$ $38 = 3 \cdot 10 + 8$ $\quad$ $38 = 4 \cdot 8 + 6$

4 Finde für die Zahlen fünf unterschiedliche Zerlegungen.

54 87 33 96

Schriftliche Multiplikation

H	Z	E		
4	5	6	·	3
	1	3	6	8

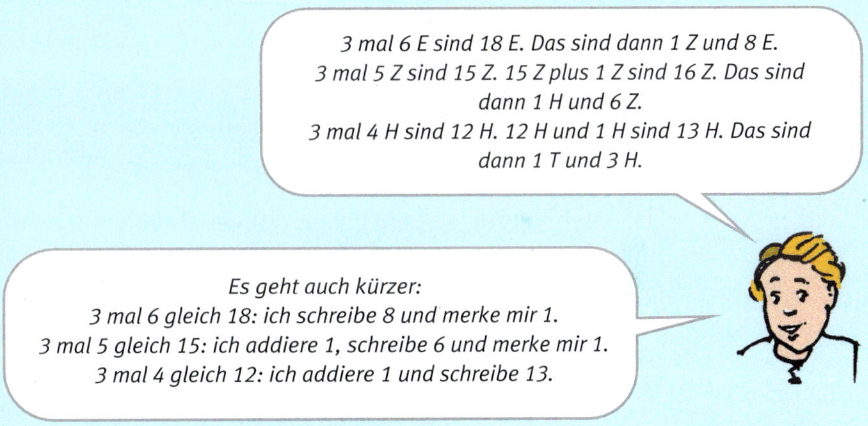

5 Rechne genauso.

a) $4\,384 \cdot 5$
b) $8\,204 \cdot 7$
c) $26\,390 \cdot 8$
d) $54\,087 \cdot 7$

Textaufgaben

6 Am Schluss des Schulfestes findet ein Staffellauf der 7. Klassen statt.
Aus jeder der vier Klassen starten 12 Schüler.
Wie viele Schüler laufen mit?

7 In Berlin werden an jedem Tag durchschnittlich 1 250 Tonnen Müll bei den Recyclinghöfen abgeben.
Wie viel Tonnen kommen in einer Woche zusammen?

Die Division – dividieren

Frage:
Wie viele Bonbons bekommt jeder Freund?

Rechnung:
24 (Dividend) : (geteilt durch) 4 (Divisor) = 6 (Quotient)

Antwort:
Jeder Freund bekommt 6 Bonbons.

Rechentechniken helfen dir dabei, Divisionsaufgaben sicher und schnell zu lösen.

Multiplikation und Division gehören zusammen.

Die Division ist die Umkehrung der Multiplikation.
Wenn vier Freunde jeweils sechs Bonbons bekommen, haben sie zusammen 24 Bonbons.

$24 : 4 = 6$ $\qquad$ $6 \cdot 4 = 24$

1 Berechne genauso und notiere die zugehörige Multiplikationsaufgabe.
a) 12 : 4 b) 16 : 8 c) 24 : 3 d) 30 : 6 e) 21 : 7

Unterschiedliche Einteilungen

Beim Verteilen gleich vieler Gegenstände gibt es unterschiedliche Möglichkeiten.
24 Kisten sollen auf Waggons aufgeladen werden.

① Auf die Waggons eines ersten Zuges passen immer 6 Kisten.

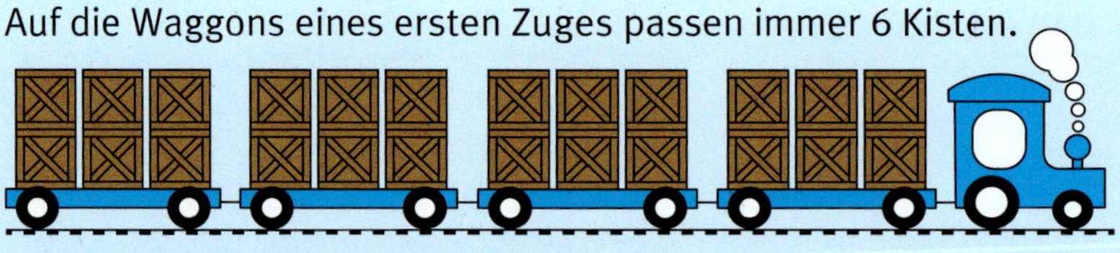

$24 : 6 = 4$ Man braucht 4 Waggons.

② Auf die Waggons eines zweiten Zuges passen immer 4 Kisten.

$24 : 4 = 6$ Man braucht 6 Waggons.

2 Finde unterschiedliche Divisionsaufgaben, z. B.: 30 : 5 = 6 und 30 : 6 = 5.
a) 40 b) 21 c) 54 d) 56 e) 63

Dividieren mit Rest

Nicht immer lassen sich alle Gegenstände vollständig und gerecht verteilen.
Es bleibt ein Rest.

22 Apfelsinen sollen in Netze zu je 6 Apfelsinen verteilt werden.
Also: 22 : 6 = 3 Rest 4 oder 22 = 3 · 6 + 4

3 Rechne genauso.

a) 38 : 6 b) 53 : 8 c) 92 : 9
d) 29 : 4 e) 85 : 9 f) 30 : 7

4 Übertrage die Rechnungen und vervollständige die Lücken.
Achte darauf, dass der Rest so klein wie möglich wird.

a) 59 = 7 · 8 + ■
29 = 3 · ■ + 2
b) 43 = 8 · ■ + ■
79 = 9 · ■ + ■
c) 67 = 7 · ■ + ■
86 = 9 · ■ + ■
d) 37 = 6 · ■ + ■
55 = 9 · ■ + ■
e) 85 = ■ · 9 + ■
28 = ■ · 5 + ■
f) 99 = ■ · 10 + ■
34 = ■ · 6 + ■

Schriftliche Division

	T	H	Z	E				T	H	Z	E
	3	6	7	8	:	3	=	1	2	2	6
–	3										
	0	6									
–		6									
		0	7								
	–		6								
			1	8							
		–	1	8							
				0							

5 Dividiere schriftlich.

a) 9213 : 3 b) 9840 : 5 c) 7101 : 9

Textaufgaben

6 Der Erlös aus dem Verkauf vom Kuchenstand in Höhe von 56 Euro soll an die vier beteiligten 7. Klassen aufgeteilt werden.

7 Im letzten Jahr hat es in Berlin und Brandenburg wenig geregnet.
Im Sommer gab sogar 45 Tage lang hintereinander keinen Regen.
Wie viele Wochen waren das?

Frage:
Wie viel muss man bei Barzahlung für das Auto zahlen?

Rechnung:
12 499 € – 550 € = 11 949 €

Antwort:
Das Auto kostet dann 11 949 €, also rund 12 000 €.

Überlege zunächst, was berechnet werden kann. Formuliere eine Frage, wenn im Text keine steht. Bestimme dann die Rechenart. Achte dabei auf Signalwörter. In der Antwort auf die Frage kannst du dein Ergebnis runden, wenn es sinnvoll ist.

1 Auf dem Gebrauchtwagenmarkt werden folgende Autos angeboten:
a) Das Auto kostet 9 000 €. Bei Barzahlung gibt es einen Preisnachlass von 350 €.
b) Das Auto kostet 6 999 €. Bei Barzahlung kostet es nur noch 6 700 €.
c) Das Auto kostet 8 500 €. Wenn es in Raten bezahlt werden soll, wird ein Aufschlag von 240 € fällig.
d) Das Auto kostet 5 999 €. Wenn es in Raten bezahlt wird, kostet es 6189 €.

2 a) In einer Kleinstadt in Brandenburg wohnen 4 375 weibliche und 3 976 männliche Personen. Wie viele Einwohner hat die Stadt zusammen?
b) Eine andere Stadt hat 6 430 Einwohner. Davon sind 3 576 weiblich.

3 In der ersten Woche besuchen 1 452 Personen das Hallenbad in Zossen, in der nächsten Woche sind es 2 051 Besucher und in der dritten Woche 2 457. Wie viele Personen haben in den drei Wochen insgesamt das Hallenbad besucht?

4 Eine Tafel Schokolade hat 24 Stückchen. Frau Schmidt verteilt sie im Kindergarten an fünf Kinder.

5 Ein Güterzug fährt die Strecke Hamburg – München (600 km).
a) Wie viele Kilometer fährt der Zug bei der Hin- und Rückfahrt?
b) Der Güterzug fährt viermal in der Woche hin und zurück.

6 Eine Tippgemeinschaft im Lotto hat 9 810 € gewonnen. Der Gewinn soll auf die sechs Mitspieler gleichmäßig verteilt werden.

7 Die Waldschule bestellt neue Computer mit Druckern. Für sieben Klassenzimmer soll das Komplettpaket in Höhe von jeweils 1 098 € bestellt werden.

8 Der Rhein ist 1 326 km lang. Der Amazonas ist mit 6 518 km der längste Fluss der Erde.

9 Bei einem Spiel erzielt Tom 14 186 Punkte und seine Schwester Tina 9 378. Toms Freund Yusuf schafft 12 028 und dessen Schwester Ayse 12 414 Punkte.
a) Welches Geschwisterpaar ist Sieger?
b) Wie viele Punkte hat Tom jeweils mehr erzielt als die übrigen?

10 Bakterien vermehren sich jeweils in 20 Minuten auf das Doppelte. Nach sieben Stunden sind es 2 097 000 Bakterien.
a) Wie viele Bakterien sind nach weiteren 20 Minuten?
b) Wie viele Bakterien sind es nach einer Stunde?

11 Rechenrätsel: ich denke mir eine Zahl. Überlege dir weitere Rechenrätsel und stelle sie deinen Mitschülern.

Brüche – ein Ganzes in gleiche Teile teilen

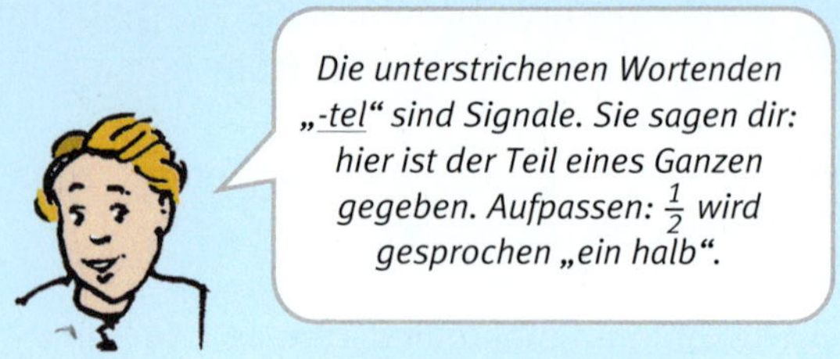

Frage:
Welche Pizzas sind in gleich große Stücke geteilt worden? Wie viele Stücke erhältst du bei diesen Pizzas?

Antwort:
Die zweite Pizza besteht aus vier gleichen Teilen. Ein Teil ist **ein Viertel** ($\frac{1}{4}$) einer Pizza.

Brüche

Teilt man ein Ganzes in gleich große Teile, erhält man Halbe, Drittel, Viertel, … ($\frac{1}{2}$, $\frac{1}{3}$, $\frac{1}{4}$, …). Nimmt man zwei von fünf gleichen Teilen heißt der Bruch $\frac{2}{5}$.

2 ist der Zähler. Er gibt an, wie viele Teile man vom Ganzen genommen hat.
5 ist der Nenner. Er gibt an, in wie viele gleiche Teile das Ganze aufgeteilt ist.

1 Schreibe die Antwort für die anderen in gleich große Teile geteilten Pizzas und formuliere wie in der Sprechblase.

Unterschiede zum Rechnen mit natürlichen Zahlen

Brüche können unterschiedlich dargestellt werden und sich in Form und Größe unterscheiden.

$\frac{1}{4}$ eines Rechtecks:

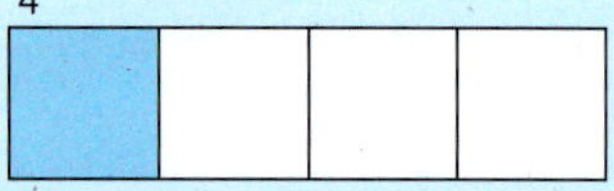

$\frac{1}{4}$ eines Kreises:

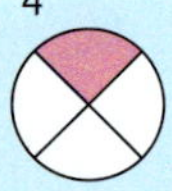

$\frac{1}{4}$ einer Strecke:

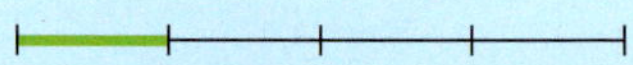

2 Stelle den Bruch $\frac{3}{4}$ an einem Rechteck, einem Kreis und einer Strecke dar.

Gleiche Brüche können unterschiedliche Bezeichnungen haben.
Sie heißen wertgleich.

$\frac{1}{3}$:

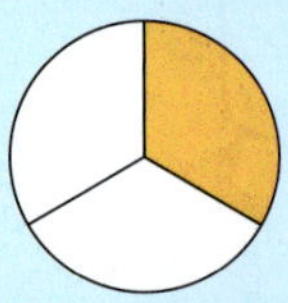

$\frac{2}{6}$:

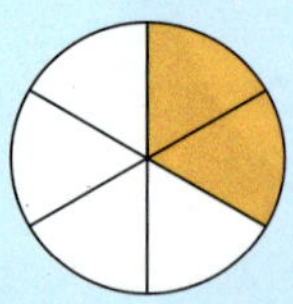

$\frac{4}{12}$:

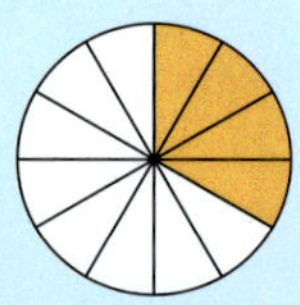

3 Zeichne dreimal ein Rechteck mit den Seitenlängen 3 cm und 12 cm. Stelle die Brüche $\frac{1}{3}$, $\frac{2}{6}$ und $\frac{4}{12}$ dar.

4 Suche wertgleiche Brüche. Schreibe so: $\frac{1}{2} = \frac{2}{4} = $ ■

a) $\frac{1}{3}$; $\frac{1}{4}$; $\frac{1}{9}$; $\frac{1}{10}$; $\frac{2}{3}$; $\frac{4}{5}$ b) $\frac{4}{6}$; $\frac{8}{10}$; $\frac{6}{8}$; $\frac{2}{4}$; $\frac{3}{6}$; $\frac{5}{10}$; $\frac{2}{8}$ c) Bilde selbst Aufgaben.

Anteile

Die Größe eines Anteils an einem Ganzen kann man berechnen.

5 Mare hat vier Lakritzstangen. Alle sind 12 cm lang. Sie möchte die erste Stange in Hälften, die zweite in Drittel, die dritte in Viertel und die vierte in Sechstel einteilen. Kannst du ohne zu zeichnen und auszumessen sagen, wie lang die Teile sind? Schreibe so: Die Hälfte von 12 cm sind ■ cm.

Natürliche Zahlen und Bruchzahlen

Natürliche Zahlen kann man auch als Bruchzahlen schreiben.

 oder 

Drei ganze Pfirsiche sind sechs halbe Pfirsiche: $3 = \frac{6}{2}$

6 Greta soll für das Schulfrühstück eine Quarkspeise herstellen. Für eine Portion braucht sie einen $\frac{1}{2}$ Pfirsich und 50 g Quark. Wie viele Portionen kann sie aus sechs Pfirsichen herstellen?

7 Stelle wie im Beispiel zeichnerisch dar und schreibe als Bruchzahl.

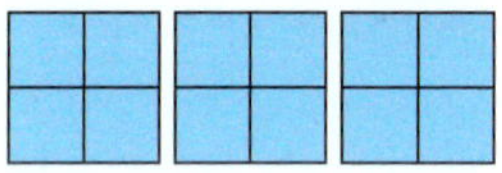

$3 = \frac{12}{4}$

a) $3 = \frac{■}{8}$ b) $3 = \frac{■}{5}$ c) $3 = \frac{■}{10}$ d) $3 = \frac{■}{3}$

Gemischte Zahlen

Natürliche Zahlen können mit Bruchzahlen gemeinsam auftreten. Diese Zahlen nennt man gemischte Zahlen.

 oder 

Fünf halbe Pfirsiche sind zwei ganze Pfirsiche und ein halber: $\frac{5}{2} = 2\frac{1}{2}$

8 Stelle wie im Beispiel zeichnerisch dar und schreibe als gemischte Zahl.

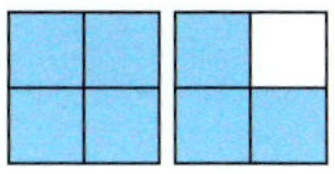

$\frac{7}{4} = 1\frac{3}{4}$

a) $\frac{5}{4}$ b) $\frac{9}{4}$ c) $\frac{3}{2}$ d) $\frac{9}{8}$

9 Wandle die gemischte Zahl wie im Beispiel in eine Bruchzahl um.

$1\frac{3}{5} = \frac{8}{5}$

a) $2\frac{7}{10}$ b) $4\frac{3}{4}$ c) $7\frac{5}{8}$ d) $3\frac{1}{2}$

Bruchzahlen addieren, subtrahieren und vervielfachen

Frage:
1) Wie viel Pizza gibt es zusammen?
2) Wie viel Pizza gibt es noch, wenn ein Viertel abgegeben wird?

Rechnung und Antwort:
1) $\frac{1}{4} + \frac{2}{4} = \frac{3}{4}$

Es gibt $\frac{3}{4}$ von einer Pizza.

2) $\frac{3}{4} - \frac{1}{4} = \frac{2}{4}$

Es gibt noch eine halbe Pizza, wenn ein Viertel abgegeben wurde.

Addieren und Subtrahieren von Bruchzahlen und gemischten Zahlen

Beim Addieren und Subtrahieren bleibt der Name der Teile (der Nenner) erhalten. Es ändert sich nur die Anzahl (der Zähler) der Teile.

❶ Schreibe zu den Bildern Additions- und Subtraktionsaufgaben und berechne.

❷ Schreibe zu den Grafiken wie in den Beispielen eine Additons- oder Subtraktionsaufgabe und berechne.

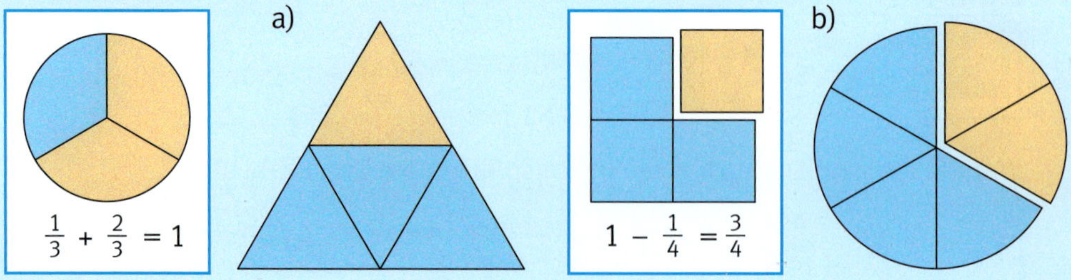

3 Beschreibe das Beispiel und löse dann.

$2\frac{3}{4} + \frac{3}{4} = 2\frac{6}{4}$ oder $3\frac{2}{4}$ oder $3\frac{1}{2}$

a) $1\frac{4}{5} + \frac{4}{5}$ b) $2\frac{9}{10} + \frac{8}{10}$ c) $5\frac{1}{3} + 2\frac{2}{3}$ d) $2\frac{4}{5} + 3\frac{3}{5}$

4 Beschreibe das Beispiel und löse dann.

$3\frac{1}{5} - \frac{4}{5} = 2\frac{6}{5} - \frac{4}{5} = 2\frac{2}{5}$

a) $5\frac{1}{4} - \frac{3}{4}$ b) $2\frac{3}{10} - \frac{7}{10}$ c) $9\frac{3}{8} - 6\frac{4}{8}$ d) $5\frac{1}{6} - 2\frac{5}{6}$

Vervielfachen von Bruchzahlen

Multipliziert man Bruchzahlen mit natürlichen Zahlen, kann man das auf eine Additionsaufgabe zurückführen.

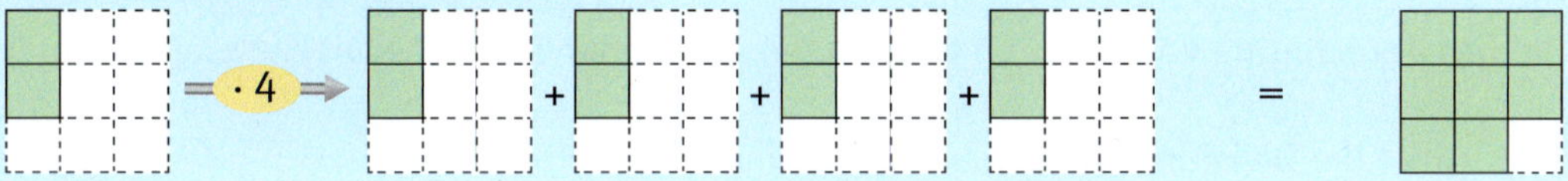

$\frac{2}{9} \xrightarrow{\cdot 4} \frac{2}{9} + \frac{2}{9} + \frac{2}{9} + \frac{2}{9} = \frac{8}{9}$

5 Notiere wie im Beispiel eine Multiplikations- und eine Additionsaufgabe und berechne.

a)

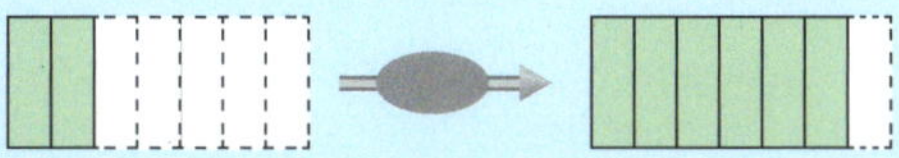

b)

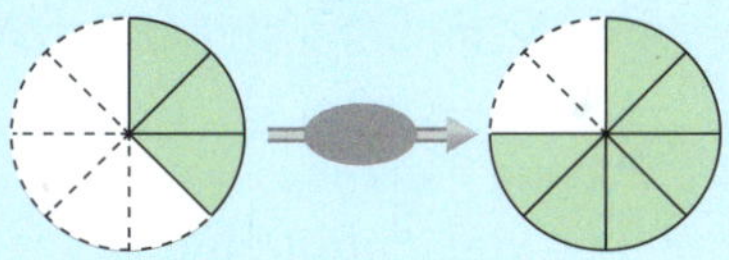

6 Berechne.

a) $\frac{3}{4} \cdot 3$ b) $\frac{5}{9} \cdot 6$ c) $\frac{2}{7} \cdot 5$ d) $\frac{5}{6} \cdot 10$ e) $\frac{3}{10} \cdot 7$

Textaufgaben

7 Für einen Kindergeburtstag wird ein großer Krug mit Apfelsaft bereitgestellt, in den vier Flaschen Apfelsaft mit jeweils $\frac{3}{4}$ Liter Inhalt geschüttet wurden. Wie viel Liter Apfelsaft enthält der Krug?

8 Fünfmal in der Woche trinkt Herr Özkan zum Mittagessen in seinem Betrieb einen halben Liter Milch. Wie viel Liter Milch trinkt er insgesamt in einer Woche?

9 Ein Säugling trinkt im ersten Monat täglich etwa $\frac{4}{5}$ l Milch. Im dritten Monat sind es schon $1\frac{1}{2}$ l pro Tag. Wie viel Liter Milch trinkt er im ersten Monat (1 Monat = 30 Tage)? Wie viel Liter Milch trinkt er im dritten Monat?

Anteile von Mengen bestimmen

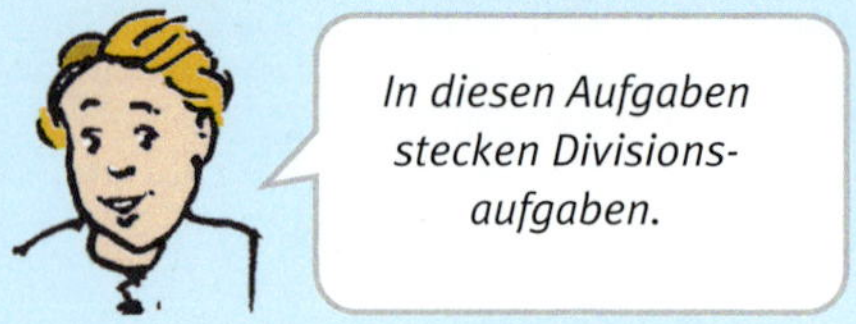

Frage:
Wie viele Apfelsinen bekommt jeder?

Rechnung:
$\frac{1}{3}$ von 6 sind $6 : 3 = 2$.

Antwort:
Jeder bekommt 2 Apfelsinen.

Anteile berechnen

Bei der Berechnung von Anteilen an Mengen denkt man sich eine Divisionsaufgabe.

1 Notiere die Divisionsaufgabe und berechne.

a) $\frac{1}{3}$ von 18 b) $\frac{1}{6}$ von 30 c) $\frac{1}{7}$ von 21 d) $\frac{1}{9}$ von 63

Hier legt man mehrere gleiche Teile zusammen.
$\frac{1}{5}$ von 25 Bonbons sind $25 : 5 = 5$ Bonbons.

$\frac{2}{5}$ von 25 Bonbons sind dann $5 \cdot 2 = 10$ Bonbons.

2 Rechne genauso.

a) $\frac{3}{5}$ von 25 Bonbons b) $\frac{4}{5}$ von 25 Bonbons

Beide Rechenschritte kann man in einer Aufgabe zusammenfassen.
$\frac{2}{3}$ von 12 Flaschen:

$\frac{1}{3}$ von 12 Flaschen sind $12 : 3 = 4$ Flaschen.

$\frac{2}{3}$ von 12 Flaschen sind dann $2 \cdot 4 = 8$ Flaschen.

Oder auf einmal: $\frac{2}{3}$ von 12 Flaschen sind $12 : 3 \cdot 2 = 8$ Flaschen

3 Rechne genauso.

a) $\frac{2}{3}$ von 24 b) $\frac{3}{4}$ von 400 c) $\frac{4}{5}$ von 2 500 d) $\frac{2}{3}$ von 9 000

$\frac{3}{4}$ von 16 $\frac{5}{8}$ von 1 600 $\frac{5}{6}$ von 4 800 $\frac{3}{4}$ von 8 000

Daten

- Was weißt du schon über deine neue Klasse und deine neuen Mitschüler?
- Was möchtest du gerne erfahren?
- Wie könntet ihr vorgehen, um euch möglichst schnell kennenzulernen?

- Welcher Sachverhalt könnte hier dargestellt sein?
- Wie würdest du die Strichliste auswerten?
- Warum ist eine Strichliste hier sinnvoll?

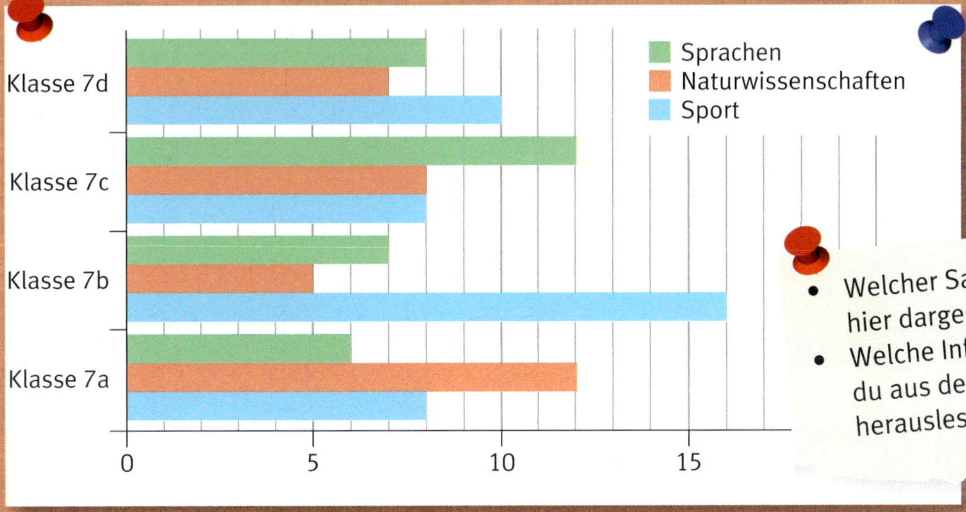

- Welcher Sachverhalt könnte hier dargestellt sein?
- Welche Informationen kannst du aus dem Diagramm herauslesen?

Brüche als Anteile

Anteile bestimmen

❶ Bestimme die Anteile der gefärbten Flächen.

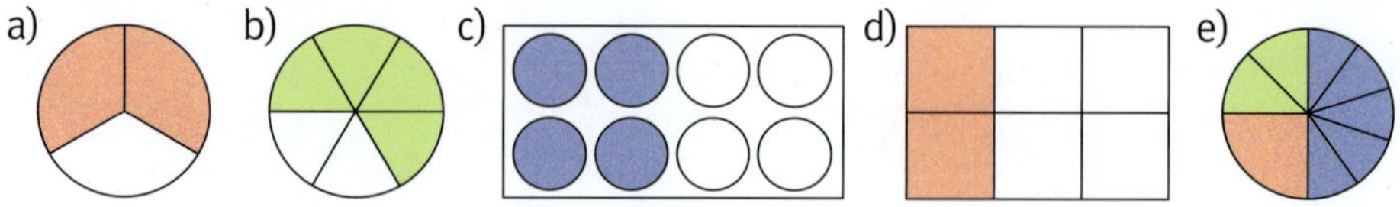

❷ Übertrage das Rechteck.

a) Vervollständige die Aussagen zum Rechteck.
Ⓐ Das Rechteck ist in ■ gleiche Teile geteilt.
Ⓑ Jeder Teil entspricht ■ des ganzen Rechtecks.
Ⓒ Drei Teile des Rechtecks entsprechen ■.
b) Färbe $\frac{4}{10}$ des Rechtecks und gib den Anteil des nicht gefärbten Rechtecks an.

❸ a) Meltem hat eine Lakritzstange. Sie ist 24 cm lang. In welche gleich großen Teile kann sie sie leicht einteilen?
b) Thomas hat eine halbe Stange. Sie ist 8 cm lang. Wie lang war die ganze Stange?

Teilt man ein Ganzes in zwei (drei, vier, ...) gleiche Teile, erhält man die Hälfte (ein Drittel, ein Viertel, ...) vom Ganzen. Die Anteile schreibt man als Bruch.

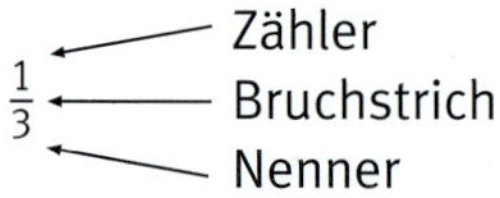

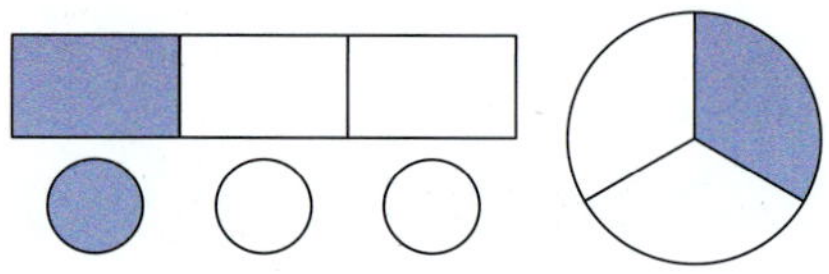

Das Ganze ist 30 cm. Ein Drittel davon ist 30 : 3 = 10 (cm).

Bruchzahlen

Bruchzahlen erweitern und kürzen

❹ Erweitere oder kürze die Bruchzahlen auf den Nenner 100.

a) $\frac{1}{50}$; $\frac{1}{25}$; $\frac{1}{4}$ b) $\frac{8}{400}$; $\frac{10}{1000}$; $\frac{12}{200}$ c) $\frac{9}{75}$; $\frac{48}{80}$; $\frac{25}{125}$

Bruchzahlen kann man erweitern oder kürzen. Ihr Wert ändert sich dabei nicht.

Erweitern: Zähler und Nenner werden mit derselben Zahl multipliziert.

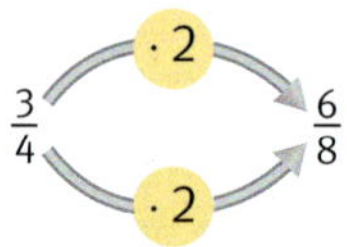

Kürzen: Zähler und Nenner werden durch dieselbe Zahl dividiert.

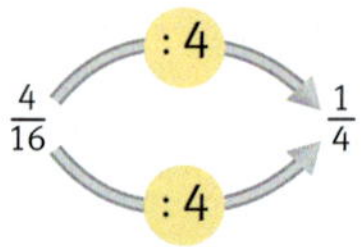

Bruchzahlen und Dezimalzahlen

Dezimalzahlen und Bruchzahlen ineinander umwandeln

5 Wandle die Dezimalzahlen in Bruchzahlen um: 0,2; 0,8; 0,45; 0,24; 0,06

6 Zeichne einen Zahlenstrahl und trage folgende Bruchzahlen ein.

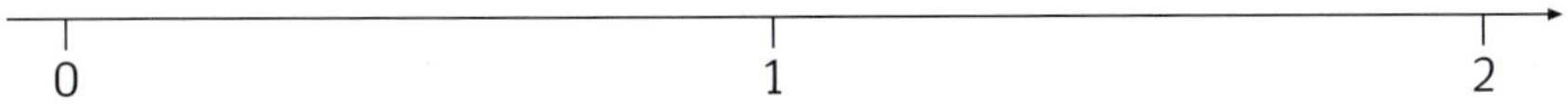

$\frac{1}{2}$ | $\frac{1}{4}$ | 1,5 | $\frac{3}{3}$ | $\frac{3}{2}$ | $\frac{3}{4}$ | 0,25 | 0,75 | 0,5

7 Ordne die Bruchzahlen und Dezimalzahlen mit gleichem Wert in Gruppen ein.

$\frac{4}{20}$ | 0,2 | $\frac{1}{10}$ | $\frac{1}{5}$ | $\frac{10}{100}$ | $\frac{3}{15}$ | 0,1 | $\frac{4}{40}$

Bruchzahlen kann man auch als Dezimalzahlen schreiben. Endliche Dezimalzahlen lassen sich als Bruchzahlen mit dem Nenner 10, 100, ... schreiben.

$\frac{3}{4} = \frac{75}{100} = 0{,}75$ $\qquad$ $\frac{15}{300} = \frac{5}{100} = 0{,}05$ $\qquad$ $\frac{6}{40} = \frac{3}{20} = \frac{15}{100} = 0{,}15$

Diagramme und Durchschnittswerte

Daten darstellen

8 Ordne jedem Diagramm den richtigen Begriff zu.

Balkendiagramm

Kreisdiagramm

Streifendiagramm

Säulendiagramm

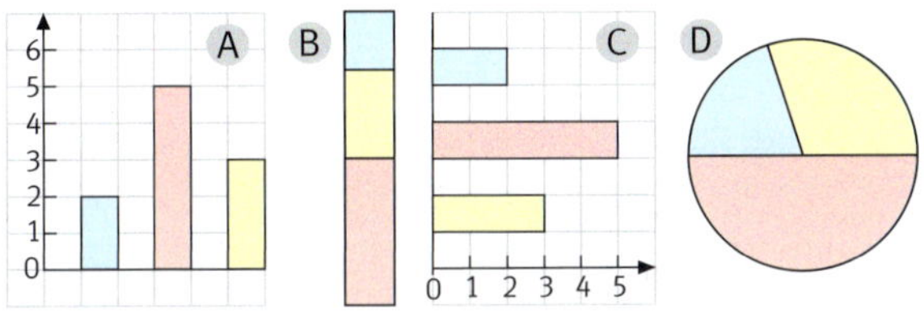

Daten können in Diagrammen veranschaulicht werden. Je nach Sachverhalt eignen sich verschiedene Diagrammarten.

Durchschnittswert berechnen

9 Kosta fliegt in den Weihnachtsferien nach Athen zu seinen Großeltern. Er hat sich jeden Tag dort die Temperatur notiert. Janine aus Brandenburg möchte wissen, wie viel Grad es dort durchschnittlich wärmer ist als hier.
Berechne den Durchschnittswert.

23.12.	24.12.	25.12.	26.12.	27.12.	28.12.	29.12.
15 °C	18 °C	17 °C	17 °C	16 °C	15 °C	14 °C

Der Durchschnittswert wird berechnet, indem man alle Werte addiert und die Summe dann durch die Anzahl der Werte dividiert.

Werte: 2; 5; 3; 3; 1; 4 $\qquad$ $2 + 5 + 3 + 3 + 1 + 4 = 18$ $\qquad$ $18 : 6 = 3$

Klasse	7a	7b	7c	7d
Sandwich	卌 ||	卌 ||||	卌卌 ||	卌 |||
Obst	||||	卌 ||	卌	|||
Säfte	卌卌	卌 ||||	卌 |||	卌卌 ||
Eis	卌卌 ||	卌卌 ||||	卌卌 |||	卌 |||

1 Kathi und Farin haben in der 7. Klassenstufe erfragt, welches Angebot der Schulkiosk machen soll und das Ergebnis festgehalten.
a) Welche Informationen kannst du aus der Tabelle ablesen? Formuliere Aussagen.
b) Welche Verpflegungsangebote werden von den einzelnen Klassen bevorzugt? Ordne der Größe nach.

Urliste
Rangliste
Strichliste
Häufigkeitstabelle

In einer Urliste werden Umfrageergebnisse unsortiert notiert. Ordnet man die Daten der Größe nach, erhält man eine Rangliste. Strichlisten sind Tabellen, in denen man mit Strichen erfasst, wie oft etwas vorkommt. Schreibt man anstatt der Striche die Anzahl als Zahlen, erhält man eine Häufigkeitstabelle.

Strichliste und Häufigkeitstabelle:

	1	2	3	4	5
Strichliste	||||	||||	||||	||	|
Anzahl	4	4	4	2	1

Urliste (ungeordnete Daten):
2; 1; 4; 2; 3; 1; 5; 1; 3; 2; 1; 3; 4; 3; 2

Rangliste (geordnete Daten):
1; 1; 1; 1; 2; 2; 2; 2; 3; 3; 3; 3; 4; 4; 5

2 a) Fertige zur Strichliste aus Aufgabe 1 eine Häufigkeitstabelle an.
b) Kann man mit diesen Anzahlen auch die Anzahl der Schüler je Klasse bestimmen? Begründe deine Entscheidung.

3 Im Sportunterricht haben die Schüler die folgenden Ergebnisse erzielt.

Name	60-m-Lauf	Weitsprung	Ballwurf
Paul	8,6 s	3,56 m	34,5 m
Sarah	8,8 s	3,10 m	29,5 m
Lara	9,1 s	2,85 m	25,0 m
Selina	8,3 s	3,25 m	21,0 m
Marc	8,9 s	3,05 m	39,0 m
Kathi	11,4 s	2,90 m	25,5 m
Özgür	9,7 s	3,15 m	31, 5 m

a) Ordne für jede Sportart die Leistungen nach Geschlechtern getrennt absteigend an und bestimme die Platzierungen.
b) Um bei den Jungen und Mädchen den Sieger des Wettbewerbes zu ermitteln, stellt der Lehrer obenstehende Überlegung an. Erkläre und bestimme auf diese Weise die Platzierung der Teilnehmer.

Absolute und relative Häufigkeiten berechnen

𝍸𝍸𝍸𝍸𝍸𝍸 𝍸𝍸𝍸|||	𝍸𝍸𝍸𝍸𝍸𝍸 𝍸|	𝍸𝍸𝍸𝍸𝍸𝍸 𝍸𝍸𝍸𝍸𝍸𝍸 𝍸𝍸𝍸𝍸||||	𝍸𝍸𝍸𝍸𝍸𝍸 𝍸𝍸𝍸𝍸𝍸𝍸 𝍸𝍸||
48	■	■	■

Strichliste

Häufigkeitstabelle

1 Die Schüler einer 7. Klasse ermitteln, wer zu Fuß, mit dem Fahrrad, dem Bus zur Schule kommt oder mit dem Pkw gebracht wird. Sie haben das Ergebnis notiert.
a) Übertrage die Häufigkeitstabelle und ergänze sie.
b) Bestimme die Gesamtanzahl der Schüler.

absolute und relative Häufigkeit

> absolute Häufigkeit: Anzahl eines Wertes, z. B. 48 Fußgänger
> relative Häufigkeit: Anteil eines Wertes an einer Gesamtzahl
>
> relative Häufigkeit = $\frac{\text{absolute Häufigkeit}}{\text{Gesamtzahl der Werte}}$
>
> z. B. relative Häufigkeit der Fußgänger: $\frac{48}{240} = \frac{1}{5} = 0{,}20$

2 Bestimme die relativen Häufigkeiten der Verkehrsmittel aus Aufgabe 1.
Gib das Ergebnis als Bruch und Dezimalzahl an.

3 Erkläre die Begriffe „absolute Häufigkeit“ und „relative Häufigkeit“ an einem selbstgewählten Beispiel.

4 Die Tabelle zeigt die Anzahl der Sportabzeichen in den 7. und 8. Klassen.

Klasse	7a	7b	7c	7d	8a	8b	8c	8d
Klassenstärke	20	24	20	30	20	25	25	20
Anzahl der Sportabzeichen	14	6	15	12	12	10	14	9
rel. Häufigkeit	■	■	■	■	■	■	■	
rel. Häufigkeit	■				■			
abs. Häufigkeit	■				■			

a) Übertrage die Tabelle und bestimme die relative Häufigkeit der erreichten Sportabzeichen jeder Klasse. Gib das Ergebnis als Dezimalzahl an.
b) Welche Jahrgangsstufe war am erfolgreichsten? Berechne dazu die absoluten und relativen Häufigkeiten für jede Jahrgangsstufe. Was fällt dir auf?

relative Häufigkeit:
für die 1: $\frac{3}{25}$
für die 2: $\frac{1}{25}$

5 Beim Drehen eines Glücksrades ergeben sich folgende Zahlen.
7 – 9 – 1 – 3 – 4 – 4 – 7 – 4 – 4 – 7 – 6 – 2 – 4 – 6 – 1 – 7 – 8 – 7 – 6 – 5 – 6 – 3 – 1 – 4 – 8
Bestimme die relativen Häufigkeiten als Bruchzahl und Dezimalzahl für ...
a) ... jede Zahl von 1 bis 9.
b) ... alle geraden Zahlen.
c) ... alle Zahlen größer als 3.
d) ... alle Zahlen kleiner als 3.

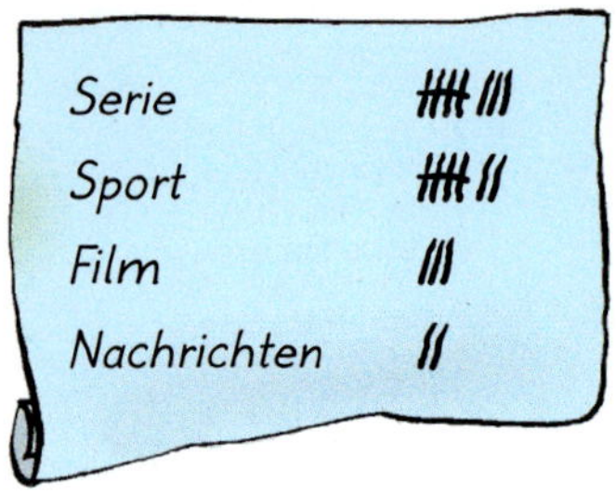

1 In einer 7. Klasse wurde eine Umfrage durchgeführt, welche Arten von Fernsehsendungen am liebsten angesehen werden. Die Ergebnisse sind in der Strichliste festgehalten.
a) Werte die Strichliste aus, indem du eine Häufigkeitstabelle erstellst.
b) Berechne die relativen Häufigkeiten der Sendungsarten.
c) Welche Diagrammarten eignen sich die Daten darzustellen?

Diagramme

Absolute Häufigkeiten kann man in einem Säulendiagramm oder Balkendiagramm darstellen. Für relative Häufigkeiten eignen sich Streifendiagramme oder Kreisdiagramme.

Säulendiagramm

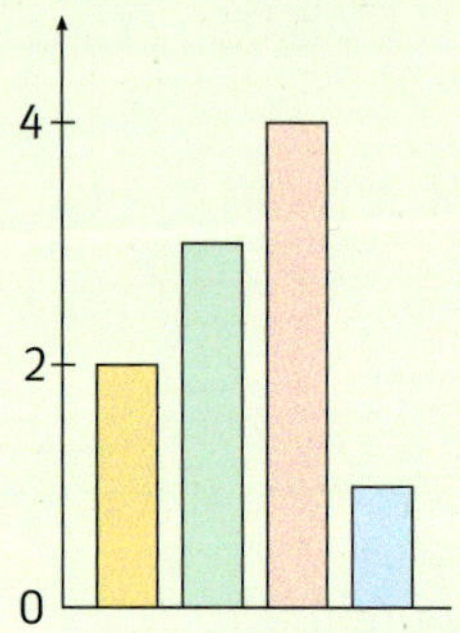

Balkendiagramm

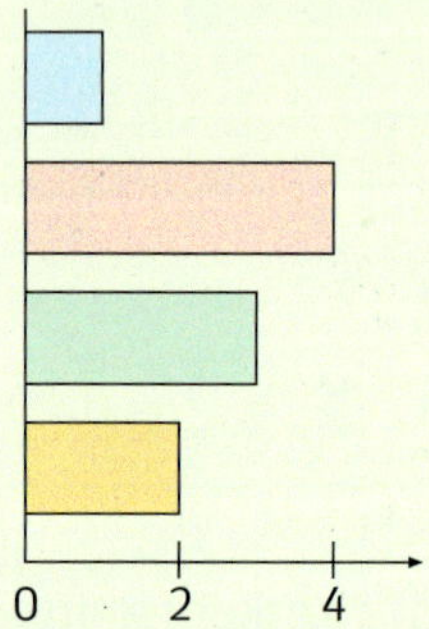

Streifendiagramm

Kreisdiagramm

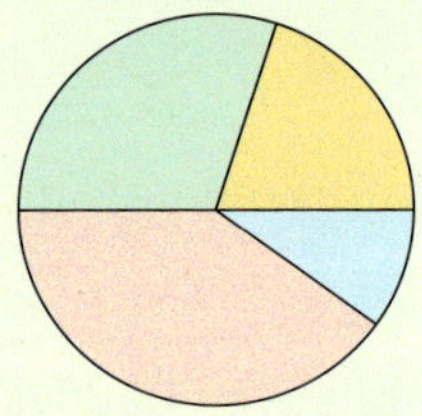

Im Streifendiagramm entspricht das Ganze 10 cm: 0,5 ≙ 5 cm 0,2 ≙ 2 cm

Im Kreisdiagramm entspricht das Ganze 360°: 0,5 ≙ 180° 0,2 ≙ 72°

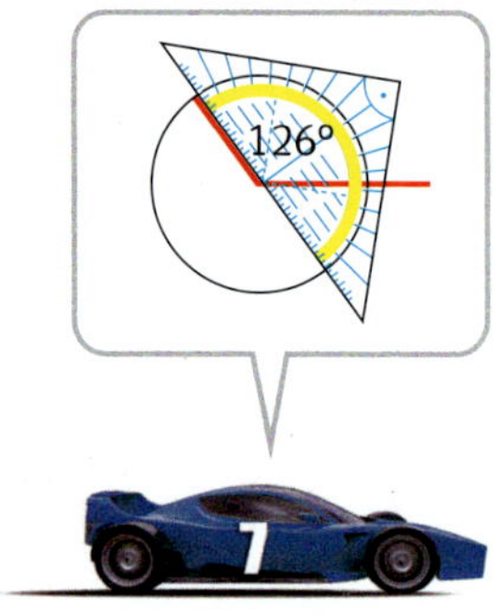

2 a) Stelle die absoluten Häufigkeiten aus Aufgabe 1 in einem Säulen- oder Balkendiagramm dar.
b) Stelle die relativen Häufigkeiten in einem Streifendiagramm dar.
c) Um ein Kreisdiagramm zu zeichnen, rechnet Paul erst einmal die Winkel aus. Berechne die Winkel für die anderen Fernsehsendungen genauso und zeichne das Kreisdiagramm.

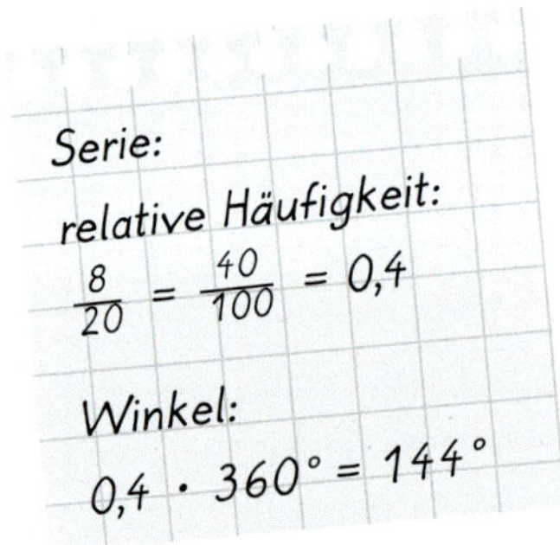

3 Das nebenstehende Säulendiagramm zeigt die Auswertung einer Schülerbefragung zum PC-Einsatz. Mehrfachnennungen waren dabei nicht zulässig.
a) Lies aus der Darstellung ab, wie viele Schüler befragt wurden.
b) Berechne die relativen Häufigkeiten.
c) Stelle die Befragung in einem Streifendiagramm dar.

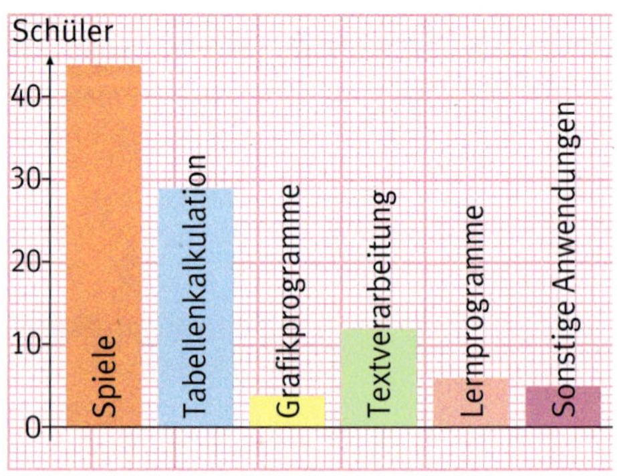

Bundesland	Einwohner in Millionen
Berlin	3,4
Brandenburg	2,4
Sachsen	2,8
Baden-Württemberg	10,6
Bayern	12,6
Niedersachsen	7,8

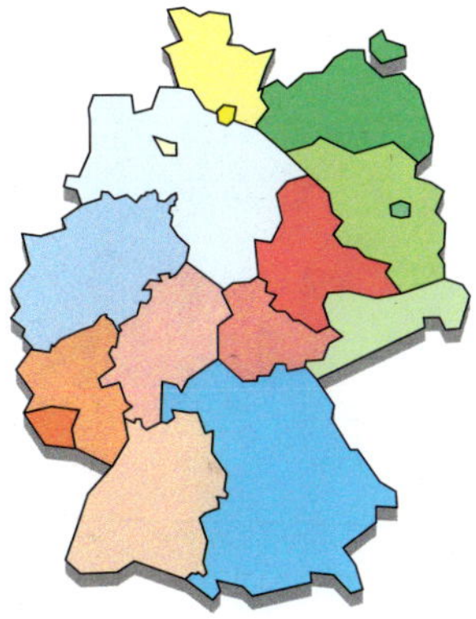

1 In der Tabelle werden die gerundeten Einwohnerzahlen einiger Bundesländer Deutschlands aus dem Jahr 2016 angegeben. Stelle die Angaben in einem geeigneten Diagramm dar. Wähle eine sinnvolle Einteilung der Achsen.

2 Die Tabelle enthält das Ergebnis einer Verkehrszählung.

Fahrzeugart	LKW	PKW	Sonstige
Anteil	0,15	0,75	0,10

a) Begründe die Rechnung für die Größe des Mittelpunktwinkels für den LKW-Anteil: $0{,}15 \cdot 360° = 54°$
b) Berechne die anderen Mittelpunktswinkel im Kopf.
c) Zeichne das Kreisdiagramm.

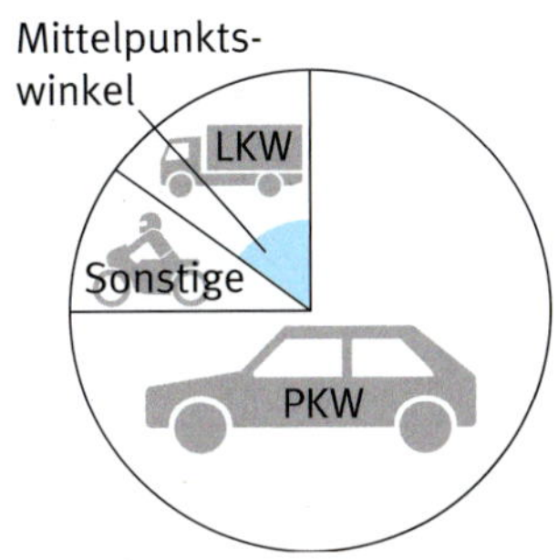

TRIMM-DICH-ZWISCHENRUNDE

1 Bei einer Klassenarbeit erhielten die Schüler folgende Noten:

Note	1	2	3	4	5	6
Anzahl	1	8	10	4	2	0

a) Erstelle eine Rangliste der Noten.
b) Bestimme die relativen Häufigkeiten der Noten.
c) Stelle die absoluten und relativen Häufigkeiten in geeigneten Diagrammen dar.

2 Stelle das Ergebnis der Klassensprecherwahl in einem Streifendiagramm dar.

Paul	Karim	Fatima	Anne
卌 卌 //	卌 /	卌 ////	///

3

Monat	1	2	3	4	5	6	7	8	9	10	11	12
Geburtstage	//	///	/	////	//	///	//	///	卌	/	–	///

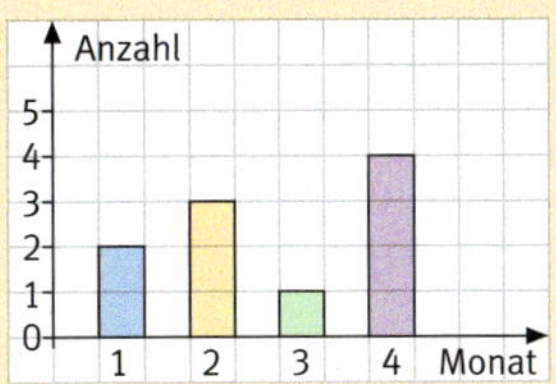

a) Wie viele Schüler hat diese Klasse?
b) Vervollständige das Diagramm.
c) Erstelle ein entsprechendes Diagramm für deine Klasse.

Statistische Kennwerte berechnen

1 Für die Schulmeisterschaft im Basketball möchte die Klasse 7a eine Mannschaft aufstellen.
Sie suchen dafür die größten Schülerinnen.
Die Spielerinnen haben diese Körpergrößen:

Aynur	Nathalie	Fatima	Anne	Katja
151 cm	161 cm	160 cm	163 cm	155 cm

Ermittle aus der Tabelle das größte und das kleinste Mannschaftsmitglied und berechne den Größenunterschied.

Minimum
Maximum
Spannweite

Datenreihen lassen sich mit Kennwerten beschreiben.

Das **Minimum** ist der kleinste Wert der Datenreihe.
Das **Maximum** ist der größte Wert der Datenreihe.
Für die **Spannweite s** bildet man die Differenz aus dem Maximum und dem Minimum.

Werte: 17; 18; 18; 19; 23; 25; 27
Minimum: 17 Maximum: 27 Spannweite: $s = 27 - 17 = 10$

2 Erfrage innerhalb deiner Klasse die Körpergrößen und bestimme das Minimum und das Maximum und berechne die Spannweite.

3 Gib jeweils Minimum, Maximum sowie die Spannweite der Datenreihe an.

a)	12	20	15	20	25	15	30	10
b)	14,2	12,1	9,3	10	11,2	24,6	18,4	8,5
c)	0,5	0,7	0,9	0,3	1,0	1,5	2,4	0,4

4 Dilan und Kosta haben die monatlichen Durchschnittstemperaturen für ihre Heimatstädte im Internet recherchiert (Angaben in °C).

	J	F	M	A	M	J	J	A	S	O	N	D
Ankara	0	2	6	11	16	20	23	23	18	13	7	3
Athen	9	10	12	15	20	25	27	27	23	18	15	11

a) Bestimme jeweils das Minimum und das Maximum.
b) Ermittle jeweils die Spannweite.
c) Vergleiche alle Werte. Was fällt dir auf?

5 Merit vergleicht die Preise für eine Kugel Eis in verschiedenen Eisdielen in Berlin: 80 ct; 75 ct; 1,20 €; 1,00 €; 90 ct

a) Erstelle eine Rangliste.
b) Wieviel kostet eine Kugel Eis mindestens (höchstens)?
c) Wie groß ist der Preisunterschied?
d) Zeichne ein Säulendiagramm und kennzeichne den Preisunterschied farbig.

1 Die Schülerinnen der Mannschaft haben folgendes Alter:

14 12 11 12 13

a) Berechne das durchschnittliche Alter der Schülerinnen.
b) Bestimme den Wert, der genau in der Mitte der Rangliste liegt.
c) Stimmen die beiden Werte überein?

Durchschnittswert (arithmetisches Mittel)
Zentralwert (Median)

Der **Durchschnittswert** $\overline{x}$ wird auch als **arithmetisches Mittel** bezeichnet.

Werte: 17; 18; 18; 19; 23; 25; 27 $\quad \overline{x} = \frac{17 + 18 + 18 + 19 + 23 + 25 + 27}{7} = 21$

Der **Zentralwert z** ist der Wert, der genau in der Mitte der Rangliste liegt.
Er wird auch **Median** genannt.

Bei der Berechnung des Zentralwertes unterscheidet man folgende Fälle:

Ungerade Anzahl an Werten
Werte: 17; 18; 18; 19; 23; 25; 27
z: mittlerer Wert der Rangliste:

17; 18; 18; 19; 23; 25; 27
z = 19

Gerade Anzahl an Werten
Werte: 17; 18; 18; 19; 23; 25; 27; 29
z: Durchschnittswert der beiden mittleren Werte
17; 18; 18; 19; 23; 25; 27; 29
z = 21

Durchschnittswert berechnen:
· alle Werte der Datenreihe werden addiert,
· die Summe wird durch die Anzahl der Werte dividiert.
$\frac{19 + 23}{2} = 21$

2 Die gegnerische Mannschaft kommt mit Ersatzspielern. Die Schülerinnen dieser Mannschaft sind 12, 12, 12, 13, 14 und 15 Jahre alt.
Berechne das Durchschnittsalter und den Zentralwert.

3 Berechne jeweils Durchschnittswert und Zentralwert der Datenreihen.
a) 2 4 6 8 10
b) 3 5 7 9 11 13 15
c) 3 7 10 40 90
d) 5 5 5 5 5 5 5

4 Gib eine Datenreihe mit 5 Zahlen an, dass sie folgende Bedingungen erfüllt:
a) Das arithmetische Mittel ist 20.
b) Der Zentralwert ist 17.

5 Ergänze in den Datenreihen jeweils eine Zahl, dass…
a) … der Zentralwert 90 ist:
100 55 90 78
b) … der Durchschnittswert 15 ist:
10 25 5 15

6 Während des Basketballtrainings spielt die Sportlehrerin mit. Die Spielerinnen sind jetzt 39, 12, 12, 13 und 14 Jahre alt.
a) Berechne den Altersdurchschnitt der Mannschaft.
b) Warum beschreibt dieser Wert die Altersstruktur der Mannschaft nur schlecht? Begründe deine Antwort. Welcher Kennwert wäre aussagekräftiger?

Wir lernen uns kennen.

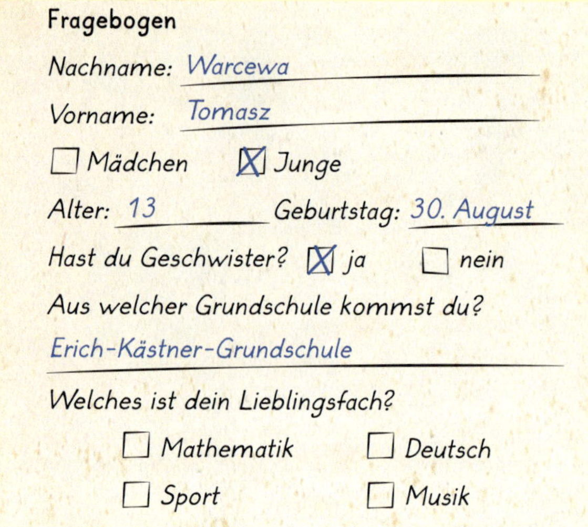

Fragebogen

Nachname: Warcewa

Vorname: Tomasz

☐ Mädchen ☒ Junge

Alter: 13 Geburtstag: 30. August

Hast du Geschwister? ☒ ja ☐ nein

Aus welcher Grundschule kommst du?

Erich-Kästner-Grundschule

Welches ist dein Lieblingsfach?

☐ Mathematik ☐ Deutsch

☐ Sport ☐ Musik

1 Das 7. Schuljahr hat begonnen: eine neue Schule, eine neue Klasse, viele neue Mitschüler. Um sich besser kennenzulernen, hat die Klasse 7a einen Fragebogen entwickelt.

a) Was wollen die Kinder voneinander wissen?

b) Ist die Frage nach dem Geschlecht (Mädchen/Junge) sinnvoll? Begründe.

c) Bei der Frage nach dem Lieblingsfach hatte Tomasz ein Problem. Welches?
Verändere diese Stelle des Fragebogens, damit das Problem nicht entsteht.

d) Führt die Umfrage in eurer Klasse durch. Ihr könnt auch weitere Fragen, die euch interessieren, ergänzen. Überlegt, worauf ihr achten müsst, um die Antworten später gut auswerten zu können.

2 Die Klasse 7a hat nach ihrer Umfrage diese Tabelle erstellt.

Vorname	Junge/Mädchen	Alter	...	...	...
Tomasz	J	13			
Hannah	M	13			

Legt passend zu eurem entwickelten Fragebogen eine Tabelle an, in der ihr eure Antworten eintragt.

3 Die Schüler der Klasse 7a haben zu ihren Schulwegen nebenstehende Grafik angefertigt.

a) Welche Informationen kannst du der Grafik entnehmen?

b) Wie könnte die Frage und die zugehörigen Antwortmöglichkeiten gelautet haben?

c) Führt diese Umfrage auch in eurer Klasse durch.

d) Haltet die Ergebnisse in einer Häufigkeitstabelle fest und entwerft eine ähnliche Darstellung für eure Klasse.

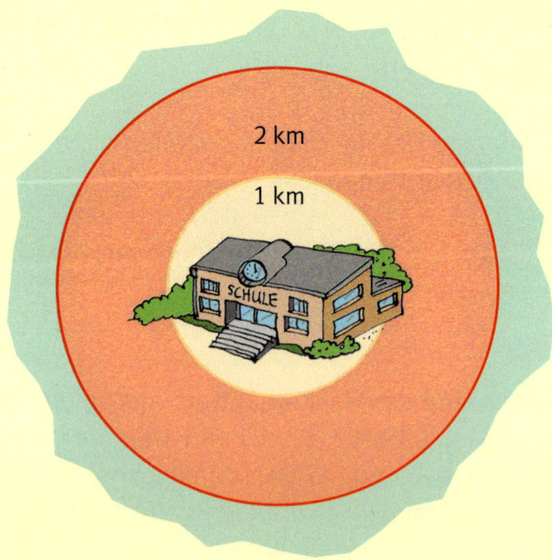

4 Schüler | 8 Schüler | 15 Schüler

4 Sind folgende Aussagen richtig oder falsch? Überprüfe anhand der Darstellung aus Aufgabe 3.

a) Die meisten Kinder haben einen Schulweg, der kürzer als 4 km ist.
b) 8 Kinder haben einen Schulweg, der 2 km oder kürzer ist.
c) Ein Kind sollte mit öffentlichen Verkehrsmitteln zur Schule kommen.
d) Einen sehr kurzen Schulweg haben 3 Kinder.
e) Formuliert weitere Aussagen für eure Klasse.

5 Bildet in der Klasse verschiedene Arbeitsgruppen und wertet euren Fragebogen für die noch fehlenden Informationen mit Hilfe von Strichlisten, Tabellen oder Diagrammen aus. Stellt euch eure Ergebnisse gegenseitig vor.

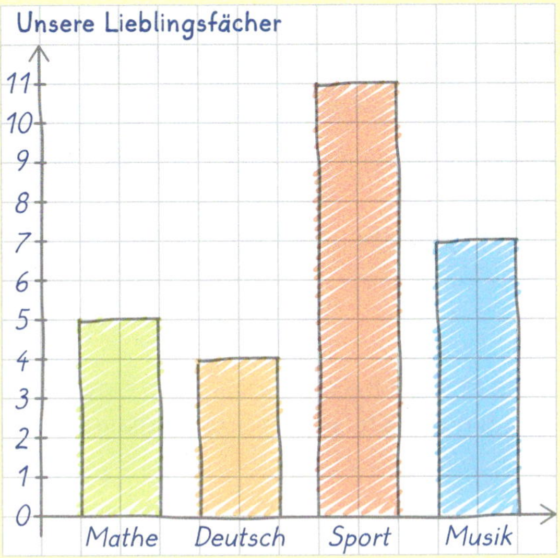

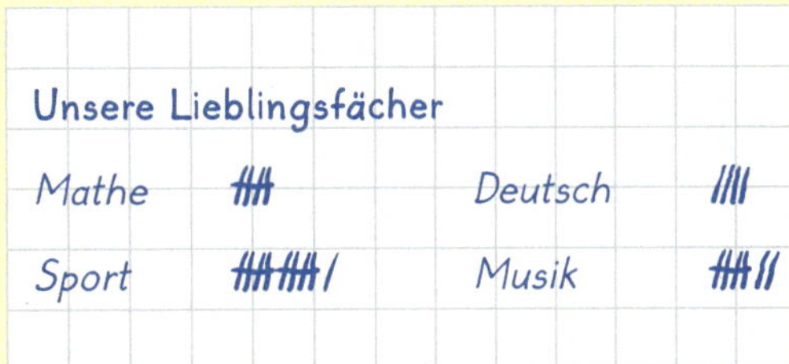

Unsere Lieblingsfächer

Mathe	Deutsch	Sport	Musik
5	4	11	7

6 Eine große Bedeutung im Alltag aller Schülerinnen und Schüler hat das Internet. Untersucht die Nutzung des Internets in eurer Klasse unter folgenden Gesichtspunkten:

a) Schreibt eure Fragen auf. Überlegt euch, ob ihr Antworten zum Ankreuzen vorgeben wollt. Sollen Mehrfachnennungen möglich sein?
b) Wertet den Fragebogen aus. Legt jeweils eine Tabelle mit den absoluten Häufigkeiten an. Überlegt, wann ihr relative Häufigkeiten berechnen könnt.
c) Stellt die Ergebnisse in geeigneten Diagrammen dar.

Daten wiederholen

Daten sammeln und auswerten

Daten sammeln und auswerten
S. 30

Gesammelte Daten notiert man unsortiert in einer Urliste. Ordnet man sie der Größe nach, erhält man eine Rangliste. Zur übersichtlichen Darstellung eignen sich Häufigkeitstabellen und Strichlisten.

Urliste: 5 2 2 3 4
1 3 2 2 4

Rangliste: 1 2 2 2 2
3 3 4 4 5

Häufigkeitstabelle und Strichliste:

Note	1	2	3	4	5	6
Strichliste	/	////	//	//	/	
Anzahl	1	4	2	2	1	0

Absolute und relative Häufigkeiten berechnen
S. 31

Absolute Häufigkeit: Anzahl eines Wertes
Relative Häufigkeit: Anteil eines Wertes an einer Gesamtzahl $= \frac{\text{absolute Häufigkeit}}{\text{Gesamtzahl der Werte}}$

Absolute Häufigkeit der Note 3: 2 Relative Häufigkeit der Note 3: $\frac{2}{10} = 0{,}2$

Diagramme

Daten grafisch darstellen
S. 32 f.

Absolute Häufigkeiten können in Säulen- oder Balkendiagrammen dargestellt werden. Für relative Häufigkeiten eignen sich Kreis- oder Streifendiagramme.

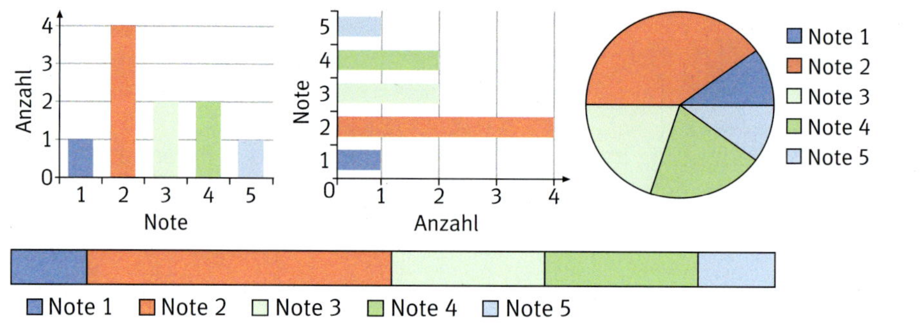

Kennwerte

Statistische Kennwerte berechnen
S. 34 f.

Spannweite s: s = größter Wert (Maximum) – kleinster Wert (Minimum)

Durchschnittswert (arithmetisches Mittel) $\bar{x}$: $\bar{x} = \frac{\text{Summe der Einzelwerte}}{\text{Anzahl der Einzelwerte}}$

Zentralwert (Median) z bei ...
... ungerader Anzahl von Werten: mittlerer Wert der Rangliste
... gerader Anzahl von Werten: Durchschnittswert der beiden mittleren Werte

s = größter Wert – kleinster Wert = 5 – 1 = 4

$\bar{x} = \frac{1 \cdot 1 + 4 \cdot 2 + 2 \cdot 3 + 2 \cdot 4 + 1 \cdot 5}{10} = \frac{28}{10} = 2{,}8$

2 2 2 2 (3) 3 4 4 5 → z = 3   1 2 2 2 (2 3) 3 4 4 5 → z = 2,5

Aufgaben zur Differenzierung

Basis-Aufgaben

1 Die Ergebnisse einer Klassenarbeit sind in einer Urliste dargestellt.
3; 2; 1; 5; 4; 1; 2; 2; 3; 3;
6; 4; 2; 2; 3; 1; 1; 6; 5; 4
a) Erstelle eine Rangliste und eine Häufigkeitstabelle.
b) Wie viele Schüler haben mitgeschrieben?
c) Zeichne ein Säulendiagramm.

2 In einer Umfrage werden die beliebtesten Reisemöglichkeiten für den Urlaub erfragt. Nur Einfachnennungen waren möglich.

Verkehrsmittel	Auto	Fahrrad	Flugzeug	Schiff
Anzahl	45	20	30	5

a) Wie viele Personen haben an der Umfrage teilgenommen?
b) Zeichne ein Streifendiagramm.

3 An einem Sommertag melden die Städte folgende Temperaturen:
Rostock 27 °C, Hamburg 23 °C
Berlin 28 °C, Stuttgart 23 °C
München 24 °C
a) Bestimme Minimum, Maximum und Spannweite der Werte.
b) Ermittle den Zentralwert und berechne die Durchschnittstemperatur.

4 Bestimme Spannweite, Zentralwert und Durchschnittswert folgender Datenreihen:
a) 9; 3; 5; 1; 4; 2; 10; 6; 8; 7
b) 3; 6; 9; 12; 15; 18; 21; 24; 27; 30
c) 0,1; 0,2; 0,5; 0,8; 1,3; 1,6; 1,9; 2,4

Vertiefende Aufgaben

1 Die Ergebnisse einer Klassenarbeit sind in einer Urliste dargestellt.
3; 2; 4; 1; 3; 5; 4; 3; 1; 5;
2; 2; 3; 4; 3; 6; 4; 2; 2; 3
a) Erstelle eine Rangliste und eine Häufigkeitstabelle.
b) Berechne die relativen Häufigkeiten.
c) Zeichne ein Kreisdiagramm.

2 In einer Umfrage wurden 200 Urlauber nach den beliebtesten Reisemöglichkeiten befragt. Nur Einfachnennungen waren möglich.

Verkehrsmittel	Auto	Fahrrad	Flugzeug	Schiff
Anzahl	90	40	■	10

a) Wie viele Urlauber reisen gern mit dem Flugzeug?
b) Zeichne ein Kreisdiagramm.

3 An einem Sommertag wurden alle drei Stunden diese Außentemperaturen gemessen.

Uhrzeit	3	6	9	12	15	18	21	24
Temperatur in °C	11	15	20	25	31	30	23	21

a) Bestimme die Kennwerte.
b) Berechne die mittlere Tagestemperatur von 6 Uhr bis 21 Uhr.

4 Die Spannweite für die Datenreihe soll 12 sein. Bestimme die fehlende Zahl. Berechne dann den Zentralwert und den Durchschnittswert.
a) 0; 3; 5; 7; 9; ■
b) 21; 18; 12; ■; 14; 10

5 Anne und Karim haben eine 5-tägige Radtour gemacht und dabei folgende Strecken zurückgelegt:
Tag 1: 56 km Tag 2: 38 km Tag 3: 45 km Tag 4: 40 km Tag 5: 31 km

Basis: Wie viele Kilometer sind sie im Durchschnitt täglich gefahren?

Vertiefend:
a) Wie viele Kilometer sind sie im Durchschnitt täglich gefahren?
b) Da die Tour ihnen viel Freude bereitet hat, verlängern sie um einen Tag und sind somit im Durchschnitt 43 km pro Tag gefahren.

1 Schülerinnen und Schüler werden befragt, wie lange sie täglich chatten.

	Jungen	Mädchen
nie	𝍷𝍷𝍷𝍷	𝍷𝍷
1 h	𝍸𝍸	𝍸
2 h	𝍸𝍷	𝍸𝍸
länger	𝍷𝍷𝍷𝍷	𝍸𝍷𝍷

a) Gib die absoluten Häufigkeiten an.
b) Nimm zu den Aussagen kurz Stellung:
– *Mädchen chatten länger als Jungen.*
– *Mehr als die Hälfte der Jungen chattet weniger als 2 Stunden.*
c) Erstelle zur Tabelle ein Säulendiagramm.

2 Bei einem Sporttag werden den Klassen Sportarten zum Schnuppern angeboten.

	7a	7b	7c	8a	8b	8c
Inlineskaten	2	7	6	5	6	4
Reiten	4	3	4	3	2	4
Tischtennis	4	4	3	6	1	2
Judo	1	2	5	2	4	1
Streetball	9	5	4	4	8	10

a) Wie viele Schüler wurden befragt?
b) Bestimme die absolute und relative Häufigkeit für jede Sportart.
c) Stelle die relativen Häufigkeiten in einem Streifendiagramm dar (0,1 ≙ 1 cm).

3 Die Schüler der 7a wurden nach dem Taschengeld befragt.
a) Erkläre das Diagramm.
b) Wie viel Geld bekommen die meisten (wenigsten) Kinder?
c) Wie viele Kinder wurden befragt?

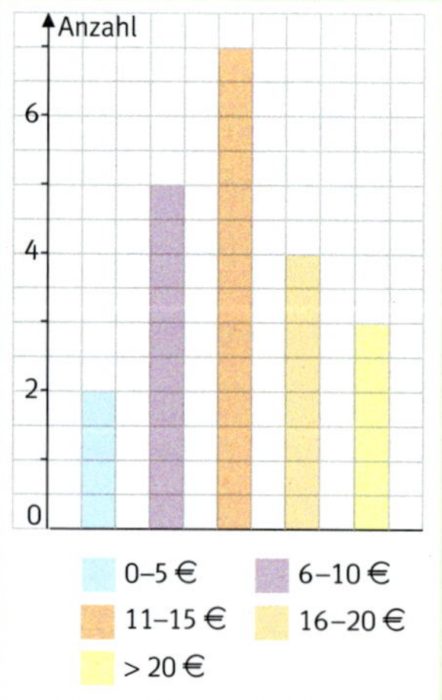

4 In der Klasse 7a und 7b wurden die Schüler nach der Anzahl ihrer Geschwister gefragt.
Klasse 7a

Geschwisteranzahl	0	1	2	3	4
Anzahl	5	8	2	4	1

Klasse 7b

Geschwisteranzahl	0	1	2	3	4
Anzahl	6	9	5	3	2

a) Berechne die relativen Häufigkeiten für jede Geschwisteranzahl pro Klasse.
b) Stelle die relativen Häufigkeiten in einem Streifendiagramm dar.
c) Josua meint:
„Ist doch klar, in der Klasse 7a ist der Anteil der Einzelkinder kleiner als in der 7b."
Beurteile, ob Josua Recht hat.
d) In der Zeitung war zu lesen:
„Jedes vierte Kind in Deutschland wächst ohne Geschwister auf".
Trifft diese Aussage auch für die Klassen 7a und 7b zu?

5 Die Klasse 7a organisiert an 8 Tagen im Monat einen Kuchenbasar in der Schule. Folgende Einnahmen können sie verbuchen:
10,20 €; 14,50 €; 17,30 €; 8,90 €; 13,10 €; 12,70 €; 21,50 €; 13,80 €
a) Bestimme die Spannweite.
b) Berechne den Durchschnittswert und den Zentralwert der Einnahmen.

6 In einem Fußballspiel muss sich der Trainer zwischen zwei Elfmeterschützen entscheiden. Er wertet seine Aufzeichnungen des letzten Trainings aus. Tom konnte bei 12 Versuchen 9 Tore erzielen. Felix hat mit 10 Schüssen das Tor 7-mal getroffen.
a) Vergleiche die Leistungen der Schützen. Welchen Schützen würdest du wählen? Begründe.
b) Stelle das Verhältnis zwischen geschossenen und verwandelten Elfmetern in einem Streifendiagramm (10 cm) dar.

7 a) Finde zu den Diagrammen einen möglichen Sachverhalt.

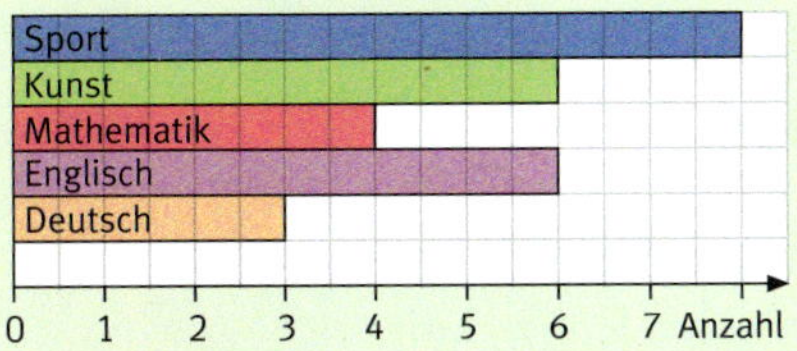

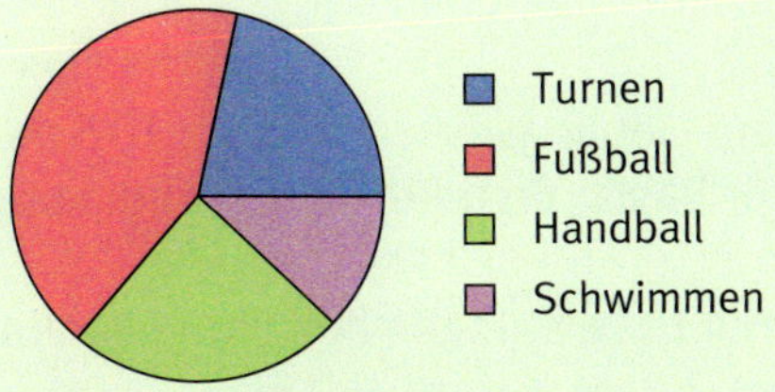

b) Nimm zu den Aussagen kurz Stellung:
- *Für das erste Diagramm wurden 26 Schüler befragt.*
- *Doppelt so viele Schüler gehen lieber turnen statt schwimmen.*
- *Für das zweite Diagramm wurden 120 Schüler und Schülerinnen befragt.*

c) Formuliere weitere Aussagen.

8 In einer Woche im Sommer wurden diese Temperaturen gemessen (Angabe in °C).

Mo	Di	Mi	Do	Fr	Sa	So
19	18	19	21	22	23	25

a) Bestimme die statistischen Kennwerte.
b) Stelle die Temperaturen in einem Säulendiagramm dar und zeichne den Durchschnittswert als rote Linie ein.
c) Wie viele Temperaturen liegen über (unter) dem Durchschnitt?
d) Bestimme für jeden Tag die Abweichung vom Durchschnittswert.

9 Entscheide, ob es sinnvoll ist, einen Durchschnittswert zu berechnen. Begründe.
a) Die Schüler der Klasse 7b geben Ihre Körpergrößen an.
b) Martin gibt pro Monat 8 - 10 € für Spiele aus, Jan maximal 6 €.
c) Elternpaare werden nach der Anzahl ihrer Kinder gefragt.

10 Kontinente, Weltmeere und ihre Flächen:

Europa: 10 Mio. km^2
Asien: 44 Mio. km^2
Afrika: 30 Mio. km^2
Amerika: 42 Mio. km^2
Australien: 9 Mio. km^2
Antarktis: 14 Mio. km^2

Pazifischer Ozean: 180 Mio. km^2
Atlantischer Ozean: 105 Mio. km^2
Indischer Ozean: 75 Mio. km^2

a) Stelle die Anteile der Kontinente in einem Säulendiagramm dar.
b) Stelle die Anteile der Weltmeere in einem Kreisdiagramm dar.

11 Die Klasse 7a macht einen Ausflug in einen Kletterpark. Für die Ausrüstung müssen die Schüler ihr Körpergewicht angeben:
45 kg; 39 kg; 59 kg; 75 kg; 65 kg;
48 kg; 59 kg; 45 kg; 51 kg; 60 kg;
68 kg; 55 kg; 63 kg; 48 kg; 52 kg;
64 kg; 70 kg; 66 kg; 49 kg; 52 kg
a) Erstelle eine Rangliste.
b) Ordne die Schüler in Gewichtsklassen ein (40-44 kg, 45-49 kg, ...) und stelle die Angaben als Strichliste und Häufigkeitstabelle dar.
c) Zeichne ein Säulendiagramm.

12 Lena hat aufgeschrieben, wie lange sie Hausaufgaben gemacht hat.

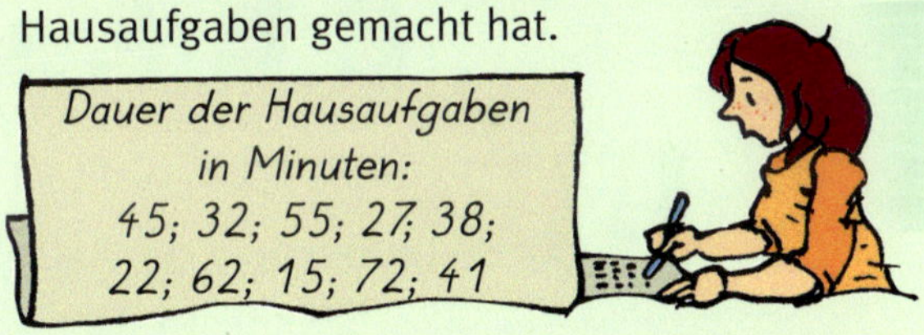

Sie überlegt: *„Wenn ich die nächsten Hausaufgaben in 31 Minuten erledige, liegt mein Schnitt genau bei 40 Minuten.“*
Überprüfe.

13 In der Firma Mayer werden folgende Nettogehälter ausgezahlt:

Azubi: 480 €
Angestellter: 1 370 €
Meister: 1 650 €
Chef: 6 500 €

Der Chef meint, dass es in seiner Firma einen sehr guten Durchschnittsverdienst gibt. Beurteile diese Aussage.

1 Murat und Anna zählen alle Verkehrsmittel, die innerhalb einer Stunde an der Schule vorbeifahren. Sie legen diese Strichliste an:

Bus	LKW	PKW	Zweirad	Fahrrad
|||	𝍸 |	𝍸𝍸𝍸 |||	𝍸 ||	𝍸𝍸𝍸 |

a) Wie viele Verkehrsmittel haben sie insgesamt gezählt?
b) Berechne für jedes Verkehrsmittel die relative Häufigkeit.
c) Stelle die relative Häufigkeit in einem Streifendiagramm dar.

2 Die Schüler der Klasse 7c wurden nach ihrem Lieblingsessen befragt. 10 Schüler nannten Pommes, 6 Schüler Pizza, 9 Schüler Pasta. Erstelle ein Säulendiagramm.

3 Tobias, Moritz, Jonas und Faruk vergleichen ihre Leistungen beim Kugelstoßen.
Tobias: 6,8 m; 7,1 m; 6,8 m   Moritz: 7,2 m; 6,7 m; 6,2 m
Jonas: 6,1 m; 6,9 m; 7,4 m   Faruk: 7,0 m; 6,9 m; 6,2 m

a) Berechne für jeden die Spannweite.
b) Wer hat durchschnittlich die größte Weite gestoßen?
c) Wer hat den Wettkampf gewonnen?

4 Das Diagramm zeigt die Notenverteilung der 7. Klassen in einer Klassenarbeit.

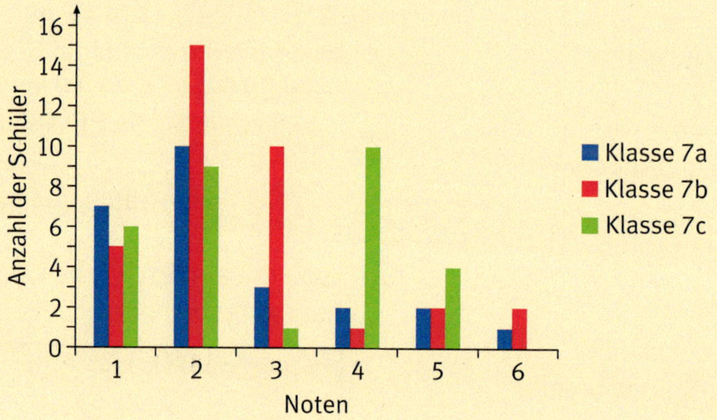

a) Stelle für jede Klasse eine Häufigkeitstabelle auf.
b) Formuliere drei passende Aussagen zum Diagramm.
c) Berechne die Notendurchschnitte.

5 Bei einer Klassenarbeit in den Gruppen A und B waren jeweils maximal 48 Punkte zu erreichen.

A	33	20	45	39	10	35	42	32	31	18	7	48
B	28	31	35	32	47	12	41	24	30	34	16	

a) Berechne die durchschnittlich erreichte Punktzahl jeder Gruppe.
b) Ermittle für beide Gruppen die Spannweite der erzielten Ergebnisse.
c) Bestimme für beide Gruppen den Zentralwert der erreichten Punkte.
d) Vergleiche die Leistungen der Gruppen anhand der gewonnenen Ergebnisse.
e) Ermittle Durchschnitts- und Zentralwert sowie die Spannweite beider Gruppen zusammen.

Zuordnungen

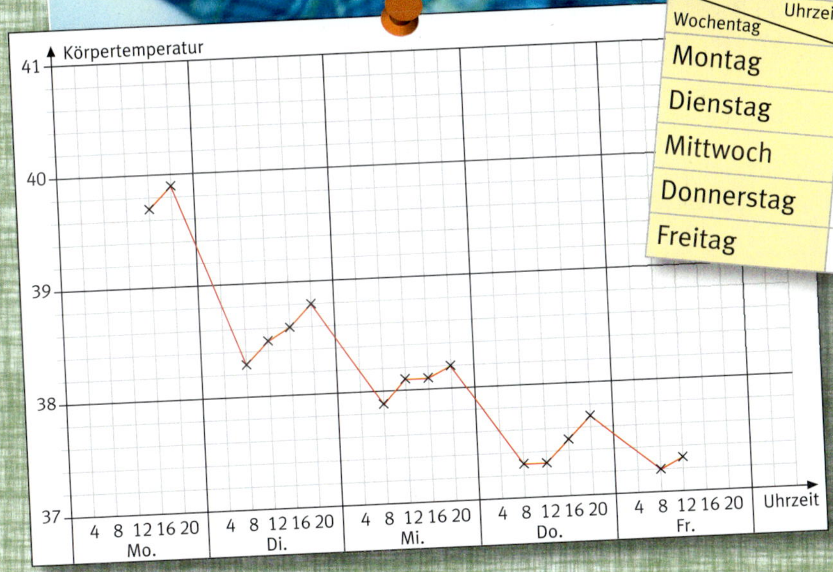

Patient:	Luca Braun			
Wochentag / Uhrzeit	8:00	12:00	16:00	20:00
Montag	–	–	39,7 °C	39,9 °C
Dienstag	38,3 °C	38,5 °C	38,6 °C	38,8 °C
Mittwoch	37,9 °C	38,1 °C	38,1 °C	38,2 °C
Donnerstag	37,3 °C	37,3 °C	37,5 °C	37,7 °C
Freitag	37,2 °C	37,3 °C	–	–

- Welcher Sachverhalt könnte hier dargestellt sein?
- Welche Informationen kannst du aus der Tabelle und dem Schaubild entnehmen?
- Stimmen die Angaben in der Tabelle mit dem Schaubild überein?
- Welchen Vorteil hat die Tabelle, welchen das Schaubild?
- Warum fehlen wohl am Montag zwei Angaben?

Grundaufgaben der Multiplikation und Division

Zahlen verdoppeln und halbieren

1 Übertrage die Tabelle und vervollständige sie.
Welche Zahlen sind einfach zu verdoppeln und zu halbieren?

Zahl	Verdoppelung	Halbierung
32	■	■
48	■	■
■	44	■
■	■	15
37	■	■

2 Berechne die Zutaten für zwei Personen.

Tiroler Gröstl

4 Personen

750 g Kartoffeln
250 g Wurst
2 kleine Zwiebeln
80 g Fett
Salz, Pfeffer
gehackte Petersilie

> Beim Verdoppeln werden die Zahlen mit zwei multipliziert.
> Beim Halbieren werden die Zahlen durch zwei dividiert.

Multiplikationsaufgaben durch Zerlegung lösen

3 Berechne geschickt.

a) $11 \cdot 7$ b) $8 \cdot 6$ c) $9 \cdot 3$ d) $15 \cdot 4$ e) $14 \cdot 6$
f) $15 \cdot 9$ g) $16 \cdot 5$ h) $17 \cdot 3$ i) $18 \cdot 4$ j) $19 \cdot 5$

> Wichtige Aufgaben des kleinen Einmaleins: 1 · ■, 2 · ■, 5 · ■, 10 · ■
>
> Mithilfe dieser auswendig gelernten Aufgaben können andere Multiplikationsaufgaben einfach gelöst werden.
>
> $7 \cdot 8 = 5 \cdot 8 + 2 \cdot 8 = 40 + 16 = 56$
> $9 \cdot 7 = 10 \cdot 7 - 1 \cdot 7 = 70 - 7 = 63$
> $4 \cdot 8 = 2 \cdot 8 + 2 \cdot 8 = 16 + 16 = 32$
> $12 \cdot 7 = 10 \cdot 7 + 2 \cdot 7 = 70 + 14 = 84$

Umgang mit dem Taschenrechner

Mit dem Taschenrechner umgehen

4 Berechne folgende Aufgaben mit dem Taschenrechner.
Wenn du richtig getippt hast, wird beim Umdrehen ein Wort lesbar.
Beachtet dein Taschenrechner die Punkt-vor-Strich Regel?

a) $8\,262\,219 : 21$ b) $598 \cdot 365 + 3 \cdot 33\,701$
c) $500 + 1 : 0{,}2$ d) $289 \cdot 289 + 32 \cdot 251$

> Für die vier Grundrechenarten gibt es auf jedem Taschenrechner die folgenden Tasten:
>
> [+]: Addition [−]: Subtraktion [×]: Multiplikation [÷]: Division
>
> Anstelle eines Kommas tippt man einen Punkt.

Rechnen mit Geldbeträgen

Mit verschiedenen Schreibweisen umgehen

5 Immer drei Geldbeträge sind gleich. Ordne sie einander zu.
Schreibe so: 3 € 35 Cent = ■ = ■

3 € 35 Cent	5,35 €	30,55 €	35,05 €
335 Cent	3505 Cent	3,35 €	30 € 55 Cent
35 € 5 Cent	535 Cent	3055 Cent	5 € 35 Cent

Geldbeträge runden

6 Bei Tankstellen sind die Preise für einen Liter Benzin oder Diesel in Cent angegeben.

a) Schreibe die Beträge auf wie in Aufgabe 5 auf verschiedene Arten.

b) Runde die Beträge in € auf zwei Stellen nach dem Komma.

Das Komma trennt die Einheiten Euro (€) und Cent (Ct). Links vom Komma steht der Betrag in Euro, rechts vom Komma steht der Betrag in Cent.

5 € 50 Cent = 550 Cent = 5,50 €

Bei Zahlungen werden Geldbeträge mit zwei Stellen nach dem Komma angegeben. Beim Runden ist die dritte Stelle nach dem Komma entscheidend.
Bei 0, 1, 2, 3, 4 wird abgerundet, bei 5, 6, 7, 8, 9 wird aufgerundet.

5,341 € ≈ 5,34 € 9,679 € ≈ 9,68 €

Das Koordinatensystem

Koordinaten erkennen

7 Beschreibe die Eckpunkte des Hauses. Beginne unten links.
Schreibe so: b2, b6, ■, ■, ■, ■
Beschreibe genauso die Eckpunkte des Daches, des Fensters und der Tür.

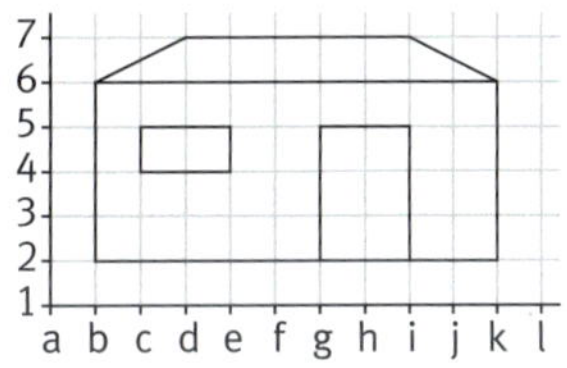

Punkte in ein Koordinatensystem einzeichnen

8 Zeichne ein Koordinatensystem. Wähle als Einheit 1 cm. Trage die Punkte ein und verbinde sie der Reihe nach von A über I bis A.
A (5 | 1) B (5 | 3,5) C (4,5 | 5) D (4,5 | 6) E (4 | 6)
F (4 | 5) G (3 | 6) H (1 | 3,5) I (1 | 1)

Die Lage von jedem Punkt kann man mit zwei Koordinaten beschreiben.

A (3|2)
x-Wert y-Wert

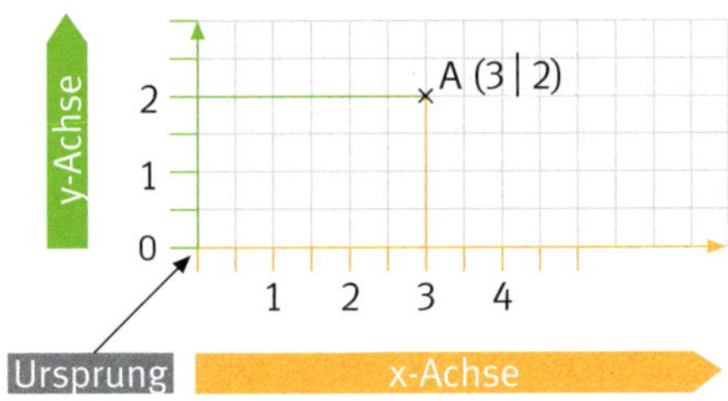

Beachte: erst kommt der x-Wert, dann der y-Wert.

1 Die Schülerinnen und Schüler einer 7. Klasse führen den ganzen Tag über Wetterbeobachtungen durch. Beginnend um 8:00 Uhr messen sie dabei alle 2 Stunden die Temperatur und erhalten der Reihe nach folgende Werte: 15 °C, 18 °C, 23 °C, 25 °C, 24 °C, 22 °C, 19 °C.
Übertrage die Wertetabelle und vervollständige sie.

Uhrzeit	8:00	10:00
Temperatur (°C)	15	18

Schreibe:
Uhrzeit → Temperatur
Sprich:
Der Uhrzeit wird die Temperatur zugeordnet.

2 Ein Temperaturschreiber (Thermograph) zeichnet fortlaufend die Temperatur auf. Die entstehende Linie zeigt den Zusammenhang zwischen Uhrzeit und Temperatur (Uhrzeit → Temperatur). Nun kann man Zwischenwerte ablesen.

a) Wann wurde die tiefste (höchste) Temperatur erreicht?
b) Wann herrschte eine Temperatur von 16 °C (20 °C)?
c) Erstelle eine Wertetabelle mit sechs Wertepaaren (Zeit/Temperatur).

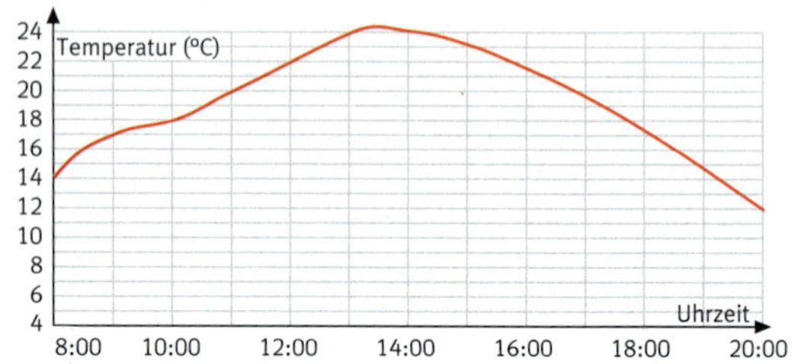

Zuordnung und Graph
Wertetabelle

Bei Zuordnungen werden Größen oder Zahlen zueinander in Beziehung gesetzt. Jeder Ausgangsgröße wird dabei eine andere Größe zugeordnet.

Bei der Darstellung von Zuordnungen in einem Koordinatensystem ergibt jedes Wertepaar einen Punkt. Das Bild einer Zuordnung nennt man **Graph.**

3 Der Graph zeigt Pascals Heimweg von der Schule. Bis zur Bushaltestelle geht er zu Fuß ①. Auf dem Weg dahin muss Pascal eine große Straße überqueren und an der Ampel warten ②. Nach der Busfahrt ③ legt Pascal die letzten Meter bis zur Wohnung zu Fuß zurück ④.

a) Ordne jedem Abschnitt des Graphen einen Teil des Heimwegs zu. Übertrage dazu den Graphen und trage an den richtigen Stellen die Ziffern ① bis ④ ein.
b) Beantworte die Fragen zum Graphen.
   1 Wann ist Pascal zu Hause?
   2 Wie weit ist die Ampel von der Schule entfernt?
   3 Wie lange muss er an der Ampel warten?
   4 Wie lange dauert die Fahrt mit dem Bus?
   5 Wie lange dauert der gesamte Weg nach Hause?

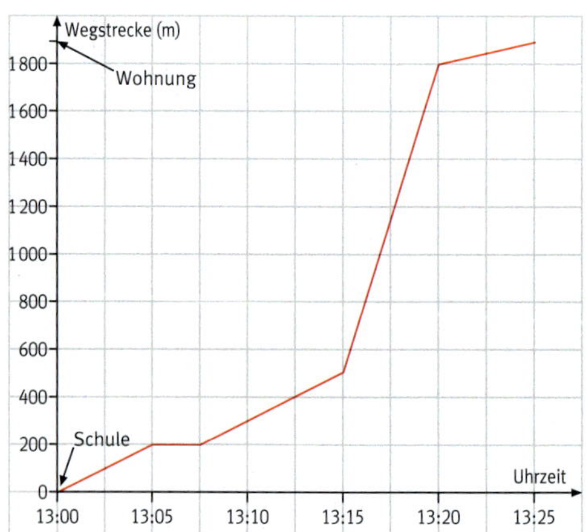

1 Die Arbeitsgemeinschaft Schulgarten hat Tomatensamen ausgesät. Das Wachstum einer Pflanze wurde dabei beobachtet und das Ergebnis festgehalten.

Zeit (Tage)	0	30	60	90	120	150	180
Höhe (cm)	0	5	14	30	59	105	131

a) Welche Größen werden einander zugeordnet?
b) Wie hoch war die Pflanze nach 30 Tagen (60 Tagen, 150 Tagen)?
c) Nach wie vielen Tagen erreichte die Pflanze eine Höhe von 30 cm (59 cm, 131 cm)?
d) Wie viele Zentimeter wuchs die Pflanze vom 150. bis zum 180. (30. bis zum 120.) Tag?

2 Die Zuordnung von Aufgabe 1 soll im Koordinatensystem dargestellt werden.

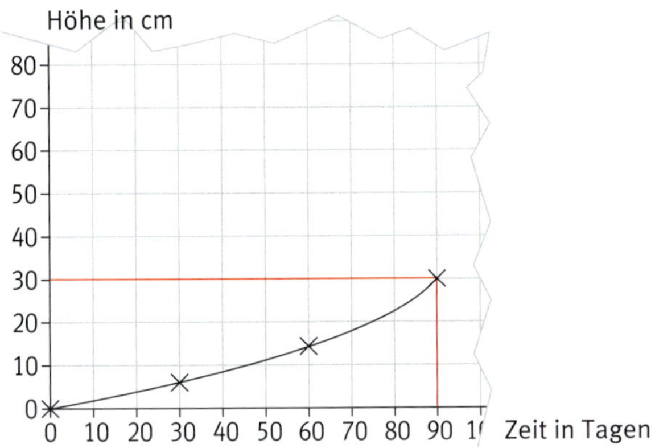

a) Warum nennt man die Zeit unabhängige Größe, das Wachstum abhängige Größe?
b) Welche Längeneinheiten wurden für die Achsen festgelegt?
c) Übertrage den Graphen und vervollständige ihn.

3 Begründe mit Hilfe des Graphens, wann die Pflanze am meisten (am wenigsten) gewachsen ist.

4 Kannst du aus dem Graphen ablesen, ob die Pflanze nach 45 Tagen genau 10 cm hoch war? Begründe deine Antwort.

5 Die folgenden Situationen sollen in einem Koordinatensystem dargestellt werden. Überlege zunächst, welche Größen einander zugeordnet werden. Begründe dann, ob die Punkte miteinander verbunden werden dürfen.
a) Beim Kuchenverkauf auf dem Sommerfest will die Klasse 7c wissen, wie groß der Gewinn ist, je nachdem wie viele Kuchenstücke sie verkauft hat.
b) Im Schwimmverein notiert der Trainer von Kadir bei einer Trainingseinheit, die insgesamt eine halbe Stunde dauert, alle fünf Minuten, wie weit Kadir geschwommen ist.
c) Betül überlegt, wie viele Tanzstunden sie von ihrem ersparten Geld bezahlen kann.

Beachte! Nicht immer dürfen die Punkte miteinander verbunden werden.

Zuordnungen grafisch darstellen

Zeit (Tage)	0	20	40	60	80	100	120	140	160
Höhe (cm)	0	6	22	56	85	102	128	155	174

1 Auch das Wachstum einer Sonnenblume wurde genau beobachtet.
a) In welchen Zeitabständen wurde die Höhe gemessen?
b) Wie hoch war die Pflanze nach 40 (140) Tagen?
c) Nach wie vielen Tagen erreichte die Pflanze eine Höhe von 56 cm (128 cm)?
d) Stelle die Zuordnung im Koordinatensystem dar.

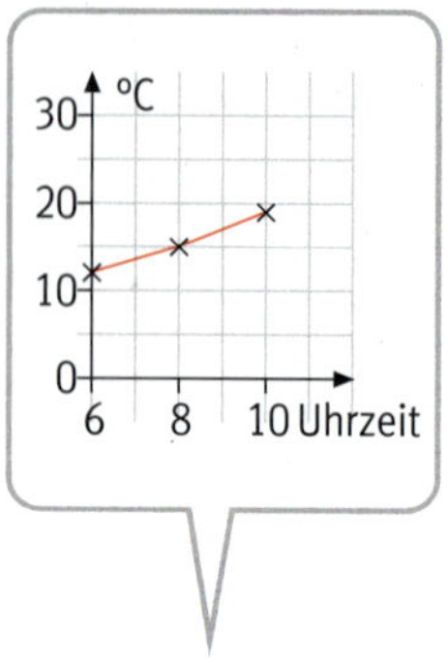

2

Uhrzeit	6 Uhr	8 Uhr	10 Uhr	12 Uhr	14 Uhr	16 Uhr	18 Uhr	20 Uhr	22 Uhr
Temperatur	12 °C	15 °C	19 °C	24 °C	26 °C	25 °C	22 °C	19 °C	18 °C

a) Was wird in der Tabelle einander zugeordnet?
b) Stelle die Zuordnung im Koordinatensystem dar.
c) Finde mögliche Fragestellungen und beantworte diese.

3 Zeichne einen passenden Graphen zu Svenjas Weg zum Training.

Um 16.40 macht sich Svenja von zu Hause auf den Weg zum Training. Nach 10 Minuten kommt sie an der Bushaltestelle, die 600 m von der Wohnung entfernt ist, an. Bis der Bus endlich kommt, muss sie 5 Minuten warten. Sie steigt ein und der Bus fährt los.
Um 17.05 Uhr muss der Bus nach 1200 m plötzlich bremsen. Auf der Straße vor ihm ist ein Unfall passiert. Zum Glück gibt es nur einen Blechschaden. Es dauert 12 Minuten, bis Helfer die Autos von der Straße gerollt haben. Dann kann der Bus 750 m weiterfahren.
Nach weiteren 5 Minuten steigt Svenja aus. Sie geht noch 400 Meter und kommt 7 Minuten später an der Sporthalle an.

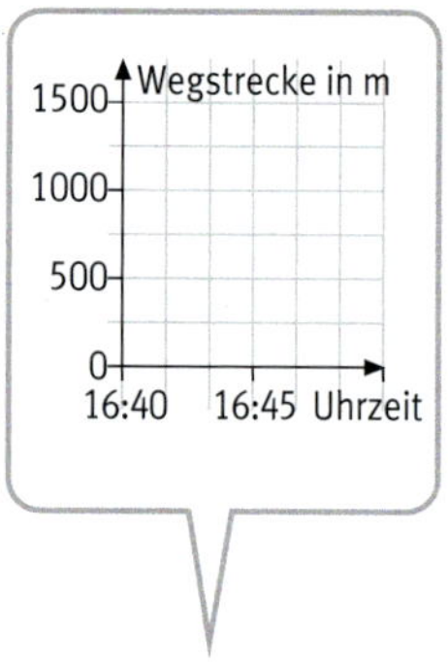

4 Um die Schüler zu mehr Vorsicht zu veranlassen, ließ ein Schulleiter folgende Wertetabelle aushängen:

Monat	Jan.	Febr.	März	April	Mai	Juni	Juli	Aug.	Sept.	Okt.	Nov.	Dez.
Unfallzahlen	12	25	28	5	20	6	18	0	4	25	32	16

a) Um welchen Sachverhalt handelt es sich dabei? Was wird einander zugeordnet?
b) Überlege, welche Längeneinheiten für die zeichnerische Darstellung günstig sind und stelle die Zuordnung im Koordinatensystem dar.

x-Achse	2 Monate ≙ 1 cm	1 Monat ≙ 1 cm	1 Monat ≙ 2 cm
y-Achse	10 Unfälle ≙ 1 cm	5 Unfälle ≙ 1 cm	1 Unfall ≙ 1 cm

5 Eine 8 cm hohe Kerze wird angezündet und brennt gleichmäßig ab, nämlich 1 cm Kerze in 5 Minuten.
a) Wann ist die Kerze vollständig abgebrannt?
b) Übertrage und ergänze die Tabelle.
c) Stelle die Zuordnung Brenndauer → Kerzenhöhe im Koordinatensystem dar.

Brenndauer (min)	0	5	10
Kerzenhöhe (cm)	8	7	

Äpfel	Birnen	Pfirsiche
1 kg – 1,60 €	1 kg – 2,40 €	1 kg – 2,80 €
2 kg – ■	2 kg – ■	2 kg – ■
3 kg – ■	3 kg – ■	3 kg – ■
4 kg – ■	4 kg – ■	4 kg – ■
$\frac{1}{2}$ kg – ■	$\frac{1}{2}$ kg – ■	$\frac{1}{2}$ kg – ■
$\frac{1}{4}$ kg – ■	$\frac{1}{4}$ kg – ■	$\frac{1}{4}$ kg – ■

1 Damit sie die Kunden schnell bedienen kann, schreibt sich eine Marktfrau Preistafeln.
a) Übertrage und vervollständige die Tabellen.
b) Wie hängen Gewicht und Preis zusammen (je ..., desto ...)?
c) Wie hoch ist der Preis bei doppeltem (halbem) Gewicht?
d) Welches Gewicht gehört zum vierfachen Preis (vierten Teil des Preises)?

proportionale Zuordnung

Gewicht (kg)	Preis (€)
1	2,80
2	5,60
4	11,20
$\frac{1}{2}$	1,40
$\frac{1}{4}$	0,70

(Pfeile: ·2, ·4, :2, :4)

Es besteht ein gesetzmäßiger Zusammenhang:
- zum doppelten Gewicht gehört der doppelte Preis,
- zum dreifachen Gewicht gehört der dreifache Preis,
- zum vierfachen Gewicht gehört der vierfache Preis,

oder
- zum halben Gewicht gehört der halbe Preis,
- zum 3. Teil des Gewichts gehört der 3. Teil des Preises,
- zum 4. Teil des Gewichts gehört der 4. Teil des Preises.

usw.

Solche Zuordnungen heißen **proportional**.

2 Bei welchen Angeboten sind die Zuordnungen proportional?

a) Mehl	b) Seife	c) Hefte	d) Milch
1 kg – 1,02 €	1 Stück – 0,99 €	10 Stück – 4,00 €	1 l – 1,20 €
2,5 kg – 2,55 €	3 Stück – 2,95 €	2er Packung – 0,90 €	$\frac{1}{4}$ l – 0,30 €

3 Vergleiche beide Preislisten. Wo liegt eine proportionale Zuordnung vor?

Bananen (kg)	1	2	3	4	5	6	7	8	9
Supermarkt (€)	1,70	3,40	5,10	6,80	8,50	10,20	11,90	13,60	15,30
Markthalle (€)	1,90	3,50	4,90	6,10	7,00	7,80	8,40	9,00	9,60

4 Ergänze die fehlenden Größen der proportionalen Zuordnungen.

a)

Gewicht (g)	Preis (€)
200	2,20
1200	■

b)

Stück	Preis (€)
3	4,50 €
15	■

c)

Portionen	Preis (€)
10	46,00
2	■

Lösungen zu 4

9,20	13,20
22,50	

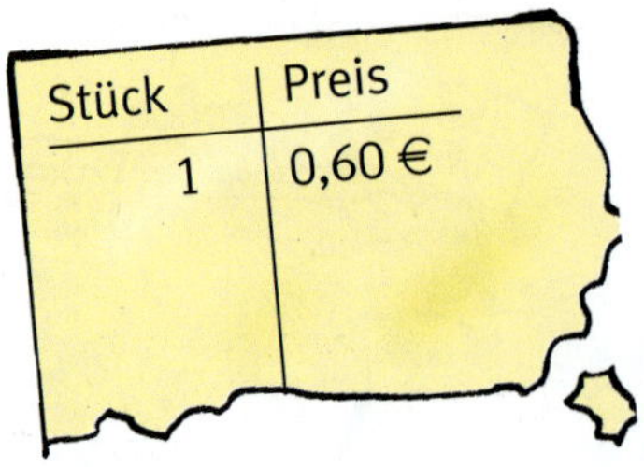

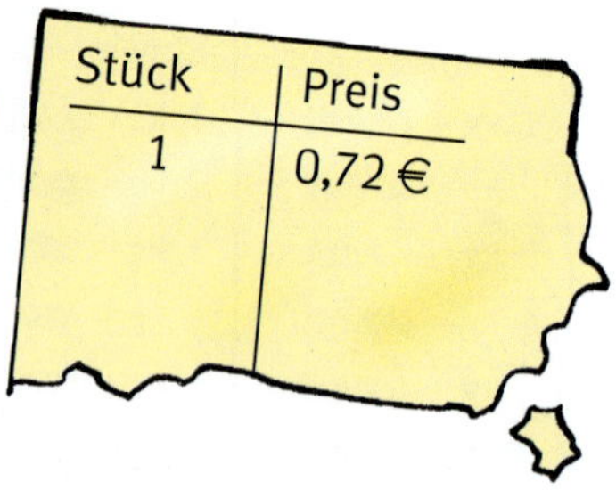

Mögliche Rechenvorteile: verdoppeln und halbieren

1 Kea und Mare helfen beim Verkauf in der Schülercafeteria. Bei dem Ansturm in der großen Pause muss alles schnell gehen. Einige Schüler kaufen für andere mit ein. Deshalb schreiben sich die beiden Preistabellen. Schreibe für die belegten Brötchen und die Muffins eine Tabelle von 1 bis 15 Stück auf. Nutze Rechenvorteile.

2 Für die Schulküche soll neues Geschirr (Teller, Tassen und Platten) gekauft werden. Übertrage die Preistabellen und ergänze fehlende Angaben.

a)

Teller	1	2	3	5	■	12	■	25
Preis (€)	4,25	■	■	■	42,50	■	85,00	■

b)

Tassen	1	■	5	■	10	16	■	22
Preis (€)	■	7,20	9,00	14,40	■	■	36,00	■

c)

Platten	1	■	6	10	■	15	■	25
Preis (€)	■	15,60	■	■	46,80	■	85,80	■

Lösungen zu 3a

8	4
7	

3 a) Berechne, wie viel Torsten gekauft hat, wenn eine Packung Milch 1,08 €, eine Flasche Mineralwasser 0,23 € und ein Schokoriegel 0,38 € kosten.

b) Vervollständige die Sätze.

① Wenn man für fünf Schokoriegel 2,05 € bezahlt, dann kostet ein Schokoriegel den ■ Teil des Preises, also 2,05 € : ■ = ◆ €.

② Wenn man für eine Flasche Mineralwasser 0,65 € bezahlt, dann kosten drei Flaschen Mineralwasser ▲-mal so viel, also ■ € · ▲ = ● €

4 In die Tabellen der proportionalen Zuordnungen haben sich Fehler eingeschlichen. Finde diese und berichtige sie.

a)

Brötchen	Preis (€)
3	0,75
9	2,15

b)

Arbeitszeit (h)	Lohn (€)
48	672
24	1344

c)

Farbe (ml)	Fläche (m²)
500	4
2000	8

5 Fahrten → 9,50 €
· 4 · ■
20 Fahrten → ■ €
4-fache Anzahl ■-facher Preis

1 Ercan, Selin, Michelle, Max und Kevin gehen auf den Rummel. Sie wollen Kettenkarussell fahren und an der Losbude ihr Glück versuchen.

a) Fünf Fahrten mit dem Kettenkarussell kosten 9,50 €. Selin möchte mehrmals fahren und gleich 20 Fahrten kaufen. Berechne den Preis für 20 Fahrten. Übertrage dazu das Schema und vervollständige es.
b) Dieser Lösungsweg wird Zweisatz genannt. Erkläre den Begriff.
c) Berechne ebenso den Preis für 10, 15, 25 und 30 Fahrten.
d) An der Losbude kosten drei Lose 2,50 €. Die Schüler kaufen insgesamt 9 Lose. Wie viel müssen sie bezahlen? Rechne wie in Aufgabe a) und b).
e) Berechne ebenso den Preis für 6, 12, 15 und 18 Lose.

Zweisatz

2 Schreibe einen Aufgabentext, übertrage die Lösungswege und vervollständige sie.

a) Popcorn
2 Tüten → 0,85 €
· 3 · ■
6 Tüten → ■

b) Zuckerwatte
4 → 2,15 €
· ■ · ■
8 → ■

c) Ballonherzen
3 → 4,20 €
· ■ · ■
■ → 16,80 €

d) Entenangeln
5 Versuche → 5,60 €
· ■ · ■
■ → 22,40 €

3

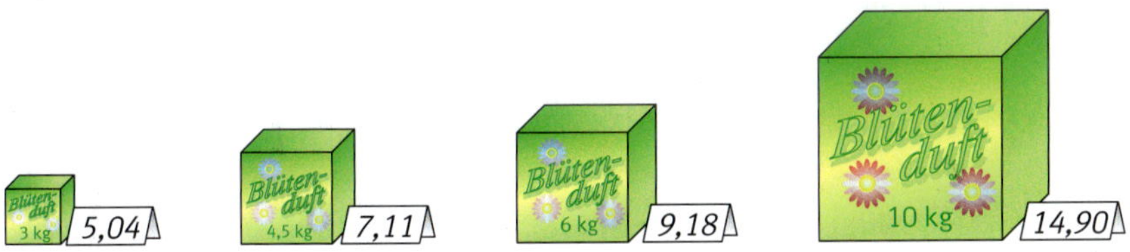

Vergleiche die Angebote. Berechne dazu den jeweiligen Preis nach folgendem Beispiel.

10 kg → 14,90 €
der 10. Teil der Menge der 10. Teil des Preises
1 kg → ■ €

Lösungen zu 3

1,49	1,53
1,68	1,58

4 Thomas hat zusammen mit seinem Freund gemessen, dass sein Mountainbike bei 5 Radumdrehungen etwa 8 m zurücklegt.

a) Jetzt möchte er wissen, welche Strecke das Rad bei 100 Umdrehungen zurücklegt.
b) Welche Strecke legt das Rad bei 250 (400; 1000) Umdrehungen zurück?
c) Wie viele Umdrehungen sind für 1 km erforderlich?

Proportionale Zuordnungen grafisch darstellen

Bananen (kg)	Preis (€)
1	1,50
2	3,00
3	4,50
4	■
5	■
6	■

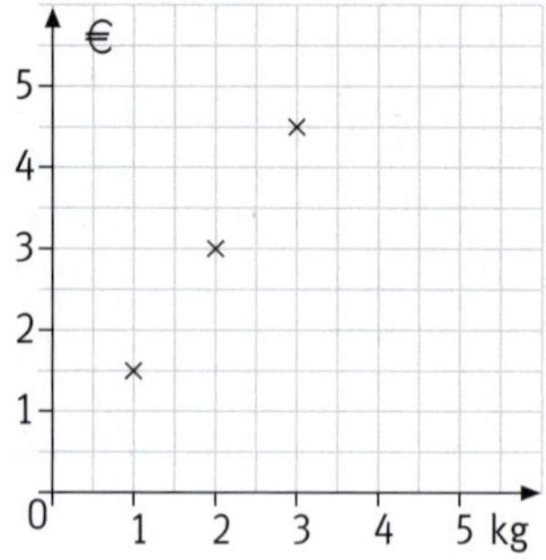

1 a) Gib an, welche Größen einander zugeordnet werden.
b) Zeichne die Tabelle und ergänze sie.
c) Übertrage das Schaubild und vervollständige es.
d) Verbinde die ermittelten Punkte. Was stellst du dabei fest?

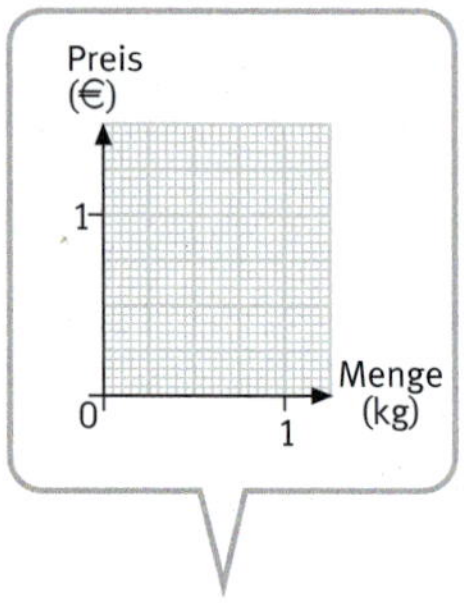

2 a) Lege dir eine entsprechende Tabelle bis zu einer Warenmenge von 8 kg an.
b) Zeichne ein Koordinatensystem und trage die Wertepaare ein.
c) Verbinde die ermittelten Punkte.
Was lässt sich über den Graphen einer proportionalen Zuordnung im Koordinatensystem aussagen (vergleiche auch Aufgabe 1d)?
d) Wie viele Wertepaare sind deshalb für die Zeichnung nur erforderlich?

Graph einer proportionalen Zuordnung: Halbgerade durch Nullpunkt

Bei proportionalen Zuordnungen liegen alle Punkte einander zugeordneter Werte auf einer Halbgeraden durch den Punkt (0|0). Für das Zeichnen des Graphen sind deshalb nur zwei Wertepaare erforderlich.
Zum Beispiel: (0|0) und (5|10).
Alle übrigen Wertepaare liegen auf der Halbgeraden.

Lösungen zu 3b und c

11	6
5	2
3,50	8

3 a) Stelle die Zuordnung im Koordinatensystem dar.
b) Lies ab, wie viel 4, 7, 12 Kiwis kosten.
c) Wie viele Kiwis bekommt man für 2,50 €, 4 €, 5,50 €?
d) Überlege, ob man die Punkte verbinden darf.
Begründe deine Antwort.

4

Zeit (h)	1	■	■	$3\frac{1}{2}$	■	$4\frac{1}{2}$	5	■	7	■	8
Lohn (€)	■	30	40	■	80	■	100	130	■	145	■

a) Überlege, ob es sich um eine proportionale Zuordnung handelt.
b) Zeichne den Graphen und vervollständige die Tabelle durch Ablesen.

Achte auf geeignete Einteilungen der x- und y-Achse.

5 Im Supermarkt kostet ein Kilogramm Äpfel 1,20 €.
a) Ermittle zeichnerisch die Preise für folgende Mengen: $\frac{1}{2}$ kg; $3\frac{1}{4}$ kg; 4,5 kg; 6 kg.
b) Entnimm der Zeichnung, welche Menge man für 2,70 (3; 4,20; 6) € bekommt.

1 Michael spart jede Woche den gleichen Betrag.

a) Übertrage den Lösungsweg und ergänze ihn.

b) Dieser Lösungsweg wird Dreisatz genannt. Erkläre den Begriff. **Dreisatz**

Aufgabe: In 37 Wochen 148 €
In 52 Wochen [x] €

Lösung:
37 Wo. → 148 €
:37 ↓ ↓ :37
1 Wo. → [ ] €
·52 ↓ ↓ ( )
52 Wo. → [x] €

c) Welchen Betrag hat er nach 45 (78, 130) Wochen gespart?

2

A
3 kg → 7,50 €
( ) ↓ ↓ ( )
1 kg → [ ] €
( ) ↓ ↓ ( )
5 kg → [x] €

B
5 h → 800 l
( ) ↓ ↓ ( )
1 h → [ ] l
·3 ↓ ↓ ( )
[ ] h → [x] l

C
[ ] m → 54 €
( ) ↓ ↓ :4
[ ] m → [ ] €
·5,5 ↓ ↓ ( )
[ ] m → [x] €

a) Übertrage und vervollständige.

b) Formuliere jeweils eine Rechengeschichte.

3 Berechne mit dem Dreisatz.

a) Im Supermarkt kosten fünf Kiwis 95 Ct. Wie viel kosten acht Kiwis?

b) Aygül zahlt im Obstladen für drei Gurken 4,17 €. Wieviel kosten fünf Gurken?

c) 2,5 l Motoröl kosten 20,50 €. Für einen Ölwechsel werden 4 l benötigt.

Lösungen zu 3 und 4

3	32,80
6,95	403
6	1,52
186	

4 Frau Arslan erhält für 20 Arbeitsstunden 310 €.

a) Wie viel € erhält sie für 12 (26) Stunden?

b) Wie viele Stunden hat sie gearbeitet, wenn sie 46,50 € (93 €) erhält?

Du musst beim Dreisatz nicht immer über die 1 gehen!

5 Herr Funke zahlt für 14 Übernachtungen 392 €. Wie viel muss sein Kollege bei gleichem Zimmerpreis für 12 Übernachtungen bezahlen?

a) Ergänze die Dreisatzrechnung.

b) Vergleiche mit den bisherigen Dreisatzrechnungen.

Dreisatz

14 Übernachtungen → 392 €
:7 ↓ ↓ :7
2 Übernachtungen → [ ] €
·6 ↓ ↓ ·6
12 Übernachtungen → [ ] €

6 a) Für 62 € erhält man 40 l Benzin. Wie viel € kosten 30 l?

b) In 10 Minuten legte Frau Zeitler mit dem Auto 15 Kilometer zurück. Wie viele Kilometer kann sie bei gleicher Geschwindigkeit in 25 Minuten schaffen?

c) Ein Käsestück mit 320 g kostet 3,36 €. Wie viel € kostet ein Stück der gleichen Sorte mit 240 g?

Lösungen zu 6

37,5	46,50
2,52	

Mit Überschlag rechnen

Heute im Angebot

1 l Milch: 0,69 €	Margarine: 0,89 €
Käse: 4,90 €/kg	Butter: 0,79 €
Brot: 2,49 €/kg	Dosenmilch: 0,49 €
Joghurt: 0,29 €	Gurke: 0,59 €
Äpfel: 1,50 €/kg	Kaffee: 3,99 €

1 Sebastian nutzt für seinen Einkauf die Sonderangebote des Supermarktes. Er hat nur 10 € dabei. Sebastian überschlägt, ob sein Geld reicht.

Überschlag

Eine Rechnung mit gerundeten Zahlen nennt man Überschlag. Der Überschlag liefert eine schnelle Ergebnisübersicht.
Beispiel: 2,49 € + 3 · 0,79 € = ■ €   Ü: 2,50 € + 2,40 € = 4,90 € ≈ 5 €

2 Vervollständige den Überschlag. Vergleiche mit dem genauen Ergebnis.

Preis: 0,49 € + 4,05 € + 3,84 € + 7,55 € + 8,10 € = ■
Überschlag: 0,5 € + ■ + ■ + ■ + ■ = ■

3 Überschlage zuerst, berechne dann genau und vergleiche.

a) 51,2 l Benzin, 1 l zu 1,499 €
b) 2 DVDs zu je 29,80 € und 1 CD zu 14,99 €
c) 1,299 kg Fleisch, 100 g zu 1,19 €

4 Supermärkte werben oftmals mit Sonderangeboten.

	Kaufmarkt	Mini-Preise	Gutes Einkaufen
Schokolade	5 Tafeln: 1,99 €	3 Tafeln: 1,49 €	2 Tafeln: 1,09 €
Fruchtquark	3er Pack: 0,89 €	6er Pack: 1,79 €	4er Pack: 0,99 €
Äpfel	3 kg: 4,79 €	1 kg: 1,79 €	2 kg: 3,99 €
Eier	6er Pack: 1,18 €	10er Pack: 1,78 €	20er Pack: 2,98 €

a) Welche Artikel würdest du in welchem Supermarkt einkaufen?
b) Welcher Supermarkt bietet die meisten Artikel am preiswertesten an? Ist das auch der beste Supermarkt für deine Familie?

5 Herr Berger braucht dringend 2 l Milch, 1 Brot, 250 g Butter, 250 g Salami und 200 g Käse. Der Supermarkt ist 5 km entfernt, zum Laden an der Ecke kann Herr Berger zu Fuß gehen. Vergleiche, wenn mit Kosten von 18 Ct pro gefahrenem Kilometer gerechnet werden muss.

Laden an der Ecke
1 l Milch: 0,99 €
1 Brot: 1,99 €
250 g Butter: 1,35 €
Salami: 12,79 €/kg
Käse: 12,99 €/kg

Supermarkt
1 l Milch: 0,89 €
1 Brot: 1,79 €
250 g Butter: 1,29 €
Salami: 11,79 €/kg
Käse: 11,99 €/kg

1 Beim Bäcker Frisch-Back kostet ein Brötchen 13 Cent. Für 5 Brötchen gibt es ein besonderes Angebot.

a) Wie viel kosten 4 Brötchen, wie viel 8 Brötchen?

b) Ist die Zuordnung Anzahl der Brötchen → Preis (€) proportional? Begründe.

c) Stelle die Wertepaare in einem Koordinatensystem dar und überprüfe damit deine Entscheidung aus b).

2

Benzinmenge (l)	1	5	■	15	18,5	■	■	■	45
Preis (€)	■	7,60	12,16	■	■	30,40	38,00	57,00	■

a) Übertrage die Tabelle und vervollständige sie.

b) Ist die Zuordnung proportional? Begründe deine Entscheidung.

Bei proportionalen Zuordnungen haben Wertepaare denselben Quotienten.
Der gemeinsame Quotient heißt Proportionalitätsfaktor.
Beispiel: 7,60 € : 5 l = 1,52 €/l 30,40 € : 20 l = 1,52 €/l

Quotientengleichheit
Proportionalitätsfaktor

3 Überprüfe die Quotientengleichheit mit weiteren Wertepaaren aus Aufgabe 2.

TRIMM-DICH-ZWISCHENRUNDE

1 Übertrage die Tabelle und vervollständige sie für eine proportionale Zuordnung.

a)

Gewicht (g)	Preis (€)
300	2,70
900	■

b)

Eiskugeln	Preis (€)
6	4,80
3	■

c)

Packungen	Stifte
5	60
20	■

d) Finde zu den Zuordnungen drei weitere Wertepaare und stelle sie im Koordinatensystem dar. Wähle eine geeignete Längeneinteilung.

2 a) Welche Größen sind einander zugeordnet?

b) Warum kannst du sofort sagen, dass eine proportionale Zuordnung vorliegt?

c) Lies ab, wie viel Geld es für 4 (1,5) Arbeitsstunden gibt.

d) Wie lange muss man für 30 (52,50) € arbeiten?

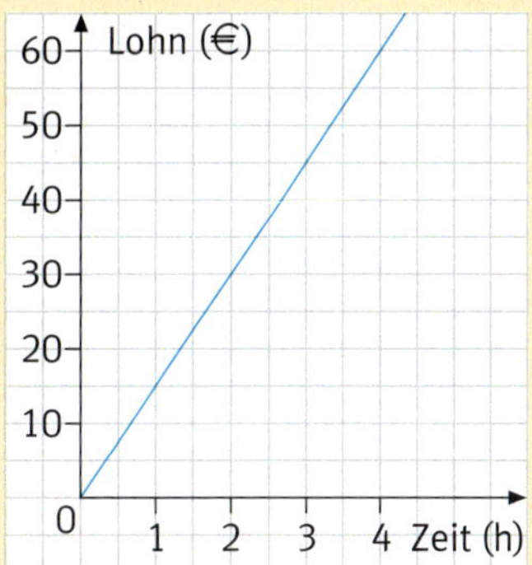

3 Herr Ugur erhält für 40 Arbeitsstunden 680 € Lohn.

a) Wie viel € erhält er für 95 Stunden?

b) Im letzten Monat verdiente er 2 856 €.

Arbeitsauftrag:

Diese Experimente solltet ihr in einer Gruppe durchführen. Die Aufgabenstellung muss sorgfältig von allen gelesen und gemeinsam besprochen werden. Jeder hat beim Experimentieren eine Aufgabe: Bestimmt, wer die Experimente durchführt und wer das Protokoll führt. Wer stellt eure Ergebnisse vor?

Stapeleien

Material: Streichholzschachteln, Spielsteine, Bücher

1 Baut aus den Materialien jeweils einen Stapel aus Streichholzschachteln, Spielsteinen und Büchern.
2 Messt nach jeder Streichholzschachtel, jedem Spielstein und jedem Buch die Höhe der Stapel. Stellt eure Messwerte in einer Tabelle und dann in einem Koordinatensystem dar.
3 Überlegt euch, ob ihr die Punkte verbinden dürft.
4 Vergleicht die Ergebnisse für die unterschiedlichen Stapeleien. Beschreibt Unterschiede und Gemeinsamkeiten.
5 Erläutert, was passiert, wenn ihr unterschiedlich dicke Bücher, Streichholzschachteln verschiedener Größen oder verschiedene Spielsteine stapelt.

An der Obst- und Gemüsetheke

Material: Äpfel, Waage

1 In vielen Supermärkten kann man sein Obst und Gemüse selbst abwiegen und erhält dann einen Aufkleber. Welche Informationen könnt ihr entnehmen?
2 Es stehen Äpfel und eine Waage bereit. Wiegt die Äpfel und berechnet mit der Angabe auf dem Aufkleber den Preis. Stellt die Werte in einer Tabelle und dann in einem Koordinatensystem dar.
3 Überlegt euch, ob ihr die Punkte verbinden dürft.
4 Für ein Sommerfest werden 150 Äpfel gekauft. Berechnet den Preis.

Hilfe Hunde!

Material: kreisförmige Gegenstände (CDs, Deckel, Uhr), Zentimetermaß aus Papier

Eine runde Rasenfläche in einem Park soll mit einem Zaun vor Hunden und ihrem Abfall geschützt werden. Der Durchmesser der Rasenfläche beträgt 30 Meter. Wie lange muss der Zaun sein?

1 Untersucht die verschiedenen kreisförmigen Gegenstände. Messt dazu die Durchmesser und Umfänge mit dem Zentimetermaß aus Papier.

2 Stellt eure Messwerte in einer Tabelle und dann in einem Koordinatensystem dar. Rundet geeignet.

3 Überlegt euch, ob ihr die Punkte verbinden dürft.

4 Versucht anhand des Graphens, einen Zusammenhang zwischen dem Durchmesser und dem Umfang zu erkennen. Ermittelt damit den Umfang eines Kreises mit dem Durchmesser $d = 3$ cm.

5 Berechnet mit euren Erkenntnissen die Länge des Zaunes.

Gummibärchen schmecken gut!

Material: kleine Tüten mit Gummibärchen

1 Teilt die Tüten gerecht unter euch auf. Wie viele Tüten bekommt jeder?

2 Eure Klassenlehrer mögen auch Gummibärchen. Wie viele Tüten erhält nun jeder?

3 Gummibärchen sind sehr beliebt. Plötzlich finden sich in eurer Gruppe 9 (12; 18; 36) Personen. Wie viele Tüten bekommt nun jede Person?

4 Stellt eure Werte in einer Tabelle und dann in einem Koordinatensystem dar. Überlegt euch, ob ihr die Messwerte verbinden dürft.

Rückblick:

Welche Experimente waren ein Beispiel für eine proportionale Zuordnung? Woran habt ihr das erkannt?

1 Für ein gemeinsames Geburtstagsgeschenk möchten 6 Freunde jeweils 8 Euro ausgeben.

a) Wie viel muss jeder bezahlen, wenn sich 3 (12) Freunde am Geschenk beteiligen? Erkläre die Rechnungen im Merkkasten.

b) Erläutere den Zusammenhang zwischen der Anzahl der Beteiligten und den Preis pro Person.

c) Übertrage die Tabelle und ergänze den Preis bei 2 (18) Beteiligten.

antiproportionale Zuordnung

Anzahl der Freunde	Betrag jedes Einzelnen (€)
6	8
12	4
3	16

(6 ·2 → 12, 12 :2 → 3; 8 :2 → 4, 4 ·2 → 16)

Es besteht ein gesetzmäßiger Zusammenhang:
- zur halben Anzahl gehört der doppelte Preis,
- zur doppelten Anzahl gehört der halbe Preis.

oder
- zum halben Preis gehört die doppelte Anzahl
- zum doppelten Preis gehört die halbe Anzahl

usw.

Solche Zuordnungen heißen **antiproportional.**

2 Bei welchen Tabellen liegen antiproportionale Zuordnungen vor? Begründe.

a)

Anzahl der Teilnehmer	24	12	48	36
Kosten pro Teilnehmer (€)	18	36	9	12

b)

Rohrlänge (m)	5	15	10	7,5
Anzahl der Rohre	300	100	150	200

c)

Länge (m)	1,5	3	4,5	9
Preis (€)	7,95	15,90	23,85	47,70

d)

Anzahl der Gläser	8	16	20	40
Füllmenge je Glas (l)	0,5	0,25	0,2	0,1

3 Vervollständige die Sätze.
Wenn ein Futtervorrat bei 8 Tieren 12 Tage reicht, dann reicht er bei einem Tier ■ -mal so lange, also 12 Tage · ■ = ◆ Tage. Wenn der Vorrat bei einem Tier ◆ Tage reicht, dann reicht er bei 6 Tieren den ▲ Teil, also ◆ Tage : ▲ = ● Tage.

4 Welche Zuordnungen sind antiproportional?
Begründe anhand von Beispielrechnungen.

a) Anzahl der Arbeiter → Arbeitsdauer zur Erledigung eines Arbeitsauftrags

b) Gewicht eines Kekses → Anzahl der Kekse, die aus einem Teig gebacken werden können

c) Geldwert in Euro → Geldwert in Dollar

d) Anzahl der Bretter, die aus einem Baumstamm geschnitten werden können → Dicke dieser Bretter

·3 7 Sträuße → 15 Tulpen pro Strauß :■
21 Sträuße → ■ Tulpen pro Strauß

1 Eine Blumenhändlerin bindet 7 Sträuße mit jeweils 15 Tulpen. Aus der gleichen Menge Tulpen bindet sie noch 21 Sträuße. Wie viele Tulpen hat dann ein Strauß? Übertrage den Lösungsweg und vervollständige ihn.

2 Zum Abtransport von Erdaushub bei einer Großbaustelle benötigen 4 LKW 36 Stunden. In welcher Zeit könnten 12 LKW den Erdaushub abtransportieren?

3 Mehmet schneidet acht gleich lange Schnüre jeweils anders in gleich lange Stücke. Bestimme die fehlenden Stückzahlen bzw. Stücklängen.

6 Stücke	4,00 m	4 Stücke	■	■	1,20 m	16 Stücke	■
12 Stücke	■	■	3,00 m	10 Stücke	■	32 Stücke	■

4 Bei einer gleichmäßigen Geschwindigkeit von 80 km/h erreicht Ines mit dem Auto ihr Ziel in 40 Minuten. Wie viel länger ist Samet mit dem Fahrrad unterwegs, wenn er gleichmäßig 20 km/h fährt?

5 Eine Tippgemeinschaft in einem Betrieb gewinnt 10 800 € im Lotto.
a) Erläutere den Zusammenhang zwischen der Anzahl der Mitspieler und der Gewinnsumme pro Person.
b) Übertrage und ergänze den Lösungsweg.

■ *12 Mitspieler → ■ für jeden* ■
3 Mitspieler → ■ € für jeden

c) Welchen Betrag erhält jeder bei 4 (6; 18) Mitspielern? Nutze bei der Berechnung die Ergebnisse aus Aufgabe b).
d) Wie viele Mitspieler hat die Tippgemeinschaft, wenn jede Person 450 € erhält?

6 Ein Getränkehersteller verkauft Wasser in Kästen mit 12 Flaschen zu je 0,7 l.
a) Berechne, wie viele Gläser zu je 0,4 l mit dieser Menge gefüllt werden können.
b) Wie ändert sich die Anzahl der Gläser, wenn jedes zur Hälfte gefüllt wird?
c) Erläutere anhand von zwei selbst gewählten weiteren Zahlenbeispielen, warum die Zuordnung antiproportional ist.

7 Für die Busfahrt der Klasse 7 (22 Schüler) in den Freizeitpark werden von jedem Schüler 25 € eingesammelt. Am Tag der Fahrt sind zwei Schüler erkrankt und können nicht mitfahren. Nun erhöht sich der Betrag für die anderen.

Antiproportionale Zuordnungen grafisch darstellen

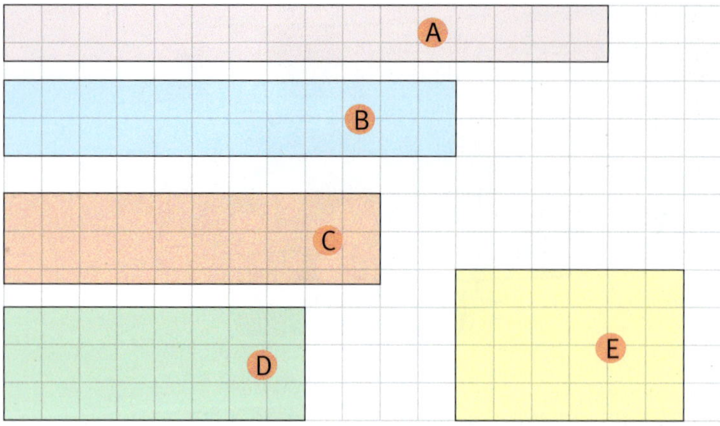

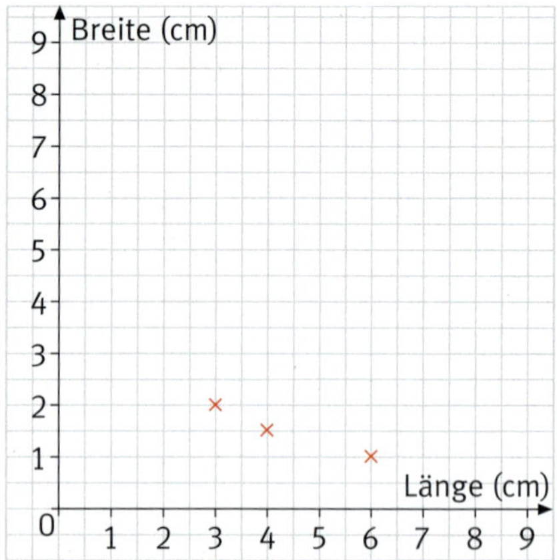

1 a) Bestimme bei jedem Rechteck die Länge und die Breite. Trage die Werte in eine Tabelle ein und ermittle den jeweiligen Flächeninhalt. Was stellst du fest?

Rechteck	A	B
Länge (cm)	8	6
Breite (cm)	0,75	
Flächeninhalt (cm^2)	6	

b) Ergänze die Tabelle um die Seitenlängen 2 cm, 1,5 cm, 1 cm, und 0,75 cm.
c) Im obigen Koordinatensystem wurden einige Wertepaare eingetragen. Übertrage die Darstellung und ergänze die fehlenden Wertepaare.
d) Darf man die Punkte verbinden? Begründe.
e) Beschreibe den Verlauf des Graphen.

Graph einer antiproportionalen Zuordnung: Kurve

Bei antiproportionalen Zuordnungen liegen alle Punkte einander zugeordneter Werte auf einer Kurve, die Hyperbel heißt. Die Kurve nähert sich immer dichter der x-Achse bzw. y-Achse an, ohne sie zu berühren.

2 Um im Musikunterricht verschiedene Musikrichtungen vergleichen zu können, sollen die Schüler insgesamt 48 Musiktitel aus dem Internet herunterladen. Dazu melden sich einige freiwillig.

Anzahl der Freiwilligen	1	2	4	■	8	■	■
Anzahl der Musiktitel	■	■	■	8	■	4	1

a) Wie viele Titel müssen pro Person herunter geladen werden, wenn alle gleich viele beisteuern wollen? Ergänze die Tabelle.
b) Stelle die Wertepaare in einem Koordinatensystem dar. Darf man die Punkte verbinden? Begründe.

3 60 Orangen sollen in Netzen mit jeweils gleicher Stückzahl verpackt werden.
a) Welche Möglichkeiten gibt es? Stelle eine Wertetabelle auf.
b) Stelle die Wertepaare in einem Koordinatensystem dar. Darf man die Punkte verbinden? Begründe.
c) Sind alle möglichen Wertepaare auch sinnvoll? Begründe deine Antwort.

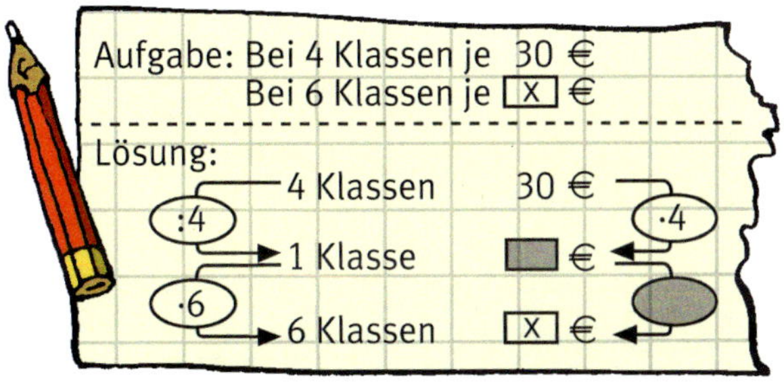

1 Der im letzten Halbjahr beim Schulfrühstück erzielte Gewinn wurde gleichmäßig unter den 4 beteiligten Klassen aufgeteilt. Jede Klasse erhielt 30 €. In diesem Halbjahr beteiligen sich 6 Klassen und der Gewinn wird wieder ähnlich hoch ausfallen. Übertrage den Lösungsweg und ergänze ihn.

2 Schreibe eine Aufgabenstellung zu folgenden Tabellen und vervollständige sie.

a)

Anzahl Arbeiter	Arbeitstage
2	6
4	
1	

b)

Anzahl Pferde	Vorratsdauer in Tagen
24	208
1	
32	

3 Eine Geschichte aus dem Buch „Die Abenteuer des Tom Sawyer" von Mark Twain:

Tom muss den Zaun streichen, obwohl er lieber mit seinen Freunden unterwegs sein will. Er erzählt jedem seiner Freunde, die vorbei kommen, wie toll das Zaunstreichen ist. Sie geben ihm Geschenke, damit sie auch streichen dürfen.

Wenn die Freunde zu dritt streichen, brauchen sie 4 Stunden und 30 Minuten. Wie lange brauchen fünf Jungen? Alle fünf Jungen schaffen gleich viel.

4 Besime beginnt eine Ausbildung als Fachkraft im Gastgewerbe. Endlich eigenes Geld! Für den Kauf eines Mofas leiht sich Besime von ihrem Onkel Geld, das sie innerhalb einer bestimmten Zeit zurückzahlen soll. Sie schlägt ihrem Onkel vor, dass sie ihm 30 Monate lang jeden Monat 45 € zurückzahlen wird.

a) Besimes Onkel möchte das Geld aber schon nach 12 Monaten wieder zurückhaben. Berechne nun die Rate.

b) So viel Geld hat Besime jeden Monat nicht übrig. Sie schlägt ihm vor, das Geld in 18 Monaten zurückzuzahlen.

Bei antiproportionalen Zuordnungen haben Wertepaare dasselbe Produkt.
Beispiel: 30 · 45 € = 1 350 €   18 · 75 € = 1 350 €

Produktgleichheit

5 Überprüfe die Produktgleichheit mit weiteren Wertepaaren aus Aufgabe 4.

Zuordnungen unterscheiden

Anzahl	0	4	8	12
Gramm	0	8	16	24

Anzahl	2	3	7	10
Preis in €	10	13	25	34

Geschwindigkeit	25	50	100
Zeit in Min	8	4	2

Es handelt sich um eine ____________ Zuordnung, weil …

1 Ordne jeder Tabelle eine Zuordnungsart (proportional, antiproportional, weder noch) zu. Begründe deine Entscheidung schriftlich.

2 Ordne auch diesen Graphen eine Zuordnungsart zu und begründe schriftlich.

a) 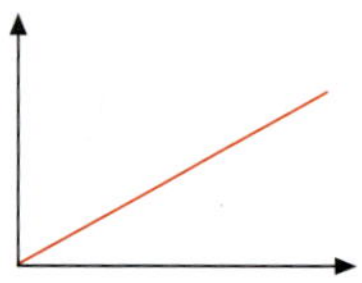

b) 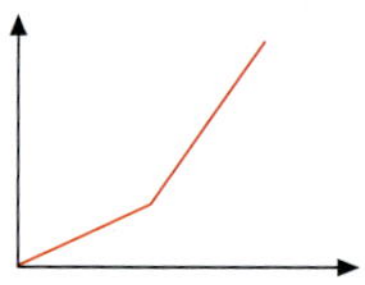

c) 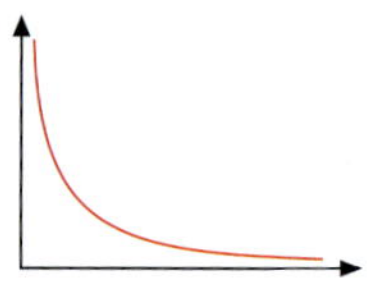

d) 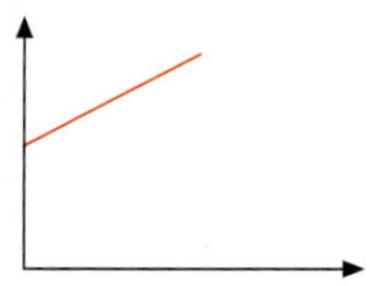

3 Entscheide, ob eine proportionale oder eine antiproportionale Zuordnung vorliegt. Begründe schriftlich und mit Beispielrechnungen. Wähle weitere eigene Zahlen.

a) Auf dem Flohmarkt kostet jeder Comic 50 Cent. Sanja kauft sieben Comics.
b) Ein Reiterhof hat für seine sechs Pferde eine Fuhre Heu bekommen, die etwa 60 Tage reicht. Am selben Tag werden zwei weitere Pferde in Pflege genommen.
c) Das Pizza-Taxi berechnet 2 € für das Anliefern. Montags kostet jede Pizza 4 €.
d) Für neun Filzstifte muss Yonca 6,30 € zahlen. Kadir möchte drei Filzstifte kaufen, Israh kauft zehn Filzstifte.
e) Die 7c mit 20 Schüler und Schülerinnen möchte die Sitzordnung zu Gruppentischen ändern.
f) Torsten bläst gerne Luftballons auf. Nach 8 Sekunden hat der Luftballon einen Durchmesser von 24 cm. Wie dick ist ein Luftballon, den er 20 Sekunden aufbläst?
g) In einem Parkhaus in der Innenstadt werden folgende Gebühren erhoben: bis zu einer Stunde kostenlos, von einer bis drei Stunden 3 €, mehr als drei Stunden pro Stunde 1,50 €.

4 Finde mögliche Sachzusammenhänge. Entscheide, ob eine proportionale oder antiproportionale Zuordnung vorliegt. Vervollständige die Tabellen dann.

a)

	Stück	g	
	15	600	
:3	5	___	:3
·5	___	___	·5

b)

	Röhren	Dauer (d)	
	3	15	
___	1	45	___
___	5	9	___

c)

	Flascheninhalt (l)	Anzahl	
	0,7	250	
___	0,1	___	___
___	___	700	___

a)

b)

c)

d)

1 Beschreibe die Situationen. Stelle Rechenfragen und beantworte sie. Welche Zuordnungsart liegt vor? Begründe.

TRIMM-DICH-ZWISCHENRUNDE

1 Übertrage die Tabelle und vervollständige sie für eine antiproportionale Zuordnung.

a)

Anzahl Lkw	4	2	6
Fahrten pro Lkw	12	■	■

b)

Anzahl Pferde	2	5	■
Vorratsdauer (d)	■	40	25

2 Zwei gleiche Pumpen können ein Becken in sechs Stunden leeren.

a) Übertrage und ergänze alle Felder der Wertetabelle.

Anzahl der Pumpen	1	2	■	■	8	■
Dauer in Stunden	■	6	3	■	■	1

b) Stelle die Zuordnung grafisch dar.

3 Bei einem täglichen Verbrauch von 18 l reicht ein Heizölvorrat 150 Tage.

a) Wie lange reicht der Vorrat bei einem täglichen Verbrauch von 30 l (22,5 l)?

b) Wie viel Liter Heizöl werden täglich verbraucht, wenn der Vorrat 108 Tage (180 Tage) reicht?

Zuordnungen wiederholen

Proportionale Zuordnungen

Proportionale Zuordnungen untersuchen und darstellen S. 49 ff.

Zum Doppelten, Dreifachen, ... der einen Größe gehört das Doppelte, Dreifache, ... der anderen Größe. Zum zweiten, dritten, ... Teil der einen Größe gehört der zweite, dritte, ... Teil der anderen Größe.

Beschreibung

Ein 3 m langes Rohr wiegt 4,5 kg. 4 m desselben Rohres wiegen dann 6 kg.

Wertetabelle

Länge (m)	1	2	3	4
Masse (kg)	1,5	3	4,5	6

Graph

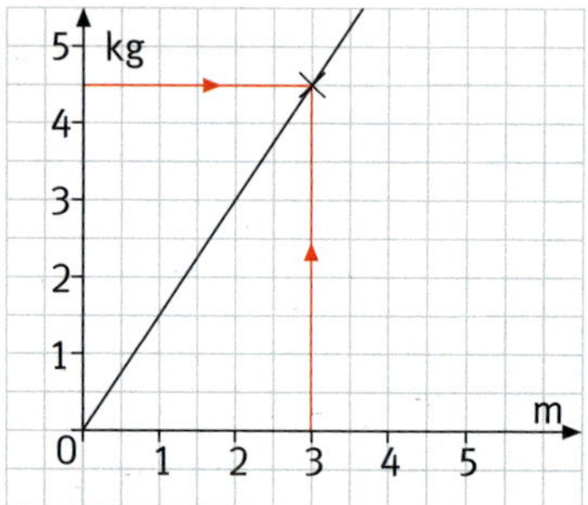

Dreisatz

3 m → 4,5 kg
:3 ↓ ↓ :3
1 m → 1,5 kg
·4 ↓ ↓ ·4
4 m → 6 kg

Quotientengleichheit

Die Wertpaare sind quotientengleich.

1,5 : 1 = 3 : 2 =
4,5 : 3 = 6 : 4 = 1,5

Antiproportionale Zuordnungen

Antiproportionale Zuordnungen untersuchen und darstellen S. 58 ff.

Zum Doppelten, Dreifachen, ... der einen Größe gehört der zweite, dritte, ... Teil der anderen Größe. Zum zweiten, dritten, ... Teil der einen Größe gehört das Doppelte, Dreifache, ... der anderen Größe.

Beschreibung

Eine Druckmaschine erledigt einen Auftrag in 24 h, zwei Druckmaschinen der gleichen Leistung schaffen den Auftrag in 12 h.

Wertetabelle

Maschinen	1	2	3	4
Zeit (h)	24	12	8	6

Graph

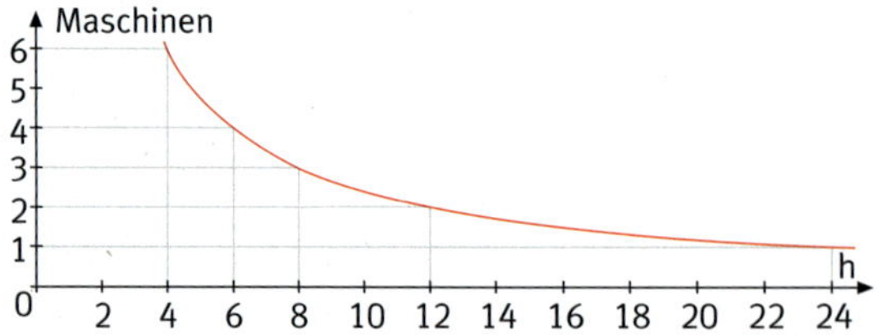

Dreisatz

2 Maschinen → 12 h
:2 ↓ ↓ ·2
1 Maschine → 24 h
·3 ↓ ↓ :3
3 Maschinen → 8 h

Produktgleichheit

Die Wertepaare sind produktgleich.

1 · 24 = 2 · 12 =
3 · 8 = 4 · 6 = 24

Aufgaben zur Differenzierung

Basis-Aufgaben | **Vertiefende Aufgaben**

1 Übertrage die Tabellen und ergänze die fehlenden Werte der proportionalen Zuordnung.

Basis-Aufgaben

a)

Gewicht	Preis
2 kg	2,80 €
5 kg	■
8 kg	■

b)

Benzin	Preis
5 l	7,75 €
■	77,50 €
■	38,75 €

Vertiefende Aufgaben

a)

Gewicht	Preis
300 g	0,75 €
1 kg	■
800 g	■

b)

Zeit	Weg
2 s	666 m
5 s	■
■	2664 m

2 Überprüfe, ob die Zuordnungen antiproportional sind.

Basis-Aufgaben

a)

x	y
16	45
8	90
2	360

b)

x	y
1,5	750
2,5	450
4	280

Vertiefende Aufgaben

a)

x	y
2,5	960
6,4	375
9,6	250

b)

x	y
$\frac{1}{4}$	240
$\frac{1}{2}$	120
$\frac{3}{4}$	80

3 Im Supermarkt kostet ein Kilogramm Mandarinen 1,25 €.

a) Lege eine Wertetabelle bis zu einer Warenmenge von 8 kg an.
b) Stelle die Zuordnung grafisch dar.
c) Lies drei weitere Wertepaare ab und ergänze die Tabelle.

Ein Flugzeug fliegt mit einer durchschnittlichen Geschwindigkeit von 800 km/h.

a) Lege eine Wertetabelle bis zu einer Flugzeit von 8 h an.
b) Stelle die Zuordnung grafisch dar.
c) Lies drei weitere Wertepaare ab und ergänze die Tabelle.

4 Bestimme die fehlenden Werte der Zuordnungen. Um welche Zuordnungsart handelt es sich?

Basis-Aufgaben

a)

Länge d. Seils	Preis (in €)
4 m	6
1 m	■
7 m	■

b)

Anzahl der Teilnehmer	Kosten pro Teilnehmer
24	18 €
■	■
32	■

Vertiefende Aufgaben

a)

Farbverbrauch (Liter pro m^2)	
5 l	42 m^2
■	■
9 l	■

b)

Inhalt einer Flasche	Anzahl Flaschen
0,7 l	250
■	■
0,5 l	■

5 Frau Aydin arbeitet ganztags im Supermarkt. Bei 40 Arbeitsstunden verdient sie in der Woche 370 €. Aus familiären Gründen möchte sie wöchentlich nur noch 25 Stunden arbeiten. Wie viel Lohn erhält sie dafür?

Auf dem Schulfest hat die Klasse 7c einen Kuchenverkauf organisiert. Sie hat sechs Nusskuchen zu je 12 Stück und vier Blech Käsekuchen zu je 20 Stück gebacken. Nach einer Stunde wurden für 16 Stück Nusskuchen 12,80 € und für 22 Stück Käsekuchen 13,20 € eingenommen. Am Ende des Festes ist alles verkauft. Wie viel haben sie eingenommen?

1 Der Graph zeigt die Zuordnung Gewicht → Preis (Kartoffelkauf).

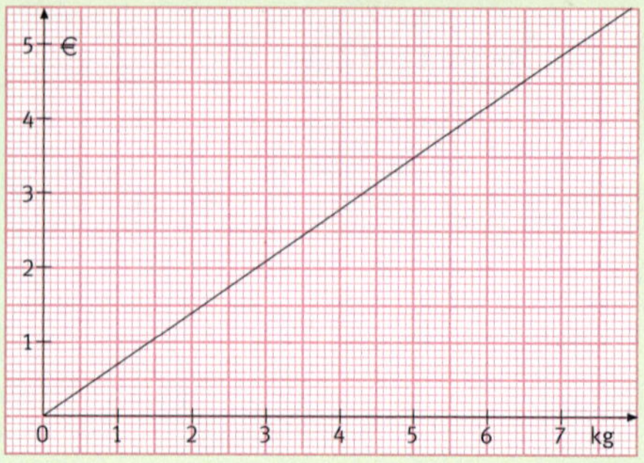

a) Wie lässt sich am Graphen sofort die Proportionalität erkennen?

b) Lies die fehlenden Tabellenwerte ab.

Menge (kg)	2	3	4,5	6	7,5
Preis (€)	■	■	■	■	■

Menge (kg)	■	■	■	■	■
Preis (€)	1,05	2,80	3,50	3,85	4,90

c) Bestätige die Zuordnungsart mit dem Proportionalitätsfaktor.

2 Das Schaubild zeigt, wie lange Inas Taschengeld in Abhängigkeit von der jeweiligen täglichen Ausgabe reicht.

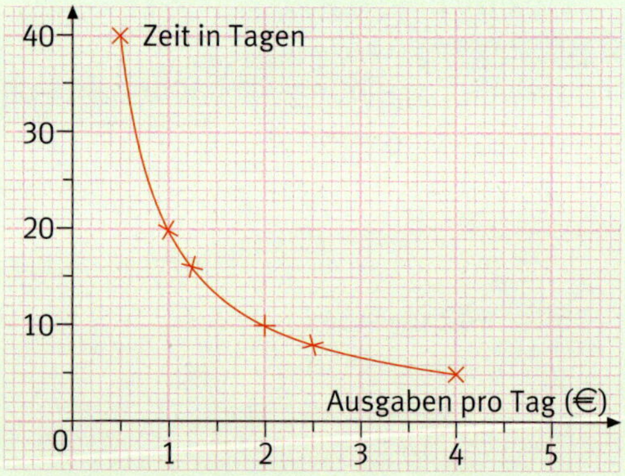

a) Erstelle eine Tabelle. Lies die Werte aus dem Schaubild ab.

b) Wie viel € Taschengeld bekommt Ina?

c) Wie lange reicht das Taschengeld bei einer täglichen Ausgabe von 5 € (10 €; 20 €)?

d) Stelle ebenso grafisch dar, wenn Ina 30 € Taschengeld bekommt.

3 Überprüfe, ob die folgenden Zuordnungen antiproportional sind:

a)

Gewicht (g)	Anzahl der Packungen
250	40
50	200
125	80

b)

Anzahl der Maschinen	Laufzeit je Maschine (h)
8	3,5
7	4
6	4,5

4 Überprüfe, ob die folgenden Zuordnungen proportional sind:

a)

Anzahl (Stück)	2	3	4
Preis (€)	0,90	1,35	1,80

b)

Entfernung (km)	4	8	12
Fahrpreis (€)	1,60	3,20	4,40

5 Schreibe Rechengeschichten und berechne.

a) 2 Stück → 65 €
6 Stück → ■ €

b) 7,5 l → 100 km
■ l → 800 km

c) 5 l → 7,10 €
35 l → ■ €

6 Berechne die fehlenden Werte der antiproportionalen Zuordnung.

a)

Ladekapazität eines Lkw (t)	Anzahl der Fahrten
36	24
9	■
12	■

b)

Anzahl der Teilnehmer	Preis je Teilnehmer (€)
48	15
■	18
32	■

7 a) Bestimme die fehlenden Werte der Zuordnung Wasserverbrauch → Kosten.

m^3	0	10	■	40	50	■	■
€	60	80	100	■	■	200	210

b) Zeichne den Graphen der Zuordnung.
x-Achse: 1 cm ≙ 10 m^3
y-Achse: 1 cm ≙ 20 €

c) Ist die Zuordnung proportional?

8 Berechne, wie viel die Schülerinnen und Schüler für ihren Einkauf jeweils bezahlen müssen.

a) Monir kauft 3 Äpfel. Sie wiegen 420 g.
b) Selina kauft 300 g Trauben.
c) Ahmad kauft 8 Tomaten. Sie wiegen 650 g.
d) Hüseyin kauft 10 Möhren. Sie wiegen 727 g.

9 Der Auszubildende Marko muss die Obst- und Gemüsewaage an der Kasse neu programmieren. Er erhält folgende Vorgaben:

Artikel	Paprika	Pilze	Birnen	Äpfel
Preis (€ pro kg)	2,78	3,50	2,49	2,11

Eine Überprüfung an der Kasse ergibt folgende Preise:

Artikel	Paprika	Pilze	Birnen	Äpfel
Gewicht (g)	120	320	2000	200
Preis (€)	0,33	1,23	4,98	3,50

Finde und korrigiere die Fehler, die Marko passiert sind.

10 Ein rechteckiges Baugrundstück ist 24 m lang und 32 m breit. Es kostet 57 600 €.
a) Ein Nachbargrundstück ist genau so breit, aber nur 20 m lang.
b) Welche Seitenmaße könnte ein weiteres rechteckiges Baugrundstück haben, das 54 000 € kostet?
Finde vier verschiedene Möglichkeiten.

11 Der Bremsweg eines Fahrzeuges ist neben der Fahrbahnbeschaffenheit und dem Reifenzustand auch von der Geschwindigkeit abhängig. Auf trockener Straße ergeben sich dabei folgende Mindestbremswege:

Geschwindigkeit ($\frac{km}{h}$)	10	20	30	40	50	60
Bremsweg (m)	0,5	2	4,5	8	12,5	18

a) Welche Werte werden einander zugeordnet?
b) Wie ändert sich der Bremsweg bei doppelter (dreifacher) Geschwindigkeit?
c) Bei welcher Geschwindigkeit ist der Bremsweg 16-mal (36-mal) so lang?
d) Ist die Zuordnung proportional? Begründe.
e) Setze die Tabelle um vier Werte fort.
f) Stelle die Zuordnung im Koordinatensystem dar.

12 Bäcker Schmidt backt an einem Arbeitstag normalerweise 75 Brote zu je 1,5 kg. Zu seinem Betriebsjubiläum möchte er aus der gleichen Menge Teig kleinere Brote backen und an seine Kunden verschenken.
a) Erstelle eine Tabelle zur Zuordnung Anzahl der Brote → Masse eines Brotes mit fünf unterschiedlichen Wertepaaren.
b) Zeichne den dazugehörigen Graphen.
c) Mache einen Vorschlag, welche Brotgröße Herr Schmidt anbieten sollte. Wie viele Brote würden sich dabei ergeben?

13 a) Drei Flaschen Milch kosten 3 €. Wie viele Flaschen erhält man für 1,50 €?
b) Fritz konnte in 10 Tagen 2 kg abnehmen. Wie viel kg schafft er in 250 Tagen?
c) Eine Fußballmannschaft erzielte in 5 Spielen 15 Tore. Wie viele Tore erzielt die gleiche Mannschaft in 10 Spielen?
d) Den Rohbau eines Hauses können 12 Arbeiter in 50 Tagen fertigstellen. Wie viele Arbeiter braucht man, wenn der Bau an einem Tag erstellt werden soll?
e) Meltem springt bei 8 m Anlauf 3,75 m weit. Welche Weite schafft sie bei doppelt so langem Anlauf?

1 Aus einem undichten Wasserhahn tropfen in einer Stunde 50 ml Wasser.
a) Lege eine Tabelle an für die Wassermenge, die nach 2 (4, 7, 10, 13, 16) Stunden aus dem Hahn getropft ist.
b) Stelle die Zuordnung im Koordinatensystem dar.
x-Achse: 1 cm ≙ 1 h   y-Achse: 1 cm ≙ 100 ml
c) Bestimme durch Ablesen die Wassermenge, die in 3 ($6\frac{1}{2}$, 15) Stunden aus dem Wasserhahn tropft.
d) Lies ab, nach welcher Zeit 250 (475, 725) ml aus dem Hahn tropfen.

2 Der Graph veranschaulicht eine Zuordnung Fahrzeit → Geschwindigkeit.
a) Welche Art von Zuordnung liegt vor? Begründe.
b) Wie lang ist die Fahrzeit bei einer Geschwindigkeit von $80\frac{km}{h}$ ($20\frac{km}{h}$; $16\frac{km}{h}$)?
c) Wie hoch ist die Geschwindigkeit bei einer Fahrzeit von 2 h (8 h; 10 h)?

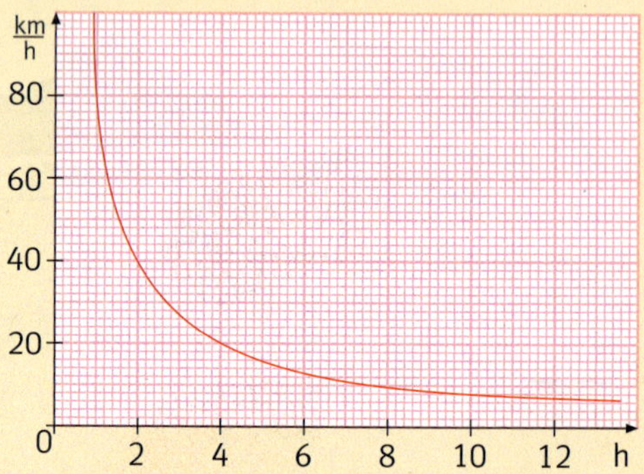

3 Ermittle die fehlenden Werte.

a) 7 Stück → 42 €
1 Stück → ■ €
4 Stück → ■ €

b) 1 m² → ■ €
3 m² → 54 €
15 m² → ■ €

c) 25 l → 40 €
1 l → ■ €
■ l → 54,40 €

4 Für 80 € erhält man 108 US-Dollar (USD).
a) Wie viele USD erhält man für 150 €? b) Wie viele € erhält man für 975 USD?

5 Übertrage und ergänze die Tabelle und stelle die Zuordnung im Koordinatensystem dar. (x-Achse: 1 cm ≙ 1 h, y-Achse: 2 cm ≙ 5 €)

a)

Anzahl der Pumpen	1	■	3	■	6	12
Zeit (h)	12	6	■	3	■	■

b)

Ausleihdauer (h)	0	2	4	■	■	10
Gesamtkosten (€)	5	10	■	17,50	22,50	■

6 Aus einer Quelle sprudeln in 10 Minuten etwa 25 Liter Wasser.
a) Wie viele Liter Wasser liefert die Quelle an einem Tag?
b) In welchem Zeitraum liefert die Quelle 3 m³ Wasser?

7 Fünf Klassen mit zusammen 127 Schülern wollen einen Ausflug machen. Die Busfahrt kostet pauschal 450 €; der Eintritt in den Freizeitpark je Schüler 18 €. Am Tag der Fahrt fehlen 6 Schüler. Wie viel muss nun jeder Schüler zahlen?

Prozentrechnung

- Beim Einkaufen begegnen dir immer wieder Prozentangaben. Erläutere.
- In Schlussverkäufen werden Produkte günstiger angeboten, um Platz für die Waren der kommenden Saison zu schaffen. Warum werden Rabatte in Prozent und nicht in Euro angegeben?
- Haben zwei Artikel, die um 50 % herabgesetzt worden sind, nun denselben Preis?

Das Ergebnis einer Umfrage unter Schülern ist in einem Kreisdiagramm festgehalten.
- Welche Zahl ergibt sich, wenn alle Prozentangaben addiert werden?
- Es wurden einmal 100 und einmal 1000 Schüler befragt: Wie viele Schüler geben jeweils ihr Geld beim Shoppen oder für ihr Handy aus?
- Vergleiche die absoluten Zahlen. Welche Umfrage ist am aussagekräftigsten?

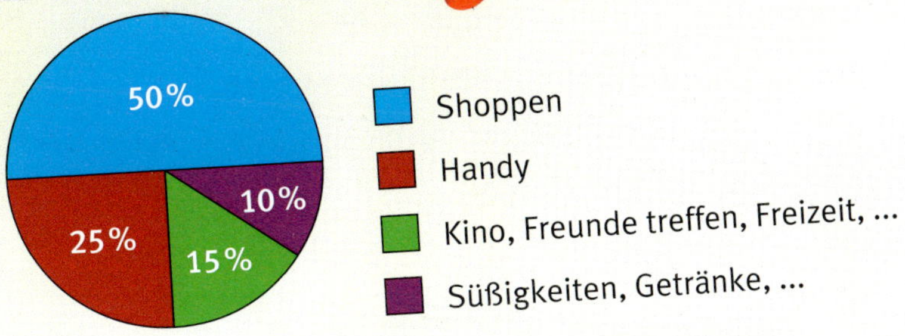

Rechnen mit Systemzahlen

Mit dem Zehnersystem umgehen

❶ Schreibe die Zahlen in der Tabelle als Dezimalzahlen.

	M	HT	ZT	T	H	Z	E	z	h	t
a)					8	0	2	0	4	0
b)	8	9	0	0	0	0	0	0	0	0
c)				1	5	5	5	9	5	0
d)								8		
e)					1				9	

Mit Systemzahlen rechnen

❷ Berechne ohne Taschenrechner.

a) 1 000 000 · 100
100 · 100

b) 32 · 100
3,2 · 100

c) 4 000 : 100
40 : 100

d) 700 : 100
1 400 : 100

e) 23,5 · 100
249,5 · 100

f) 75 : 100
6 : 100

Beim Multiplizieren mit oder Dividieren durch Systemzahlen verschiebt sich das Komma in der Stellenwerttafel nach rechts oder nach links.

45,6 · 100 = 4560
2 Stellen nach rechts

626,3 : 100 = 6,263
2 Stellen nach links

Brüche als Anteile

Anteile bestimmen

❸ Bestimme die Anteile der gefärbten Flächen.

a) b) c) d) e)

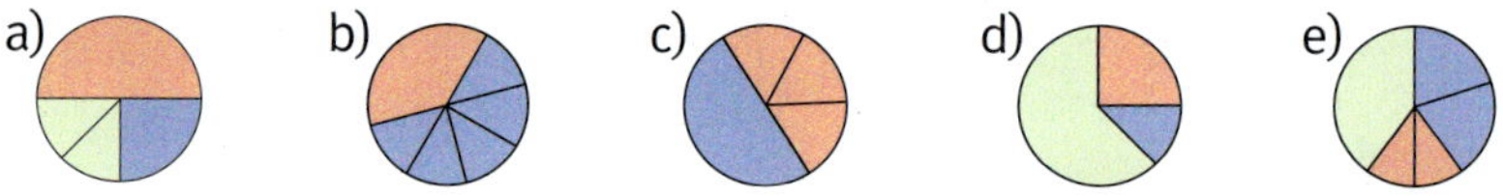

Brüche aus Sachzusammenhängen bestimmen

❹ Schreibe als Bruch.

a) Die Hälfte des Geldes hat Max schon ausgegeben.
b) Jeder zehnte Autofahrer ist zu schnell gefahren.
c) Bei einer Zahnuntersuchung haben 75 von 100 Kindern gesunde Zähne.
d) In der Tüte sind fünf Keksriegel. Zwei davon hat Franz schon gegessen.

Anteile in Sachzusammenhängen bestimmen

❺ Schreibe als Aufgabe mit einem Bruch und berechne.

a) Ein Viertel von 32 Muffins wurde schon in der ersten Pause verkauft.
b) Zwei Fünftel von 25 Schülern sind Mitglied in einem Sportverein.
c) In drei Achteln der 64 Wohnungen wurden neue Fenster eingebaut.

Teilt man ein Ganzes in zwei (drei, vier, ...) gleiche Teile, erhält man die Hälfte (ein Drittel, ein Viertel, ...) vom Ganzen. Diese Anteile schreibt man als Bruch.

Jeder dritte Kunde kauft ein Brot, das sind $\frac{1}{3}$ der Kunden.

Der Anteil $\frac{2}{5}$ vom Ganzen lässt sich z. B. bestimmen, indem man das Ganze in fünf Teile zerlegt und anschließend zwei Teile auswählt.

$\frac{2}{5}$ von 300 (Schülern) = 300 : 5 · 2 = 120 (Schüler)

Bruchzahlen und Dezimalzahlen

Dezimalzahlen und Bruchzahlen ineinander umwandeln

6. Erweitere oder kürze die Bruchzahlen auf den Nenner 10 oder 100 und schreibe sie als Dezimalzahlen.
   a) $\frac{1}{2}$; $\frac{3}{4}$; $\frac{3}{5}$ b) $\frac{7}{20}$; $\frac{9}{50}$; $\frac{3}{25}$; $\frac{2}{10}$ c) $\frac{6}{200}$; $\frac{21}{300}$; $\frac{49}{700}$; $\frac{65}{500}$

7. Schreibe als Bruchzahl mit dem Nenner 10 oder 100. Kürze, wenn möglich.
   a) 0,1; 0,7; 0,5; 0,9 b) 1,2; 1,5; 2,35; 4,12

Bruchzahlen kann man erweitern oder kürzen. Ihr Wert ändert sich dabei nicht.

Erweitern: Zähler und Nenner werden mit derselben Zahl multipliziert.

$\frac{3}{4} \xrightarrow{\cdot 2} \frac{6}{8}$ (Zähler · 2, Nenner · 2)

Kürzen: Zähler und Nenner werden durch dieselbe Zahl dividiert.

$\frac{4}{16} \xrightarrow{:4} \frac{1}{4}$ (Zähler : 4, Nenner : 4)

Bruchzahlen kann man auch als Dezimalzahlen schreiben. Endliche Dezimalzahlen lassen sich als Brüche mit dem Nenner 10, 100, ... schreiben.

$\frac{3}{4} = \frac{75}{100} = 0{,}75$ $\frac{15}{300} = \frac{5}{100} = 0{,}05$ $0{,}42 = \frac{42}{100} = \frac{21}{50}$

Dezimalzahlen runden

8. Schreibe die Bruchzahlen als Dezimalzahlen und runde auf die zweite Stelle nach dem Komma. Verwende den Taschenrechner.
   a) $\frac{37}{42}$ b) $\frac{15}{73}$ c) $\frac{43}{89}$ d) $\frac{284}{455}$

Beim Runden von Dezimalzahlen entscheidet die Ziffer rechts neben der Rundungsstelle über die Rundung.
Bei 0, 1, 2, 3, 4 wird abgerundet, bei 5, 6, 7, 8, 9 wird aufgerundet.

5,341 € ≈ 5,34 € 9,679 € ≈ 9,68 €

Der Dreisatz

Mit dem Dreisatz rechnen

9. Löse die Aufgaben mit dem Dreisatz.
   a) 20 Brötchen kosten 3,00 €. Wie viel kosten sieben Brötchen?
   b) Susi bezahlt für drei Kugeln Eis 2,40 €. Franz möchte fünf Kugeln.

Mit dem Dreisatz lässt sich mit der gegebenen Größe über eine geeignete Zwischengröße die gesuchte Größe berechnen.

Fünf Brötchen kosten 1,50 €. Wie viel kosten sieben Brötchen?

	5 Brötchen	→	1,50 €
: 5			: 5
	1 Brötchen	→	0,30 €
· 7			· 7
	7 Brötchen	→	2,10 €

Absolut und relativ vergleichen

1 Justin und Dominik haben an einer Losbude Lose gezogen. Justin hat 25 Lose gekauft und 8 Gewinne gezogen. Dominik hat 20 Lose gekauft und 7 Gewinne gezogen.

a) Wer hatte deiner Meinung nach mehr Glück?

b) Erkläre die unterschiedlichen Vergleiche im Merkkasten. Begründe, warum der relative Vergleich meist sinnvoller ist.

Absoluter und relativer Vergleich

Absoluter Vergleich

Justin: 8 Gewinne — Dominik: 7 Gewinne

Justin hat mehr Gewinne gezogen als Dominik: $8 > 7$

Relativer Vergleich

Justin: 8 Gewinne von 25 Losen — Dominik: 7 Gewinne von 20 Losen

$\frac{8}{25} = \frac{32}{100} = 0{,}32$ — $\frac{7}{20} = \frac{35}{100} = 0{,}35$

Dominiks Gewinnanteil ist größer als Justins: $0{,}35 > 0{,}32$

Einen Bruch mit dem Nenner 100 kann man als Prozentangabe schreiben:

$0{,}35 = \frac{35}{100} = 35\,\%$ — $0{,}32 = \frac{32}{100} = 32\,\%$.

Für den Bruch $\frac{1}{100}$ sagt man 1 Prozent (1 %).

„pro centum“ (lat.): von Hundert, Hundertstel

2 Mache Vorschläge für die Anzahl der Gewinnlose, wenn beide Jungen gleich viel Losglück haben.

3 Maik hat sich bei fünf Firmen für Bürokommunikation beworben. Er musste in jeder Firma einen Einstellungstest machen. Die Testergebnisse sind in der Tabelle angegeben. Bei welcher Firma hat Maik am besten (am schlechtesten) abgeschnitten? Berechne zunächst die Prozentangaben. Vergleiche dann absolute und relative Angaben.

Firma	Erreichte Punkte von Maik	Erreichbare Punkte insgesamt
A	83	100
B	38	50
C	16	25
D	146	200
E	32	40

4 Vergleiche absolut und relativ.

① In die Klasse 7a gehen 20 Schüler. 4 davon fahren mit dem Fahrrad zur Schule.

② In die Klasse 7b gehen 24 Schüler. 6 davon fahren mit dem Fahrrad zur Schule.

1 a) Alles gleich! Erkläre am Schema den Zusammenhang zwischen den verschiedenen Schreibweisen.
b) Zeichne das Schema für:
① $\frac{1}{2}$ ② 20 % ③ 0,6

④ 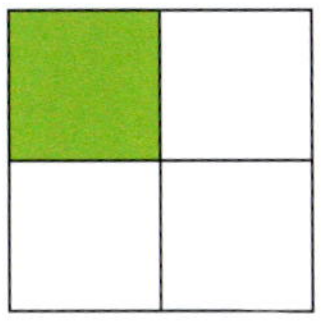

⑤ 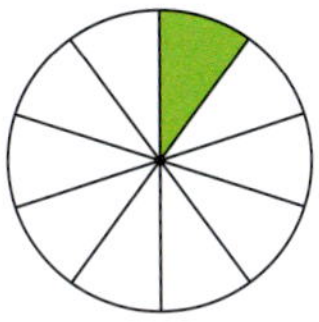

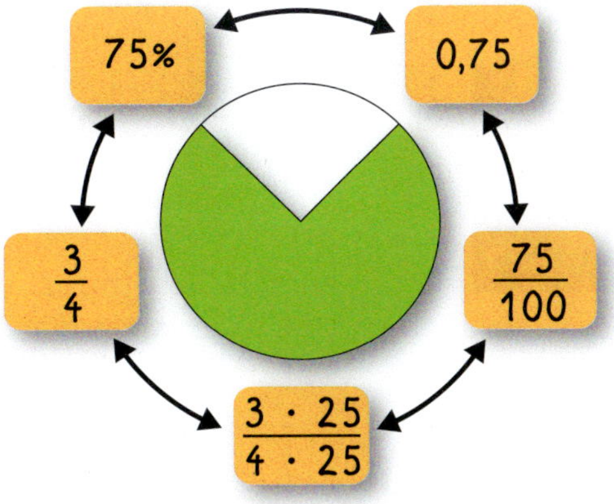

2 Schreibe als Bruch mit dem Nenner 100 und kürze so weit wie möglich.

$60\,\% = \frac{60}{100} = \frac{3}{5}$

a) 5 % b) 17 % c) 44 % d) 85 % e) 98 %

3

	a)	b)	c)	d)	e)	f)	g)	h)	i)
Bruch	$\frac{1}{4}$	$\frac{1}{25}$	$\frac{2}{5}$	■	■	■	■	■	■
Hundertstelbruch	■	■	■	■	■	■	■	■	■
Dezimalzahl	0,25	■	■	0,2	0,75	■	■	0,12	■
Prozent	25 %	■	■	■	■	10 %	50 %	■	1 %

Lerne auswendig:

Bruch	Prozent
$\frac{1}{100}$	1 %
$\frac{1}{25}$	4 %
$\frac{1}{20}$	5 %
$\frac{1}{10}$	10 %
$\frac{1}{8}$	12,5 %
$\frac{1}{5}$	20 %
$\frac{1}{4}$	25 %
$\frac{1}{2}$	50 %
$\frac{3}{4}$	75 %
$\frac{100}{100}$	100 %

4 Drücke die Ergebnisse wie im Beispiel in Prozenten aus.

36 € von 48 €
$= \frac{36}{48} = \frac{3}{4} = \frac{75}{100} = 75\,\%$

a) 12 € von 24 €
7 € von 28 €
63 € von 84 €

b) 9 l von 45 l
52 l von 65 l
33 l von 110 l

c) 35 g von 125 g
42 g von 70 g
84 g von 120 g

5 Drücke folgende Sachverhalte als Anteile aus und ordne sie der Größe nach. Beginne mit dem größten.
a) 8 Personen von 10 Personen besitzen ein Handy.
b) 35 Personen von 50 Personen besitzen einen PC.
c) 12 Personen von 20 Personen besitzen einen Laptop.
d) 80 Personen von 200 Personen besitzen einen Tablet-PC.
e) Wähle eine weitere Schreibweise für die Anteile. Verfahre wie oben.

6 <, > oder =? Vergleiche die Anteile miteinander.

a) 0,05 ■ 5 %
$\frac{4}{25}$ ■ 14 %

b) 0,5 ■ $\frac{1}{3}$
$\frac{6}{10}$ ■ 6 %

c) $\frac{3}{25}$ ■ 10 %
$\frac{2}{100}$ ■ 0,02

d) 0 ■ $\frac{0}{7}$
$\frac{3}{20}$ ■ 1,5 %

Mit den Grundbegriffen der Prozentrechnung umgehen

50 Gewinnlose von 200 Losen sind 25 %

1 Die Klasse 7a plant für das Schulfest eine Tombola.

a) Erkläre die obenstehende Rechnung.

b) Sybel schlägt vor, 400 Lose zu verkaufen. Die Gewinnchance soll auch 25 % betragen. Wie viele Gewinnlose gibt es jetzt?

c) Ordne jeder Information aus b) die Begriffe Prozentwert, Prozentsatz und Grundwert und die passende Erläuterung zu.

Prozentwert W

Grundwert G

Prozentsatz p

Der Prozentwert W entspricht einem Teil vom Ganzen.

Der Grundwert G entspricht 100%. Er bezeichnet immer das Ganze.

Der Prozentsatz p gibt den Anteil in % an.

2 Ordne die Begriffe Prozentwert W, Grundwert G und Prozentsatz p den Angaben im Text zu. Schreibe so auf: W = ▪; G = ▪; p = ▪

a) Tanja hat schon 16 Aufgaben von den 20 Aufgaben auf dem Arbeitsbogen gelöst. Das entspricht 80%.

b) Dragana hat 70% des Mathematikunterrichts aufmerksam verfolgt. Von den 80 Minuten hat sie 56 Minuten lang konzentriert zugehört und mitgearbeitet.

c) Paul hat für einen neuen Laptop 400 € ausgegeben. Das Geld hat er von seinem Sparkonto, auf dem insgesamt 1 000 € waren, abgehoben. Er hat damit 40% seines gesparten Geldes für den Laptop ausgegeben.

d) Emre hat seine Sommerferien zu 50% in der Türkei verbracht.

e) Björn hat in der letzten Saison 90% seiner Fußballspiele mit seiner Mannschaft gewonnen. Drei von 30 Spielen hat die Mannschaft nur verloren.

3 Welche Angabe fehlt? Schreibe den entsprechenden Buchstaben aus der Tabelle auf. Von hinten nach vorn gelesen, ergeben die Buchstaben ein Lösungswort.

	Aufgabe	G	p	W
a)	Bei der Klassensprecherwahl hat Thomas von 25 Stimmen 15 Stimmen bekommen.	U	H	K
b)	In einem Theater sind 20 Plätze nicht besetzt. Das sind 2% aller Plätze.	C	L	R
c)	Die alte Miete von 620 € wird um 7% erhöht.	E	H	S
d)	Der Preis einer Waschmaschine wurde um 15% reduziert. Sie wurde um 74,85 € billiger.	O	B	A
e)	Von 32 Aufgaben hat Franziska 28 Aufgaben richtig gelöst.	E	R	M
f)	In der Klasse 7a fehlen heute 20% der Schüler. Wenn alle da sind, hat die Klasse 25 Schüler.	K	D	F

1 So wirbt eine Losbude auf einem Berliner Volksfest.
a) Würdest du Marius raten, dort Lose zu ziehen?
b) Wie groß ist die Chance zu gewinnen in Prozent?
c) Wie viele Hauptgewinne gibt es bei 100 Losen?

2 Berechne, wie viele Hauptgewinne im Lostopf enthalten sind bei insgesamt
a) 200 Losen, b) 500 Losen, c) 1000 Losen,
d) 1300 Losen, e) 4000 Losen, f) 10000 Losen.

Du musst jeweils durch 100 dividieren.

3 Berechne. Wie viel sind jeweils 1 % von ...

a)	500 €	4000 €	200000 €	1300 €	100 €
b)	750 km	195 km	200 km	5 km	1000 km
c)	50 kg	110 kg	$\frac{1}{2}$ kg	$\frac{1}{4}$ kg	$\frac{3}{4}$ kg

4 Erkläre die nebenstehende Rechnung und arbeite entsprechend.

10 % von 500 €
$= \frac{10}{100}$ von 500 €
$= \frac{1}{10}$ von 500 €
= 500 € : 10 = 50 €

a) 10% von ...	b) 25% von ...	c) 75% von ...
600 €	800 €	500 €
80 €	500 €	900 €
59 €	60 €	68 €
1 €	84 €	1 Mio. €

5 Berechne den Prozentwert im Kopf.
a) 10% von 100 €
20% von 100 Kindern
25% von 400 Autos
b) 5% von 200 Äpfeln
30% von 500 Schülern
3% von 500 Schülern
c) 4% von 600 l
75% von 300 g
60% von 400 m^2

6 Prozentrechnung findet in vielen Bereichen des täglichen Lebens Anwendung. Stelle Rechenfragen und berechne.
a) Die Jacke für 120 € wird im Schlussverkauf um 10% billiger.
b) Fabian ist mit 50% der Stimmen zum Klassensprecher gewählt worden. Insgesamt wurden 24 Stimmen abgegeben.
c) Griechischer Joghurt enthält 10% Fett. In dem Becher sind 150 g Joghurt.
d) Martin hat ein Sparbuch mit 3000 €. Er bekommt pro Jahr 1% Zinsen.
e) Finde selbst weitere Beispiele.

1 a) Beschreibe den Sachzusammenhang. Warum werden Preise reduziert?
b) Ordne die Begriffe Grundwert, Prozentwert und Prozentsatz zu.
c) Wie viel Euro spart man? Erkläre den Rechenweg am Beispiel des DVD-Players.

Prozentwert berechnen

So kannst du dir die Berechnung merken:

W	*G*
p	*100*

Tabelle mit Dreisatz

Angabe in %	Betrag
100	480 € (G)
1	480 € : 100
15 (p)	480 € : 100 · 15 = 72 € (W)

(: 100, · 15)

Formel

$W = \frac{G}{100} \cdot p$

$W = \frac{480\,€}{100} \cdot 15 = 72\,€$

2 Berechne auf beide Arten, um wie viel Euro die anderen Geräte preiswerter wurden. Berechne dann den Endpreis.

3 Mal wird etwas preiswerter, mal teurer. Achte auf Signalwörter und berechne.
a) Eine Urlaubsreise zum Preis von 2 440 € verteuert sich um 5%.
b) Ein Fahrrad kostet 420 €. Der Preis wird um 5% verringert.
c) Für seine Wohnung zahlt Herr Aygül 460 € Miete. Als ein neues Bad eingebaut wird, erhöht sich deshalb die Miete um 15%.
d) Wenn Frau Warzewska die Rechnung für Malerarbeiten in Höhe von 680 € innerhalb von acht Tagen überweist, kann sie den Betrag um 3% reduzieren.

4 Löse mit dem Taschenrechner. Runde auf zwei Stellen nach dem Komma.

16 % von 5 840 € = ■

$5\,840\,€ \cdot \frac{16}{100}$ = ■

5 840 € · 0,16 = ■

	a)	b)	c)	d)
Grundwert (€)	4,98	24,99	799,99	39,69
Prozentsatz	16 %	5 %	12 %	15 %

5 Wahr oder falsch?
Eine Badehose kostet 35 €. Der Preis wird um 100 % erhöht und dann im Ausverkauf wieder um 100 % gesenkt. Jetzt kostet die Badehose nichts mehr.

Name	Torschüsse gesamt	Erfolgreiche Torschüsse
Marvin	100	18
Justin	150	24
Mert	165	33
David	125	20

1 a) Beschreibe den Sachzusammenhang.
b) Ordne die Begriffe Prozentwert, Grundwert und Prozentsatz zu.
c) Wer ist am erfolgreichsten? Erkläre die Rechenwege am Beispiel von Justin.

Prozentsatz berechnen

Tabelle mit Dreisatz

Torschüsse	Angabe in %
150 (G)	100
1	100 : 150
24 (W)	100 : 150 · 24 = 16 (p)

(: 150, · 24 auf beiden Seiten)

Formel

$$p = \frac{100}{G} \cdot W$$

$$p = \frac{100}{150} \cdot 24 = 16$$

So kannst du dir die Berechnung merken:

W	*G*
p	*100*

2 a) Berechne auf beide Arten die Trefferquote auch für die anderen Spieler.
b) Bei Marvin kann man die Trefferquote direkt ablesen. Begründe.

3 Benenne Grundwert und Prozentwert und berechne den Prozentsatz mit der Formel.
a) Von 20 Schülern einer 7. Klasse sind 8 Schüler krank.
b) Von 750 Brötchen hat der Bäcker zur Mittagszeit schon 300 verkauft.
c) Von 40 möglichen Punkten in der Klassenarbeit hat Kevin 32 Punkte erreicht.
d) Von ihrer 30 km langen Fahrradtour hat Sabine schon 19,5 km geschafft.
e) Von 80 Kindern hatten 64 im Kleinkindalter schon Windpocken.

4 Rechne im Kopf.
a) 39 von 100 Schülern
b) 88 von 200 Büchern
c) 12 s von 25 s
d) 64 von 400 Autos
e) 69 von 300 Äpfeln
f) 3,5 m von 50 m

5 Löse mit dem Taschenrechner. Runde auf ganze Prozent.

2,40 € von 12 € = ■
2,40 € : 12 € = ■
■ · 100 = ■

	a)	b)	c)	d)
Grundwert (€)	438	754	1413	650
Prozentwert (€)	68	23	98	4

6 Wahr oder falsch?
Ein Optiker wirbt in seinem Brillengeschäft:
„75 % auf die Fassung der Brille + 25 % auf die Gläser der Brille = 100 % Rabatt.“

Prozentwerte oder Prozentsätze berechnen

W = ■ G = ■ p = ■

Angabe in %	Schüler
100	245
1	245 : 100

W = ■ G = ■ p = ■

Angabe in %	Schüler
100	245
100 : 245	1

A Eine Schule hat 245 Schüler. 40% davon kommen mit den öffentlichen Verkehrsmitteln zur Schule.

B Eine Schule hat 245 Schüler. 49 davon kommen regelmäßig mit dem Fahrrad zur Schule.

1 Ordne den Aufgaben die Rechenwege zu und vervollständige sie. Welche Größe ist jeweils gesucht und woran kannst du das erkennen?

Schema
Textaufgabe:
Gegeben: ...
Gesucht: ...
Frage: ...
Rechnung: ...
Antwort: ...

2 Überlege zunächst, ob Prozentwert oder Prozentsatz gesucht sind. Formuliere dann eine Rechenfrage und löse alle Textaufgaben mit einem Antwortsatz.

a) Beim Kauf eines Fahrrads für 450 € erhält Sascha einen Rabatt von 63 €.
b) Ein Reisebus fährt eine Gesamtstrecke von 820 km. Bis zur Mittagspause hat er 45% davon zurückgelegt.
c) 105 Schüler einer Schule absolvierten ein Praktikum. 80% der Schüler waren von ihrer Praktikumsstelle begeistert.
d) Ein Hotel mit 120 Zimmern ist zu 85% ausgebucht.
e) Sandra und Clara sparen für Konzertkarten, eine Karte kostet 48 €. Sandra hat schon 33,60 € gespart, Clara immerhin schon 65% des Preises.
f) Nach einer Statistik wird jeder PKW in Europa täglich nur 40 Minuten gefahren.

TRIMM-DICH-ZWISCHENRUNDE

1 Finde möglichst viele andere Schreibweisen.

a) $\frac{9}{100}$ b) 0,35 c) 28% d) $\frac{8}{25}$ e) 0,6 f) $\frac{12}{60}$ g) 12,5%

2 Rechne im Kopf.

a) 1% von 720 kg b) 10% von 70 Ct c) 25% von 4,80 €
d) 50% von 860 produzierten T-Shirts e) 75% von 300 Schülern

3 Ordne die Begriffe Prozentwert W, Grundwert G und Prozentsatz p den Angaben im Text zu und berechne die fehlende Größe.

a) Annika zieht 15 Lose. 20% ihrer Lose haben gewonnen.
b) In der Mathematikarbeit sind 40 Punkte zu erreichen. Mohamed hat 32 Punkte.
c) Bei den Bundesjugendspielen erhielten von 640 Teilnehmern 80 eine Ehrenurkunde und weitere 224 eine Siegerurkunde.

1 a) Erkläre den Sachzusammenhang. Was versteht man unter einer Anzahlung?
b) Ordne die Begriffe Grundwert, Prozentwert und Prozentsatz zu.
c) Wie viel kosten die Reisen insgesamt? Erkläre die Rechenwege im Merkkasten am Beispiel der Urlaubsreise nach Italien.

Grundwert berechnen

Tabelle mit Dreisatz

Angabe in %	Betrag
22 (p)	550 € (W)
1	550 € : 22
100	550 € : 22 · 100 = 2500 € (G)

(: 22, · 100 auf beiden Seiten)

Formel

$G = \frac{W}{p} \cdot 100$

$G = \frac{550\,€}{22} \cdot 100 = 2500\,€$

So kannst du dir die Berechnung merken:

W	G
p	100

2 Berechne auf beide Arten die Preise für die anderen Reisen.

3 Rechne im Kopf.
a) 50% sind 16 s
b) 5% sind 80 g
c) 2% sind 23 ml
d) 10% sind 783 €
e) 30% sind 15,5 l
f) 40% sind 34,6 cm

4 Löse mit dem Taschenrechner. Runde auf zwei Stellen nach dem Komma.

7% sind 63 €
$63\,€ \cdot \frac{100}{7} = ■$
$63\,€ : 0{,}07 = ■$

	a)	b)	c)	d)
Prozentsatz	14%	21%	28%	67%
Prozentwert (€)	42,72	56,08	67,84	75,91

5 Benenne Prozentwert und Prozentsatz und berechne den Grundwert.
a) Herr Bauer zahlt jährlich 2 800 € in eine Bausparkasse. Das sind 8% der Vertragssumme.
b) Herr Huber erhält von seiner privaten Krankenkasse 676,50 € erstattet. Das sind 55% der entstandenen Kosten.
c) Durch Wärmedämmung konnten in einem Haus 35% der Heizkosten eingespart werden. Das sind 120,40 €.

6 Wahr oder falsch?
Ein Paar Inline-Skates, die noch 210 € kosten, wurden zuerst um 20%, dann um 30% reduziert. Davor kosteten sie 420 €.

Preiserhöhung und Preissenkung untersuchen

alter Preis 100 %	↗ 2,5 %
neuer Preis 102,5 %	

a)

Angabe in %	Betrag
100	17 900 €
1	179 €
2,5	179 € · 2,5 = ■ €
102,5	17 900 € + ■ € = ■ €

b)

Angabe in %	Betrag
100	17 900 €
1	179 €
102,5	179 € · 102,5 = ■ €

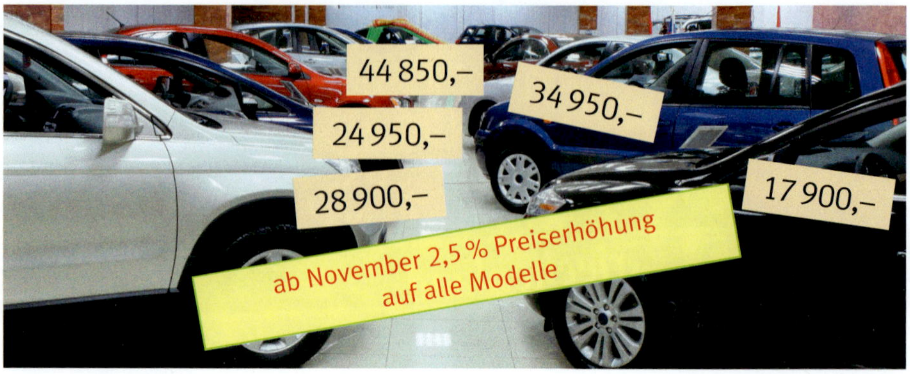

1 a) Vergleiche die beiden Rechenwege.
b) Berechne für alle Modelle die neuen Preise.

2 Berechne die neuen Preise. Benutze den Taschenrechner.

alter Preis (€)	120	2,40	440	450	600	500
Erhöhung (↗)	12 %	25 %	50 %	10 %	100 %	150 %

3 Eine Übernachtung in einem Hotelzimmer kostet in der Nebensaison 46 €. In der Hauptsaison steigen die Preise für eine Übernachtung um 15 %.

4 a) Vergleiche auch hier die verschiedenen Rechenwege.
b) Berechne die neuen Preise der Möbelstücke.

alter Preis 100 %	
neuer Preis 65 %	↘ 35 %

a)

Angabe in %	Betrag
100	135 €
1	1,35 €
35	1,35 € · 35 = ■ €
65	135 € – ■ € = ■ €

b)

Angabe in %	Betrag
100	135 €
1	1,35 €
65	1,35 € · 65 = ■ €

5 Berechne die neuen Preise. Benutze den Taschenrechner.

alter Preis (€)	440	666	97,50	748,20	1 245,40	3 420,50
Minderung (↘)	15 %	22 %	30 %	25 %	45 %	8 %

6 Laura kauft sich einen neuen Computer für 490 €. Da es nur noch das Ausstellungsstück gibt, erhält sie 5 % Rabatt.

7 Die monatliche Miete für eine Wohnung beträgt 780 €. Jedes Jahr wird diese um 10 % erhöht. Berechne den Mietpreis, den man nach drei Jahren für diese Wohnung zahlt.

8 Eine Firma bestellt 12 neue Computer. Ein Computer kostet 680 €. Die Firma erhält auf den Gesamtpreis 12 % Mengenrabatt. Wie viel muss die Firma für die 12 Computer bezahlen?

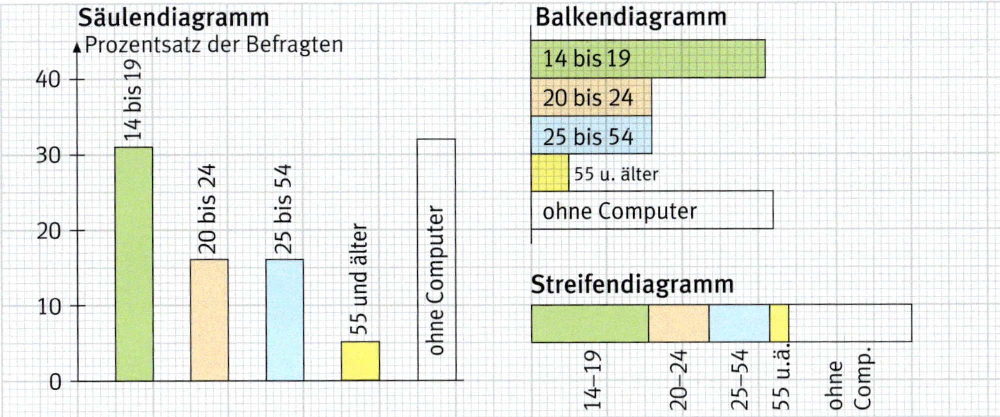

1 Prozentuale Anteile kann man sich besser vorstellen, wenn man sie grafisch darstellt (Diagramm). Gefragt wurde hier, wer zu Hause mindestens einen eigenen Computer besitzt.

a) Bestimme die prozentualen Anteile der verschiedenen Altersgruppen. Wo geht es am leichtesten?

b) Welches Diagramm stellt den Sachverhalt am übersichtlichsten dar?

2 Stelle die prozentualen Anteile als Streifendiagramm dar (100 % ≙ 10 cm).

a) Zugehörigkeit zu verschiedenen Sparten bei 400 Mitgliedern eines Sportvereins.

Fußball	45 %
Handball	12 %
Leichtathletik	7 %
Schwimmen	6 %
Turnen	10 %
Tennis	20 %

b) Ergebnis einer Umfrage unter 1400 befragten Brandenburgern zur Benutzung von Verkehrsmitteln für Urlaubsreisen.

Pkw	55 %
Bus	10 %
Charterflug	17 %
Bahn	7 %
Linienflug	8 %
Sonstige	3 %

100 % ≙ 360°
1 % ≙ 3,6°
35 % ≙ 3,6° · 35
35 % ≙ 126°

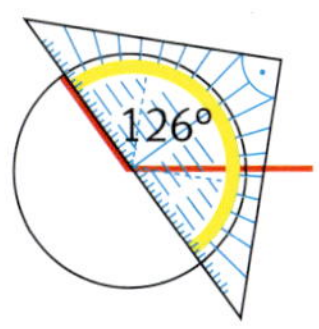

c) Berechne für beide Umfragen die absoluten Angaben.

d) Stelle die Angaben auch als Kreisdiagramm dar.

3 Berechne die absoluten Zahlen der Schüler und zeichne ein Säulendiagramm.

Von den 420 Schülern einer Schule kommen:

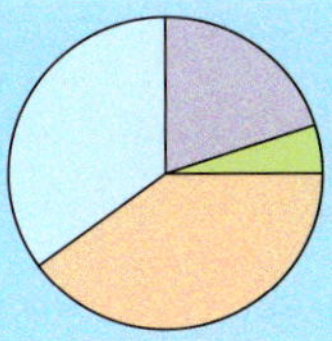

- 5 % mit dem Auto
- 20 % zu Fuß
- 35 % mit dem Bus
- 40 % mit dem Rad

4 Gummibärchen gibt es in sechs verschiedenen Farben.

a) Untersuche die Farbverteilung der Gummibärchen in einer Tüte und stelle sie in einem geeigneten Diagramm dar.

b) Überlege zuerst ohne genau nachzuprüfen, ob die Farbverteilung in jeder Tüte gleich ist und begründe. Vergleicht eure Ergebnisse.

Ernährung

Für eine gesunde Ernährung spielt die sinnvolle Zusammensetzung unserer Nahrung eine wichtige Rolle. Die Ernährungspyramide verdeutlicht, wie eine ausgewogene Ernährung aussehen könnte.
Der tägliche Energiebedarf deines Körpers wird in kJ (Kilojoule) oder kcal (Kilokalorien) angegeben. Der genaue Bedarf hängt unter anderem von deiner Körpergröße, deinem Alter und der Art deiner täglich verrichteten Arbeit ab.
Der Bedarf eines Jugendlichen (13 Jahre) beträgt ungefähr 8 200 Kilojoule.
Das entspricht 2 100 kcal.

1 In der Tabelle findest du einige Lebensmittel, die Jugendliche gerne essen und die darin enthaltenen Energien.

Lebensmittel	Energie (kJ)	Lebensmittel	Energie (kJ)
Apfel	420	Hamburger	1 140
Apfeltasche	920	halbes Hähnchen, gegrillt	2 384
Baguette mit Salami	1 300	Hot Dog	1 380
Bratwurst mit Brötchen	2 350	Mandarine	155
Cheeseburger	1 355	Milch-Shake (0,2 Liter)	1 080
Cola (0,4 Liter)	704	Pizzastück (Salami)	2 000
Croissant	1 170	Pommes Frites	1 760
Donut	1 240	Schokoladencookie (50 g)	1 094
Döner Kebab	2 595	Vollmilchjoghurt mit Früchten	444

Stelle dir eine Mahlzeit mit Getränken zusammen, die du gerne magst. Addiere die Kilojoule und berechne, wie viel Prozent vom Tagesbedarf (8 200 kJ) diese Mahlzeit ausmacht.

Beispiel:

1 Hamburger	*1 140 kJ*
1 Portion Pommes	*1 760 kJ*
1 Glas Cola	*704 kJ*
1 Schokoladencookie	*1 094 kJ*
	4 698 kJ

kJ	*Angabe in %*
8200	*100*
1	*100 : 8200*
4698	*100 : 8200 · 4698 ≈*

Diese Mahlzeit macht circa 57% des Tagesbedarfs aus.

2 Auf jedem verpackten Lebensmittel steht der Energiegehalt pro 100 g oder 100 ml. Lies den Energiegehalt deiner Lieblingssüßigkeit oder deiner Lieblingsknabberei ab. Berechne, wie viel Prozent deines täglichen Bedarfs beim Verzehr des Packungsinhalts gedeckt wird.
Stelle das Ergebnis in einem Kreisdiagramm dar.

Beispiel:

1 Tüte Salzstangen (250 g) enthält 3935 kJ.

$p = \frac{100}{8200} \cdot 3935 \approx 48$

Eine Tüte Salzstangen deckt fast die Hälfte (48 %) des Tagesbedarfs (8200 kJ).

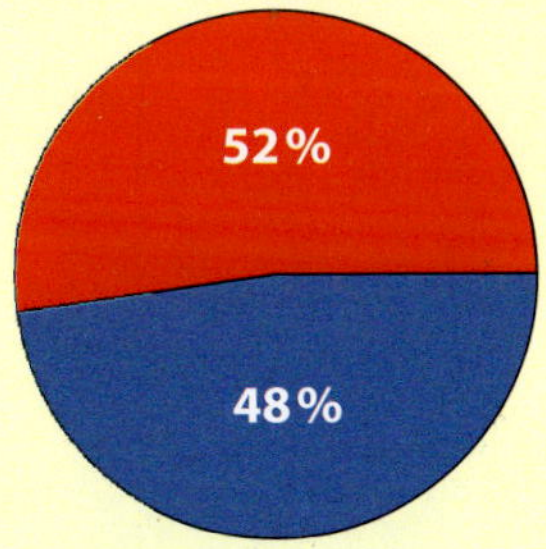

3 Ernährungswissenschaftler sehen in unserer Art der Ernährung zwei große Probleme: „Zu süß und zu fettig!“

a) Diese Angaben findest du auf einer Chipstüte. Lies den Zucker- und Fettgehalt bezogen auf 100 g ab.
b) Untersuche weitere Lebensmittel auf ihren Zucker- und Fettgehalt. Berechne die Werte der einzelnen Inhaltsstoffe bezogen auf 100 ml bzw. 100 g.
c) Erstelle eine Rangliste mit 10 Lebensmitteln, die besonders viel Zucker (Fett) enthalten.

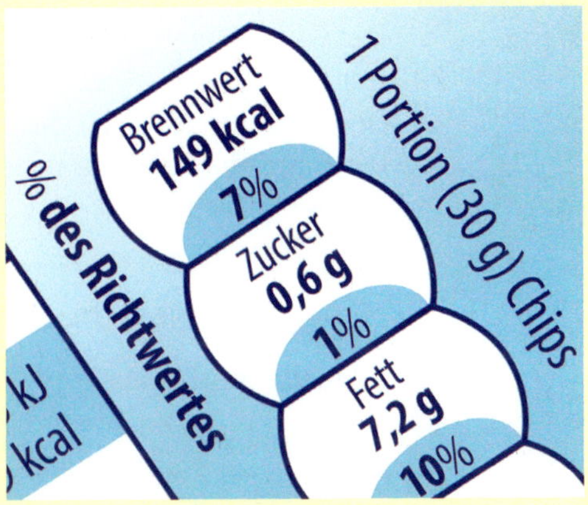

4 Vitamin C ist ein wichtiger Inhaltsstoff unserer Ernährung und schützt uns vor Erkältungskrankheiten. Empfohlen wird eine tägliche Zufuhr von 100 mg = 0,1 g Vitamin C. Vitamin C ist nur in ganz geringen Mengen in Obst und Gemüse enthalten.

 Orangen	 rote Paprika	 Johannisbeeren	 Erdbeeren	 Kiwi
0,05 %	0,14 %	0,189 %	0,06 %	0,1 %

Haben die Schülerinnen und Schüler ihren täglichen Bedarf gedeckt?

a) Paul isst zwei Orangen. Sie wiegen zusammen 180 g.
b) Sevgi isst eine halbe rote Paprika (75 g).
c) Jasmin isst 200 g schwarze Johannisbeeren.
d) Adrian isst zwei Kiwis (120 g).
e) Manuel hat in seiner Frühstücksbox ein Stück rote Paprika (40 g) und sechs Erdbeeren (90 g).
f) Jens isst zum Frühstück ein Müsli mit 30 g schwarzen Johannisbeeren, 50 g Kiwi und 100 g Erdbeeren.

Prozentrechnung wiederholen

Brüche, Dezimalzahlen und Prozente

Mit dem Prozentbegriff umgehen
S. 72 ff.

Anteile kann man als Bruch, als Dezimalzahl oder in Prozent angeben.

$\frac{7}{100} = 0{,}07 = 7\,\%$ $\quad 0{,}85 = \frac{85}{100} = 85\,\%$ $\quad 112\,\% = \frac{112}{100} = 1{,}12$

Einfache Anteile und Rechnungen sollte man sich merken.

$\frac{1}{100} = 1\,\%$ $\quad \frac{1}{10} = 10\,\%$ $\quad \frac{1}{5} = 20\,\%$ $\quad \frac{1}{4} = 25\,\%$ $\quad \frac{1}{2} = 50\,\%$ $\quad \frac{3}{4} = 75\,\%$

10 % von 60 € = 60 € : 10 = 6 €
25 % von 60 € = 60 € : 4 = 15 €
50 % von 60 € = 60 € : 2 = 30 €
75 % von 60 € = 60 € : 4 · 3 = 45 €

Grundbegriffe der Prozentrechnung

Begriffe der Prozentrechnung erkennen und berechnen
S. 74 ff.

Der **Grundwert G** entspricht 100 %. Er bezeichnet immer **das Ganze.**
Der **Prozentwert W** entspricht einem **Teil vom Ganzen.**
Der **Prozentsatz p** entspricht dem **Anteil in %.**
Die Begriffe der Prozentrechnung lassen sich über den Dreisatz oder mit der Formel berechnen.

Prozentwert gesucht: Auf einen Computer (Preis: 900 €) gibt es 15 % Rabatt.

Tabelle mit Dreisatz

Angabe in %	Preis
100	900 € (G)
1	900 € : 100
15 (p)	9 € · 15 = 135 € (W)

Formel

$W = \frac{G}{100} \cdot p$

$W = \frac{900\,€}{100} \cdot 15 = 135\,€$

W	G
p	100

Prozentsatz gesucht: von 640 Schülern einer Oberschule sind 352 Mädchen.

Tabelle mit Dreisatz

Schüler	Angabe in %
640 (G)	100
1	100 : 640
352 (W)	100 : 640 · 352 = 55 (p)

Formel

$p = \frac{100}{G} \cdot W$

$p = \frac{100}{640} \cdot 352 = 55$

W	G
p	100

Grundwert gesucht: 5 % Rabatt auf einen Mantel machen 10 €.

Tabelle mit Dreisatz

Angabe in %	Preis
5 (p)	10 € (W)
1	10 € : 5
100	10 € : 5 · 100 = 200 € (G)

Formel

$G = \frac{W}{p} \cdot 100$

$G = \frac{10\,€}{5} \cdot 100 = 200\,€$

W	**G**
p	100

Aufgaben zur Differenzierung

Basis-Aufgaben | **Vertiefende Aufgaben**

1 Ordne gleiche Angaben einander zu.

$\frac{1}{5}$	$\frac{40}{50}$	$\frac{0}{100}$	$\frac{6}{8}$	$\frac{30}{200}$	$\frac{10}{500}$	$\frac{3}{6}$
0,15	0,8	0,02	0,5	0,2	0,75	0
0 %	50 %	80 %	20 %	15 %	2 %	75 %

Ordne die Anteile der Größe nach. Beginne mit dem kleinsten.

a) $\frac{6}{50}$; 16 %; 0,14; $\frac{14}{25}$

b) 10 %; 0,01; $\frac{9}{9}$; 0,99; $\frac{9}{10}$

c) $\frac{5}{4}$; 54 %; 0,54; $\frac{4}{5}$; 0,45; 45 %

2 Welcher Anteil wurde farbig markiert? Gib ihn als Bruch und in Prozentschreibweise an.

a) 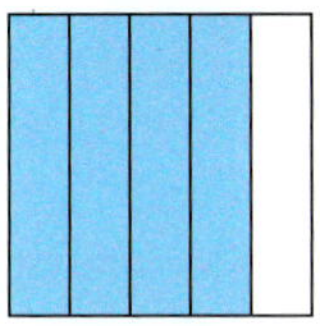

b) 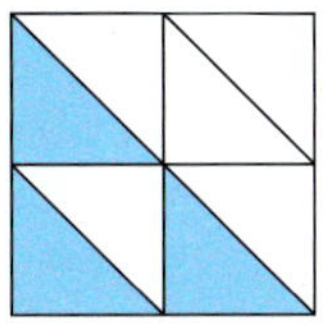

a) 

b) 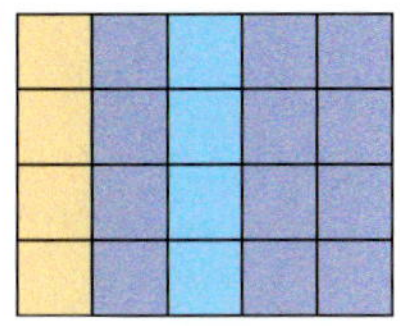

3 Berechne.

a) 1 % von 200 €
b) 50 % von 150 Essen
c) 20 % von 5 kg
d) 10 % von 300 Tickets

a) 70 % von 140 Tieren
b) 200 % von 5 €
c) 30 % von 1,5 h
d) 5 % von 18 km

4 Ordne die Begriffe Grundwert, Prozentwert und Prozentsatz den Informationen im Text zu.

a) Die 14 Jungen der 7a bilden 52 % der Klassenstärke.
b) Von 119 kontrollierten Autos waren 48 % zu bemängeln.

a) Samiras Taschengeld von 40 € wird ab ihrem 13. Geburtstag um 12,5 % erhöht.
b) Die bisherige Miete wird von 620 € auf 651 € erhöht.

5 Stelle Rechenfragen und löse jeweils mit einem Antwortsatz.

a) Eine Packung mit 350 g Müsli enthält 53 % Haferflocken und 20 % Schokolade. Der Rest besteht aus anderen Zutaten.
b) Bei einer Kinovorstellung sind 24 % der Plätze leer geblieben. Johannes zählt 66 freigebliebene Plätze.
c) Auf ein Fernsehgerät von 1 800 € werden 90 € Preisnachlass gegeben.

a) Für ein Fest wird die Aula mit Luftballons geschmückt. Beim Aufblasen platzen einige davon: 10 von 80 blauen Luftballons, 12 von 60 gelben und 15 von 90 grünen.
b) Eine Schule bestellt 20 Stühle zu je 129 € und erhält einen Rabatt von 8,5 %.
c) In einem Schreibwarengeschäft kauft Lehrer Neumann für 25,50 € ein. 15 % Rabatt wurden dabei schon eingeräumt.

6 Ein Lehrer macht eine Statistik über die Anzahl der Fehltage der Schüler der Jahrgangsstufe 7.

Insgesamt besuchen 240 Schüler die 7. Jahrgangsstufe. 144 davon haben nie gefehlt, 72 Schüler haben weniger als drei Tage gefehlt, 24 Schüler mehr als drei Tage. Stelle die Verteilung in einem Streifendiagramm dar.

Von allen Schülern der Jahrgangsstufe haben 99 nie gefehlt, 66 Schüler haben weniger als drei Tage gefehlt, 55 Schüler mehr als drei Tage. Stelle die Verteilung in einem Kreisdiagramm dar.

1 Wie viel Prozent der Figur sind gefärbt?

a)  b) 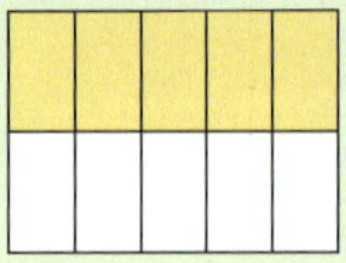 c) 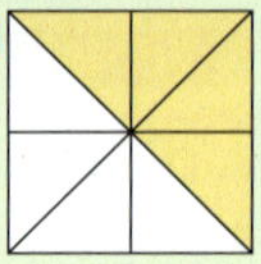

2 Schreibe als Bruch, als Dezimalzahl und als Prozentangabe.

a) 17 % b) $\frac{37}{100}$ c) 0,09

3 Ordne einander zu.

A Hans gibt 25 % seines gesparten Geldes von 500 € aus.

B Susanne hebt von ihrem Sparbuch 125 € ab. Das sind 25% ihres Guthabens.

C Fritz hat 500 € gespart und gibt 125 € aus.

D Sonja hat 125 € gespart. Sie will 25% davon ausgeben.

1 Geg.: Grundwert: 500 €; Prozentwert: 125 €; Ges.: Prozentsatz: ■ %

2 Geg.: Grundwert: 500 €; Prozentsatz: 25 %; Ges.: Prozentwert: ■ €

3 Geg.: Prozentwert: 125 €; Prozentsatz: 25 %; Ges.: Grundwert: ■ €

4 Berechne die fehlenden Größen.

	W	p	G
a)	7,25 €	■	58 €
b)	■	18 %	240 €
c)	93,60 €	12 %	■
d)	■	97 %	60 €
e)	36,08 €	22 %	■
f)	793,60 €	■	1280 €

5 Überlege zunächst, ob der Prozentwert oder der Prozentsatz gesucht wird. Berechne dann und formuliere einen Antwortsatz.

a) Ein Baby wiegt nach der Geburt 3 500 g. In der ersten Woche nimmt es 245 g zu.

b) Eine 1,5 l Cola-Mix-Flasche enthält 2,5 % Orangensaftkonzentrat.

c) Flüge unterliegen großen Preisschwankungen, je nachdem zu welchem Zeitpunkt man sie bucht. Für einen Flug nach Paris bezahlt ein Passagier 145 €. Zwei Tage später kostet der Flug nur noch 98 €.

6 a) Frau Göbel will sich ein neues Auto kaufen. Der Wagen kostet laut Liste 25 500 €. Bei ihrem Händler erhält sie einen Preisnachlass von 8 %.

b) Zwei Jahre nach dem Autokauf geht Frau Göbel für ihre Firma nach Indien und verkauft deshalb ihr Auto. Sie erhält 40 % weniger als sie dafür bezahlt hat.

7

a) Ermittle die endgültigen Preise.

b) Berechne, um wie viel Prozent der Laptop bei Ratenzahlung teurer ist als bei Barzahlung.

8 Eine Jeans wurde um 15 % reduziert, weil sie kleine Fehler hat. Sie kostet jetzt noch 46,75 €. Jenny möchte aber lieber eine Jeans ohne Fehler haben.

9 Das Säulendiagramm zeigt die Ergebnisse einer Klassenarbeit in Mathematik.

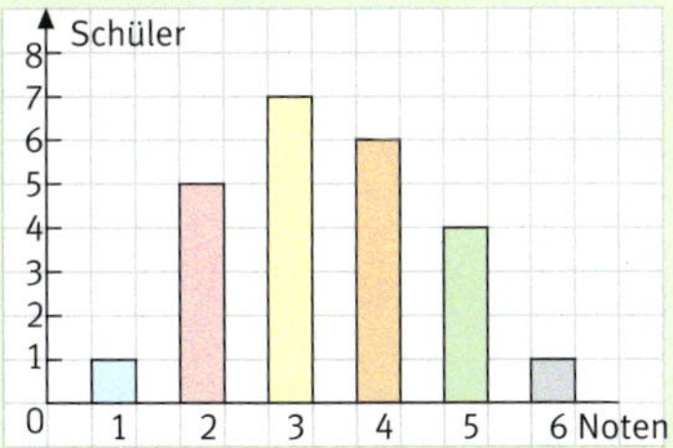

a) Wie viele Schüler nahmen teil?
b) Wie viel Prozent der Schüler hatten die jeweiligen Noten?
c) Veranschauliche die prozentuale Verteilung in einem Streifendiagramm.

10 Zwei Geschäfte werben mit Preisnachlass. Welches Angebot würdest du wählen? Begründe.

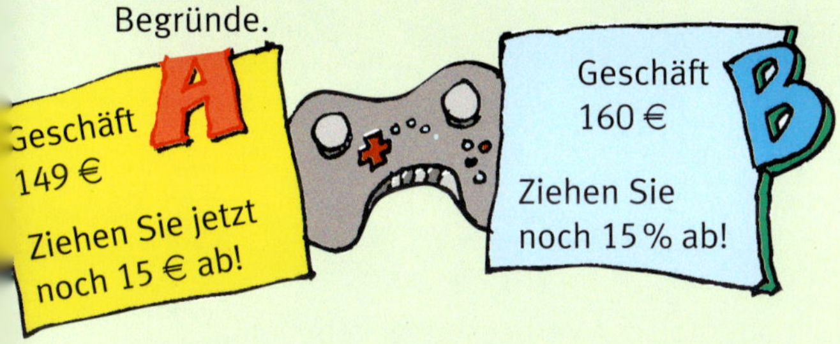

11 Der Wertverlust von Neuwagen ist in den ersten Jahren besonders hoch. Vergleiche die Wertverluste der beiden Fahrzeuge prozentual.
a) Ein Mittelklasseauto, das neu 17 175 € kostet, lässt sich nach vier Jahren für 7 700 € verkaufen.
b) Ein Auto der Luxusklasse, das neu 75 000 € kostet, hat nach vier Jahren einen Verlust von 31 000 €.

12

Aus dem Internet kannst du Programme oder Musik auf deinen Computer herunterladen. Die Anzeigen auf dem Bildschirm zeigen, wann die Datei vollständig übertragen ist. Berechne im Kopf die jeweiligen Ladezeiten.

13 Eine Schule möchte ihr Angebot an Arbeitsgemeinschaften erneuern. Dazu führt sie unter den 420 Schülern eine Umfrage durch. 210 Schüler interessieren sich für Fußball, 126 für Volleyball, 63 für Tischtennis und 21 für HipHop.

a) Berechne die Prozentsätze der verschiedenen Sportarten.
b) Stelle das Ergebnis der Umfrage in einem Kreisdiagramm dar.

14 Das Diagramm zeigt die Verteilung von Lebensmittelgruppen, die man pro Tag bei einer gesunden Ernährung essen sollte. Die Deutsche Gesellschaft für Ernährung empfiehlt, insgesamt 650 Gramm Gemüse, Salat und Obst pro Tag zu essen.

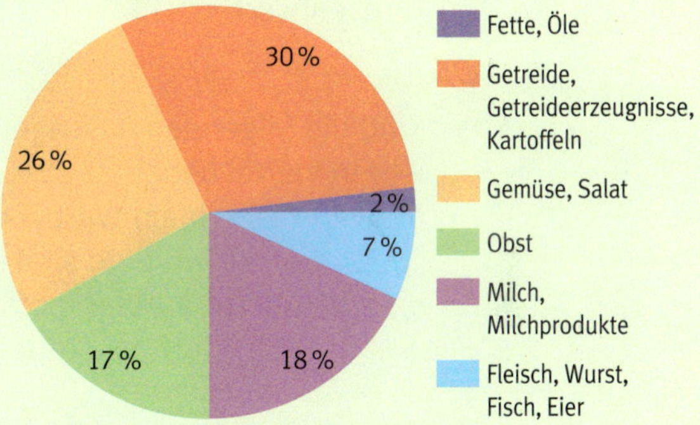

a) Welche Menge sollte man insgesamt zu sich nehmen?
b) Berechne, wie viel Gramm man aus den anderen Lebensmittelgruppen täglich essen sollte.

15 Wahr oder falsch?
Ein Preis wird um 20 % reduziert. Der reduzierte Preis wird anschließend wieder um 20 % erhöht. Damit ist der neue Preis kleiner als der ursprüngliche.
a) Überprüfe die Aussage an drei Zahlenbeispielen (z. B. 100 €).
b) Begründe die Aussage. Beachte die Grundwerte, auf die du dich bezogen hast.

1 Rechne im Kopf.

a) 50 % von 340 b) 75 % von 60 c) 10 % von 220 d) 1 % von 80
e) 100 % von 66 f) 2 % von 700 g) 25 % von 64 h) 12,5 % von 80

2 Berechne die fehlenden Werte.

	a)	b)	c)	d)	e)	f)
Bruch	$\frac{1}{2}$	■	■	$\frac{21}{70}$	■	■
Prozentsatz	■	75 %	■	■	■	7 %
Dezimalzahl	■	■	0,35	■	0,2	■

3 Ordne die Begriffe Grundwert, Prozentsatz und Prozentwert zu.
Monika hat schon 12 Aufgaben richtig gerechnet. Sie freut sich, dass sie bereits jetzt 60 % der 20 Aufgaben erledigt hat.

4 Berechne die fehlenden Angaben.

	a)	b)	c)	d)	e)
Grundwert	4 483 €	3,7 km	■	98 kg	2,4 m^2
Prozentsatz	11%	■	61%	■	25 %
Prozentwert	■	1,591 km	8,662 l	6,86 kg	■

5 Sind die folgenden Aussagen wahr oder falsch? Verbessere gegebenenfalls.

a) Ein Viertel bedeutet 25 %.
b) Wenn 5 % einem Wert von 9 € entsprechen, sind 100 % 180 €.
c) 1 % von einem Euro sind 10 Cent.
d) Jeder fünfte Autofahrer fährt zu schnell, das sind 50 %.
e) Der Grundwert hat stets 100 %.

6 Überlege zunächst, ob Prozentwert, Prozentsatz oder Grundwert gesucht sind. Formuliere dann eine Rechenfrage und löse die Textaufgaben.

a) Bei einer Geschwindigkeitskontrolle werden 250 Autos kontrolliert. 120 Autos sind zu schnell gefahren.
b) Für ein Konzert wurden bereits 1 200 Eintrittskarten verkauft. Der Veranstalter freut sich, dass schon 64 % der Karten verkauft sind.
c) In einem Fitnessclub kann man den Jahresbeitrag jährlich oder monatlich bezahlen. Wenn man jährlich bezahlt, kostet der Mitgliedsbeitrag 240 €. Bei einer monatlichen Zahlung beträgt die Rate 25 €.
d) Tom achtet auf seine Ernährung. Heute hat er schon ein Joghurt (330 kJ), ein belegtes Brötchen (1 100 kJ) und einen Apfel (250 kJ) gegessen. Das sind 22,4 % seines Tagesbedarfs.

7 Die Materialzusammenstellung eines Pullovers lautet: 55 % Seide, 20 % Kaschmir, 10 % Polyamid, 15 % Lammwolle.

a) Stelle die Zusammensetzung in einem Streifendiagramm von 10 cm Länge dar.
b) Stelle die Zusammensetzung auch in einem Kreisdiagramm dar.

Beschreibung und Konstruktion von Dreiecken

Beim Bau eines Hauses müssen Handwerker sehr genau arbeiten. Sie müssen viel Wissen über Geometrie anwenden.
- Welche Figuren erkennst du in dem ersten Bild?
- Findest du Figuren, die in Form und Größe übereinstimmen?
- Wie kannst du entscheiden, ob die Figuren wirklich gleich sind?

Ganz ohne Zirkel und Lineal zaubert die Sonne oft geometrische Muster.
- Welche Figuren erkennst du auf dem zweiten Bild?
- Suche ein Element des Geländers und den entsprechenden Schatten. Wie unterscheiden sich beide?
- Wie müsste die Sonne stehen, damit die Schattenbilder den Figuren des Geländers möglichst ähnlich sehen?

Grundbegriffe und Längenmaße

Grundbegriffe kennen und unterscheiden

1 Erkläre, wodurch sich Strecke, Strahl und Gerade unterscheiden.

2 Schätze die Streckenlängen. Miss anschließend nach.

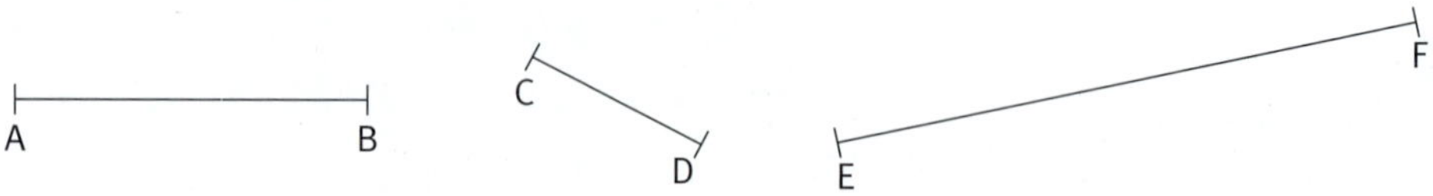

3 Die Strecke beginnt immer am Punkt A. Wie heißen die Strecken, die zu den Längen passen? Ergänze den zweiten Punkt.

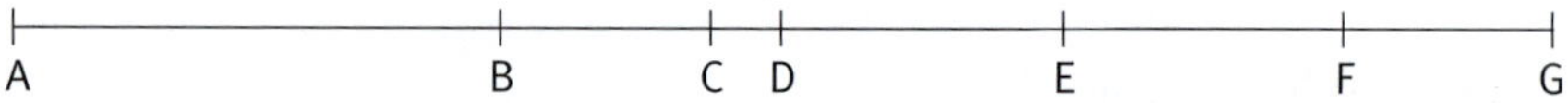

$\overline{A\blacksquare} = 5$ cm $\quad \overline{A\blacksquare} = 0{,}35$ dm $\quad \overline{A\blacksquare} = 110$ mm $\quad \overline{A\blacksquare} = 0{,}055$ m

Gefühl für Längenmaße entwickeln

4 In welcher Maßeinheit würdest du die Längen angeben?
a) die Länge deines Mathematikbuchs
b) die Höhe deines Klassenraums
c) deine Körpergröße
d) die Länge deines Schulwegs
e) die Dicke deines Bleistifts
f) die Entfernung München – Berlin

Bei geometrischen Linien unterscheidet man zwischen Geraden, Strecken und Strahlen. Nur bei Strecken können Längen gemessen werden.

Gerade g ————————

Strecke [AB] A |————————| B

Strahl s |————————

$\overline{AB} = 3{,}5$ cm

Für die Angabe von Längenmaßen sind folgende Einheiten gebräuchlich. Eine Länge kann in verschiedene Einheiten umgewandelt werden.

1 m = 10 dm = 100 cm = 1000 mm Die Umrechnungszahl ist 10.
1 dm = 10 cm = 100 mm
1 cm = 10 mm Zusätzlich gilt: 1 km = 1000 m

Senkrecht oder parallel

Senkrechte und parallele Geraden unterscheiden

5 Notiere, welche Geraden zueinander parallel oder senkrecht stehen.
Schreibe so:
■ || ■ ■ ⊥ ■

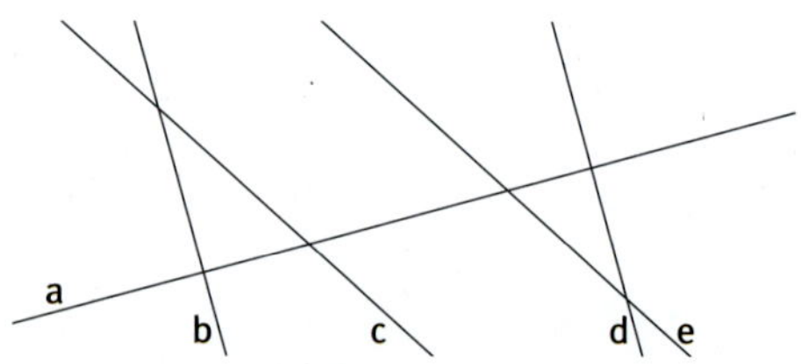

Zwei Geraden, Strecken oder Strahlen stehen senkrecht zueinander, wenn sie sich in einem Winkel von 90° schneiden.
Zwei Geraden, Strecken oder Strahlen sind parallel zueinander, wenn sie an allen Stellen den gleichen Abstand haben.

Winkel

6 Übertrage die Winkel und schätze ihre Größe. Miss anschließend die Größe und gib die Winkelart an.

Winkel messen, zeichnen und unterscheiden

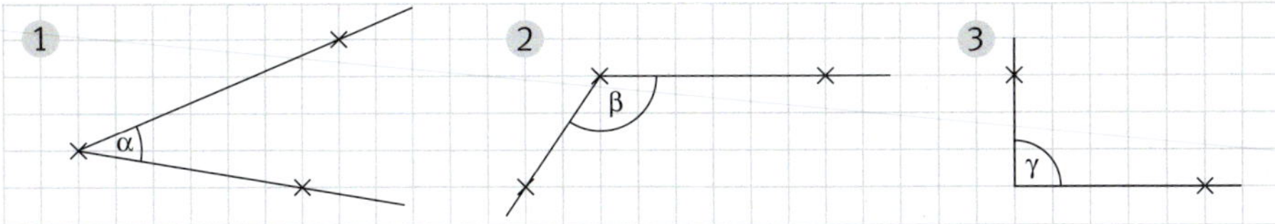

7 Zeichne folgende Winkel. Gib die Winkelart an.

a) $\alpha = 65°$ b) $\beta = 125°$ c) $\gamma = 30°$ d) $\delta = 170°$ e) $\varepsilon = 86°$

Man unterscheidet folgende Winkelarten:

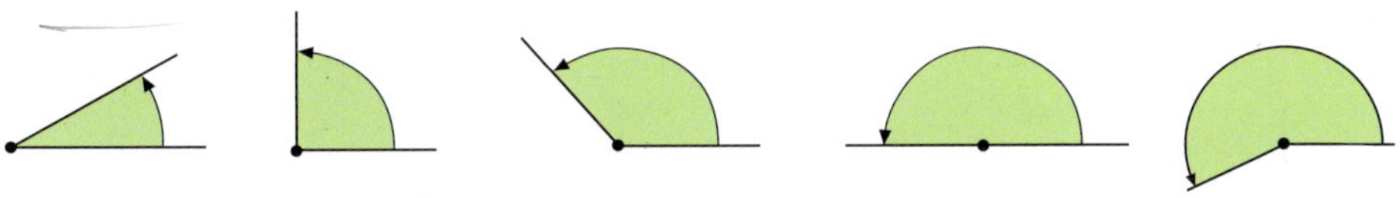

$0° < \alpha < 90°$ spitzer Winkel	$\alpha = 90°$ rechter Winkel	$90° < \alpha < 180°$ stumpfer Winkel	$\alpha = 180°$ gestreckter Winkel	$180° < \alpha < 360°$ überstumpfer Winkel

Zeichnen und Messen von Winkeln:

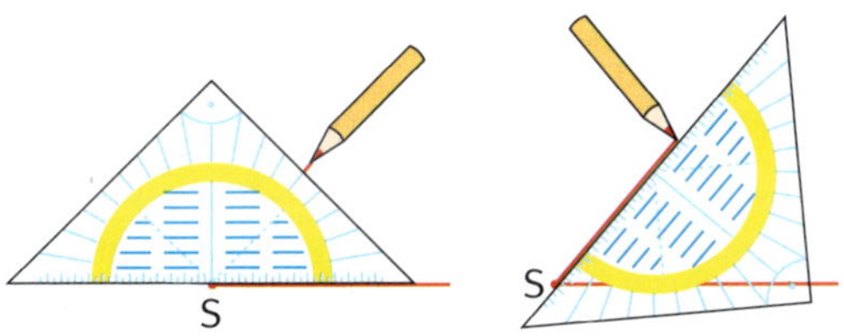

Winkel zeichnen

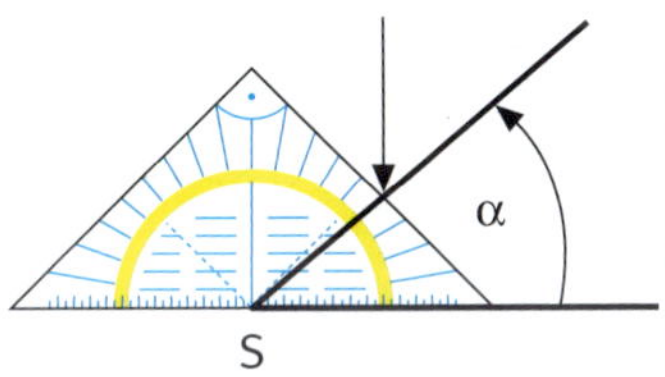

Winkel messen

Koordinatensystem

8 Zeichne für jede Aufgabe ein eigenes Koordinatensystem. Übertrage die Punkte und verbinde sie geradlinig der Reihe nach. Welche Figuren entstehen?

Punkte in ein Koordinatensystem einzeichnen

a) A (1|1) B (5|1) C (5|5) D (1|5)
b) A (1|4) B (4|1) C (7|4) D (4|7)
c) A (4|2) B (11|8) C (8|11) D (1|5)
d) A (1|4) B (5|1) C (8|5) D (4|8)

Die Lage von jedem Punkt kann man mit zwei Koordinaten beschreiben.

A (3|2)
x-Wert   y-Wert

Beachte: erst kommt der x-Wert,
dann der y-Wert.

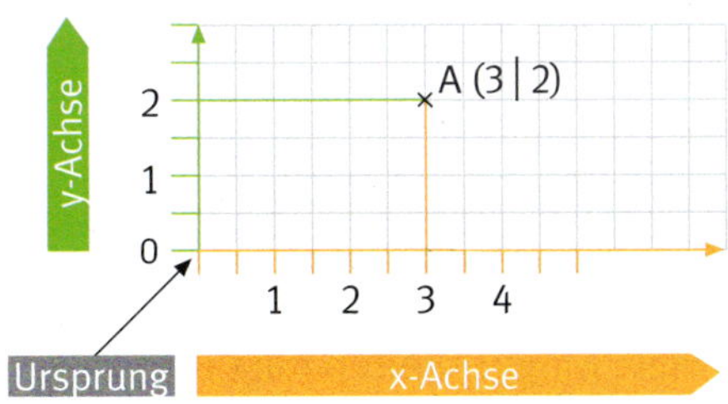

Dreiecke untersuchen

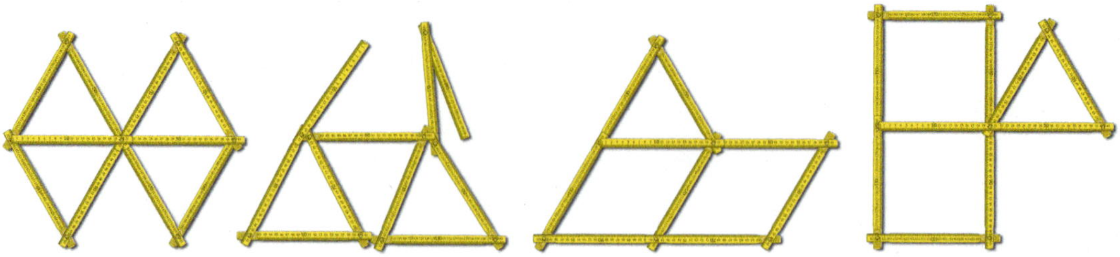

1 a) Mit einem Meterstab lassen sich unterschiedliche Figuren bilden. Versuche die Vorgaben nachzubauen. Entwirf selbst Muster.
b) Wo entdeckst du Dreiecke?
Welche Besonderheiten erkennst du? Denke an die Seitenlängen.

2 Welche Dreiecke haben zwei, welche drei gleich lange Seiten?
Schätze zuerst und überprüfe dann.

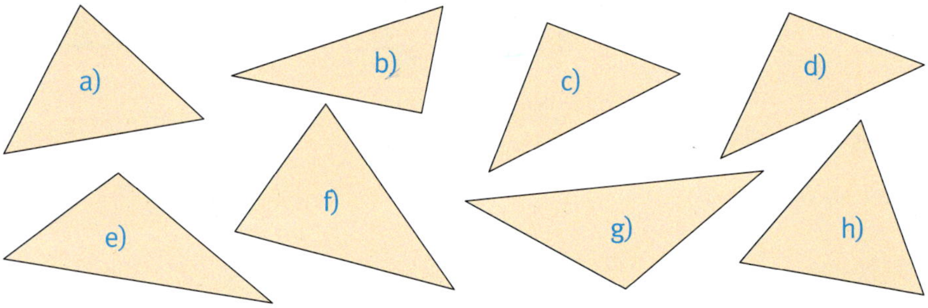

Dreiecke:
allgemein
gleichschenklig
gleichseitig

allgemeines Dreieck

Alle Seiten sind unterschiedlich lang.

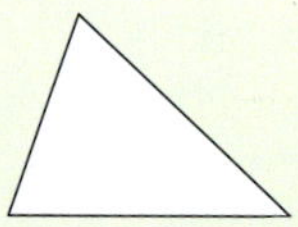

gleichschenkliges Dreieck

Mindestens zwei Seiten sind gleich lang.

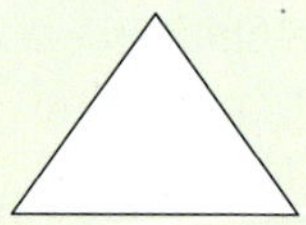

gleichseitiges Dreieck

Alle Seiten sind gleich lang.

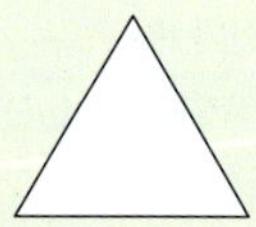

3 Übertrage die Tabelle. Ordne die Dreiecke von Aufgabe 2 richtig ein.

	a)	b)	c)	d)	e)	f)	g)	h)
allgemein	■	■	■	■	■	■	■	■
gleichschenklig	■							
gleichseitig								

Zwei Figuren sind zueinander kongruent (deckungsgleich), wenn sie in Form und Größe übereinstimmen.

4 Zeichne ein Rechteck mit den Seitenlängen 3 cm und 5 cm und schneide es entlang der Diagonalen auseinander. Es entstehen zwei kongruente Dreiecke.
a) Überprüfe die Kongruenz.
b) Lege die Dreiecke so zusammen, dass beide wieder ein Dreieck bilden.
Wie viele Möglichkeiten hast du?
c) Welche Eigenschaften hat das neue Dreieck?

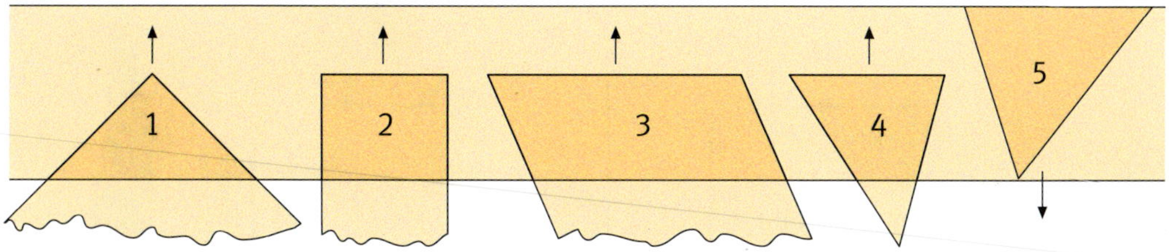

1 a) Welche Figuren sind durch das Übereinanderlegen der farbigen Folienstreifen entstanden?
b) Welche Figuren entstehen, wenn die dunkleren Streifen in der angegebenen Richtung weiter geschoben werden?

2 Zeichne die Dreiecke in ein Koordinatensystem (Einheit 1 cm).

a)	A (1|0)	B (5|2)	C (1|4)	b)	D (5|1)	E (9|1)	F (9|3)
c)	G (10|1)	H (12|1)	I (9|6)	d)	J (4|4)	K (8|4)	L (6|7,5)
e)	M (1|5)	N (4|6)	O (1|9)	f)	P (7|10)	Q (11|6)	R (11|10)

3 Welche Dreiecke aus Aufgabe 2 sind zueinander kongruent?

spitzwinkliges Dreieck	**rechtwinkliges Dreieck**	**stumpfwinkliges Dreieck**
Alle Winkel sind kleiner als 90°.	Ein Winkel ist 90°.	Ein Winkel ist größer als 90°.
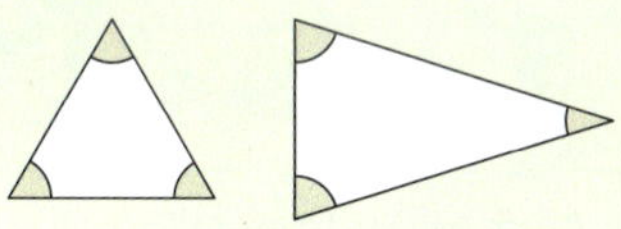	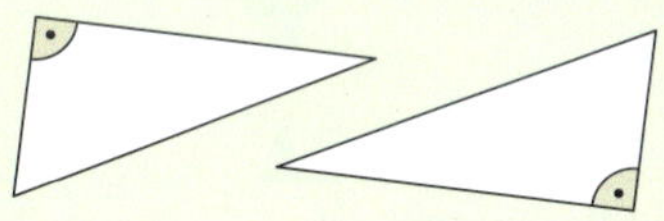	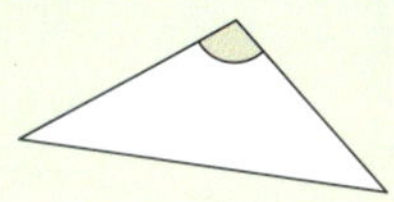

Dreiecke:
spitzwinklig
rechtwinklig
stumpfwinklig

4 a) Übertrage die Tabelle. Ordne die Dreiecke von Aufgabe 2 richtig ein.
b) Erkläre, warum man in zwei Kästchen keine Dreiecke eintragen kann.

Dreieck	gleichschenklig	gleichseitig	allgemein
spitzwinklig			
rechtwinklig		×	
stumpfwinklig		×	

5 Zeichne über einer Basis von 6 cm gleichschenklige Dreiecke mit den Basiswinkeln 15°, 30°, 45° und 60° (Platzbedarf nach oben 8 cm).
a) Was kannst du über die Basiswinkel bei gleichschenkligen Dreiecken aussagen?
b) Wie verändert sich die Länge der Schenkel, wenn die Basiswinkel größer oder kleiner werden?
c) Wann entsteht ein gleichseitiges Dreieck? Was kannst du über die Winkel in einem gleichseitigen Dreieck aussagen?
d) Wann erhältst du ein spitzwinkliges Dreieck? Wann ein rechtwinkliges, wann ein stumpfwinkliges?

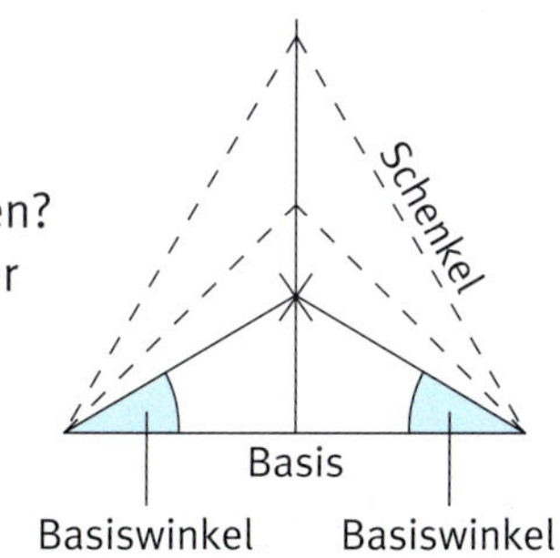

Die Höhe von Bäumen messen

Idee

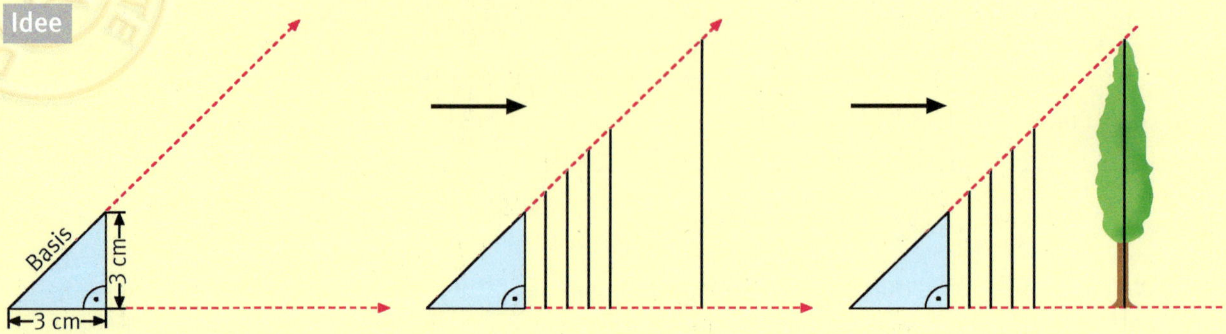

Bei einem gleichschenklig-rechtwinkligen Dreieck werden die Basis und ein Schenkel verlängert.

Verschieben wir den anderen Schenkel, entstehen wieder gleichschenklig-rechtwinklige Dreiecke.

Gehen wir nur weit genug, kann ein Schenkel auch so groß wie ein Baum sein. Auch hierbei gilt: Die beiden Schenkel sind gleich lang.

Umsetzung

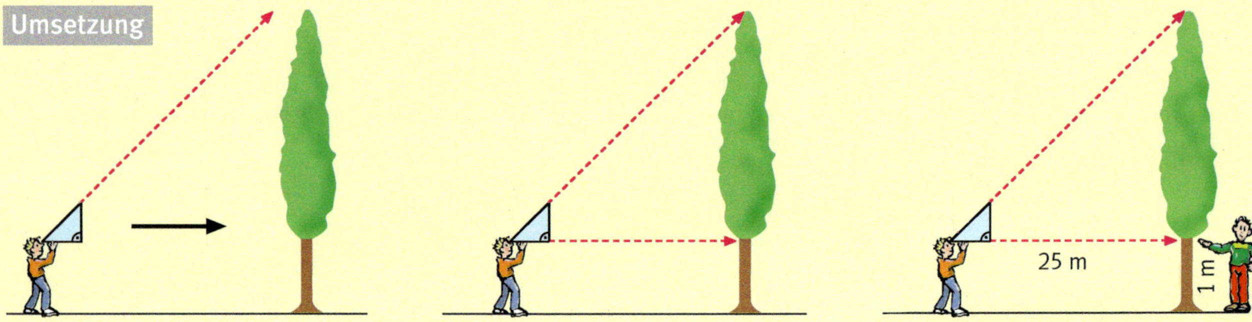

Anpeilen des Baumwipfels | Anpeilen des Dreiecks | Messen der Längen

Die Höhe von Bäumen messen

Herstellung eines Messdreiecks

Besonders einfach wird das Peilen, wenn man ein Messdreieck hat, das sich automatisch lotrecht einpendelt. Nebenan wird beschrieben, wie man ein solches herstellt.

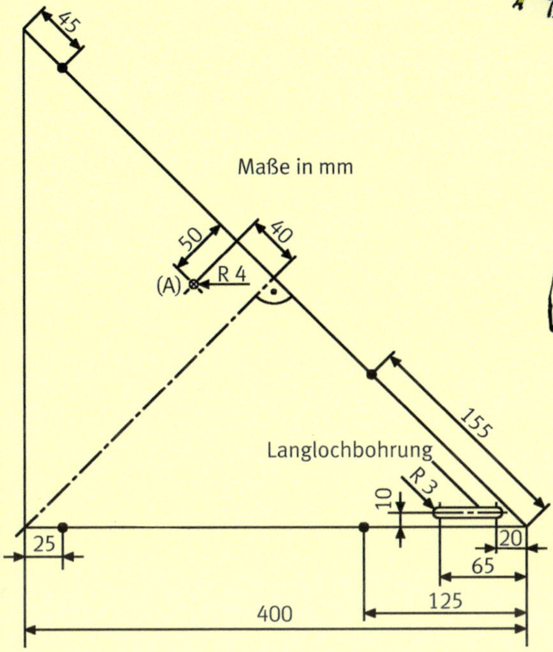

Stückliste

- Buchensperrholz oder Tischlerplatte möglichst 10 mm stark
- 4 Ringschrauben als Visierhilfen
- 2 Holzklötze (40 mm · 40 mm · 20 mm) oder Alu-Rohr, zur Stabilisierung des Rundstabes
- Rundstab 250 mm lang in R4; Durchmesser 5 mm oder passend ins Alu-Rohr
- Schraube und Mutter für Langlochbohrung R3; einsetzen und Dreieck durch Verschieben der Schraube austarieren, bis ein Schenkel lotrecht steht.

Flussbreite bestimmen

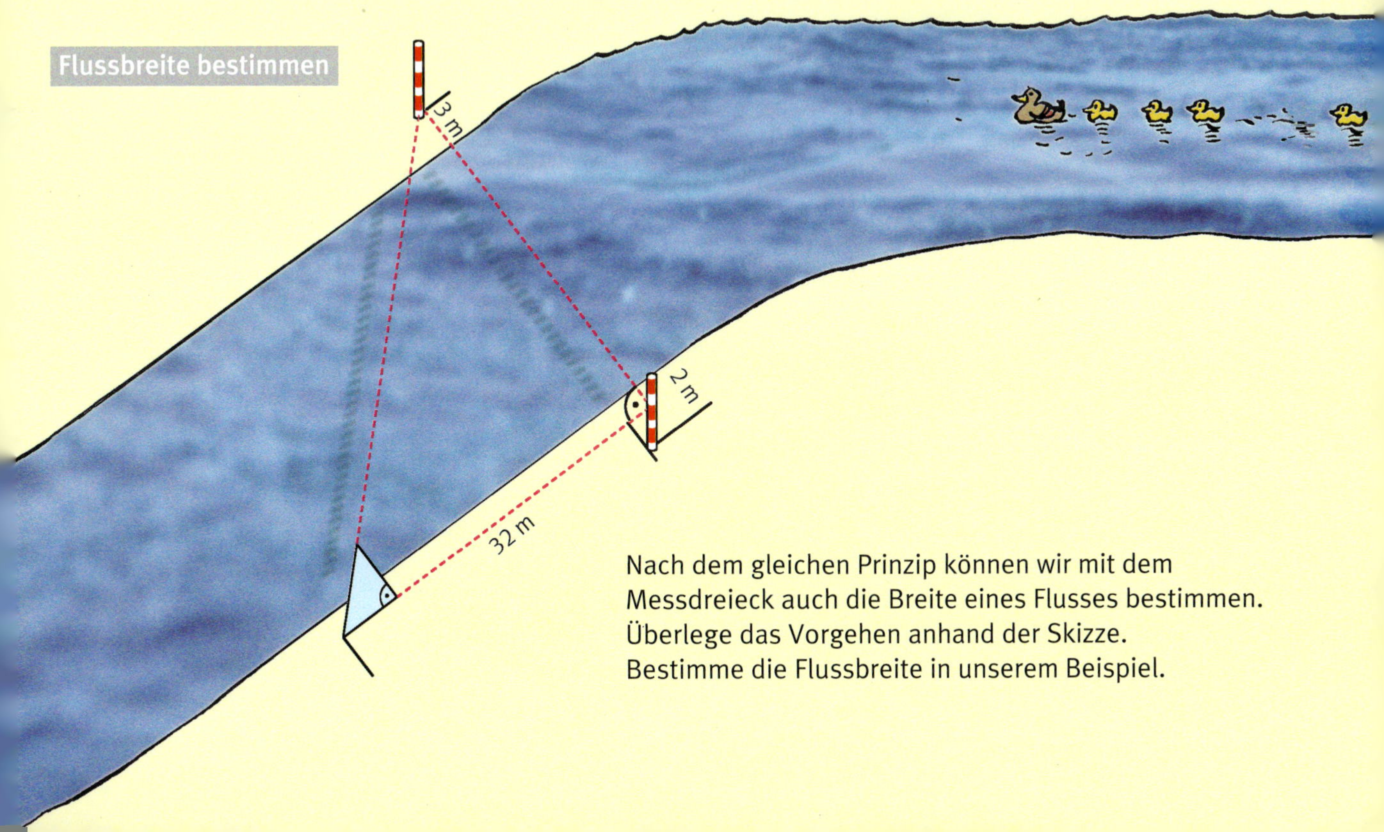

Nach dem gleichen Prinzip können wir mit dem Messdreieck auch die Breite eines Flusses bestimmen. Überlege das Vorgehen anhand der Skizze. Bestimme die Flussbreite in unserem Beispiel.

Winkelsummen bei Dreiecken bestimmen

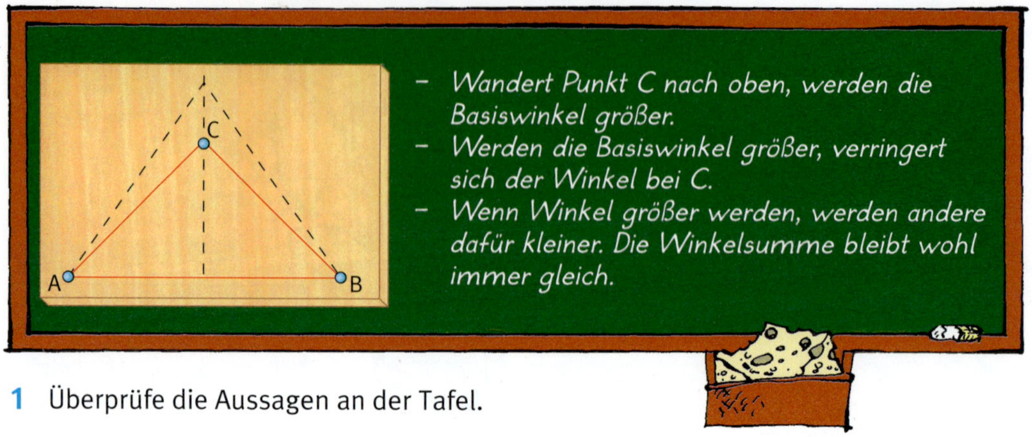

1 Überprüfe die Aussagen an der Tafel.

2 Zeichne ganz unterschiedliche Dreiecke. Die Seitenlängen sollen mindestens 5 cm betragen. Kennzeichne die Winkel mit α, β, γ und miss ihre Größe.

Winkel im Dreieck
Winkelsumme im Dreieck

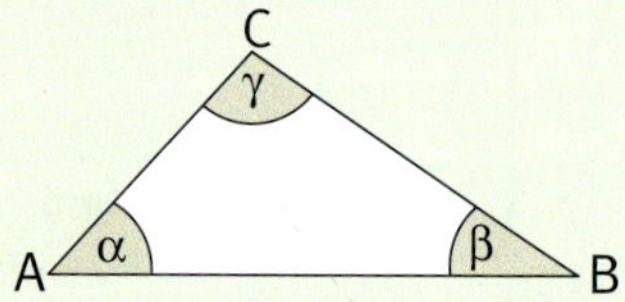

Die **Winkelsumme** beträgt in jedem Dreieck 180°.

$\alpha + \beta + \gamma = 180°$

3 Berechne die fehlenden Größen und benenne die Dreiecke.

	a)	b)	c)	d)	e)	f)	g)	h)	i)	j)
α	30°	45°	■	100°	45°	■	35°	53°	121°	■
β	105°	■	70°	15°	45°	38°	■	49°	■	73°
γ	■	60°	20°	■	■	57°	110°	■	37°	73°

4 Berechne die fehlenden Winkelgrößen. Die Dreiecke b), c) und d) sind gleichschenklig.

a)
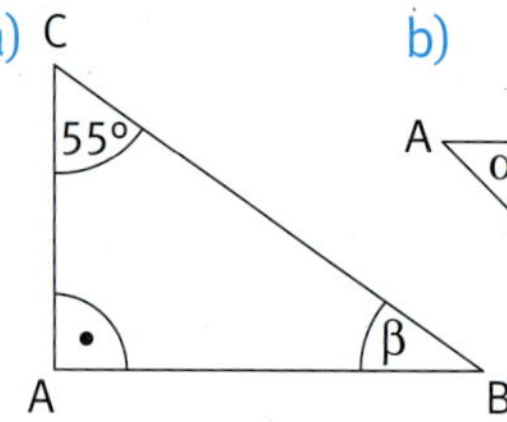

b)
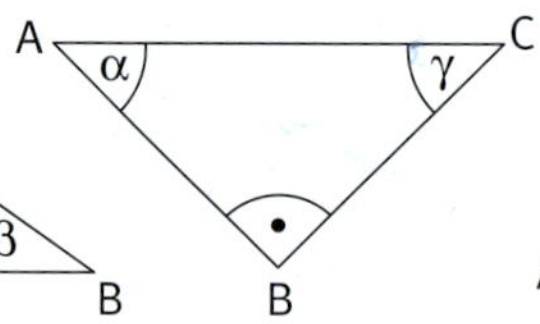

c)
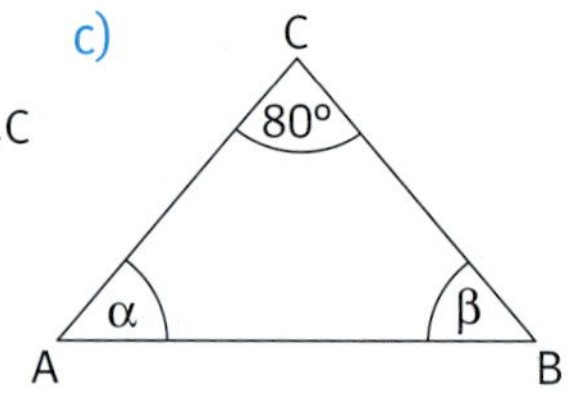

d)
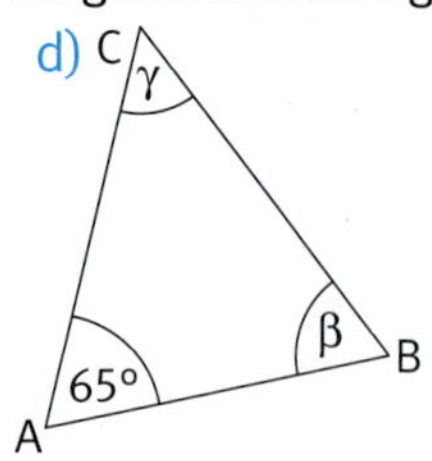

5 Zeichne je ein spitzwinkliges, rechtwinkliges und stumpfwinkliges Dreieck. Überprüfe die Aussagen und begründe mit der Winkelsumme anhand von Beispielen. Ein Dreieck kann haben ...

a) drei spitze Winkel.
b) zwei stumpfe und einen spitzen Winkel.
c) drei stumpfe Winkel.
d) zwei spitze und einen stumpfen Winkel.
e) drei rechte Winkel.
f) einen rechten und einen stumpfen Winkel.

6 Wie groß ist der Winkel γ im Dreieck?

a) Alle drei Winkel sind gleich groß.
b) α und β sind zusammen 105°.
c) α ist 40°, β ist doppelt so groß.
d) β ist 30°, α um 90° größer.

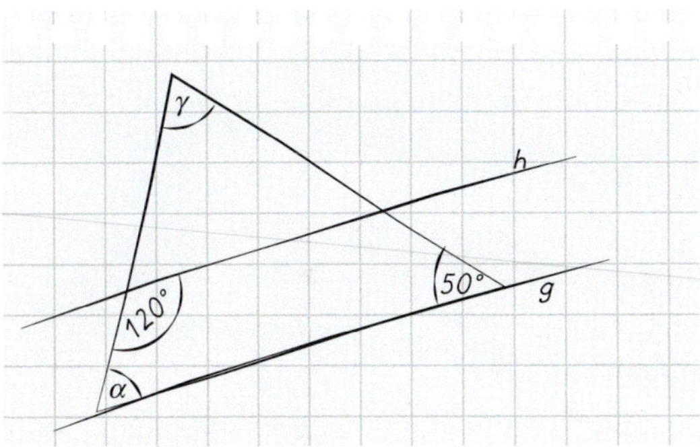

Scheitelwinkel
Nebenwinkel
Stufenwinkel
Wechselwinkel

Wenn zwei Geraden sich schneiden, gilt für die Winkel:

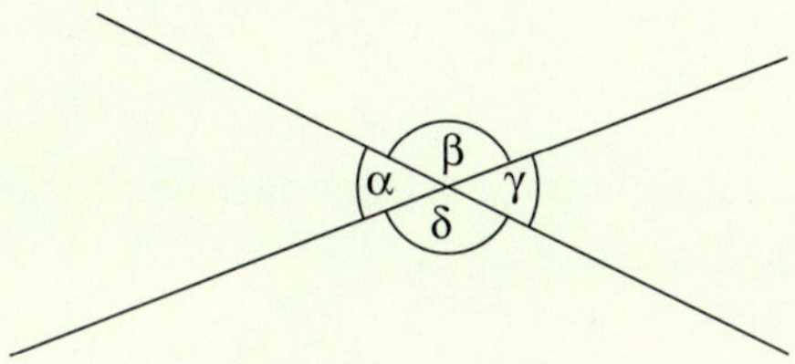

α und γ sind **Scheitelwinkel:** $\alpha = \gamma$
α und β sind **Nebenwinkel:** $\alpha + \beta = 180°$

Wenn zwei parallele Geraden durch eine Gerade geschnitten werden, gilt:

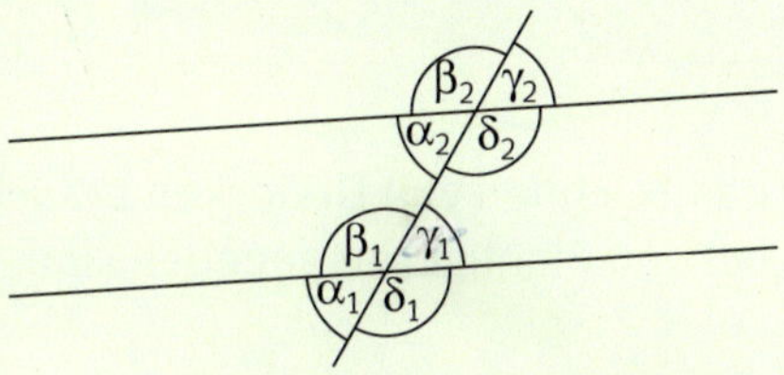

α_1 und α_2 sind **Stufenwinkel:** $\alpha_1 = \alpha_2$
α_1 und γ_2 sind **Wechselwinkel:** $\alpha_1 = \gamma_2$

1 Paul weiß nun, wie groß α und γ sind. Erkläre.

2 Nenne aus dem Merkkasten weitere Paare für
a) Scheitelwinkel. b) Nebenwinkel. c) Stufenwinkel. d) Wechselwinkel.

3 Bestimme die Größen aller markierten Winkel.

a)

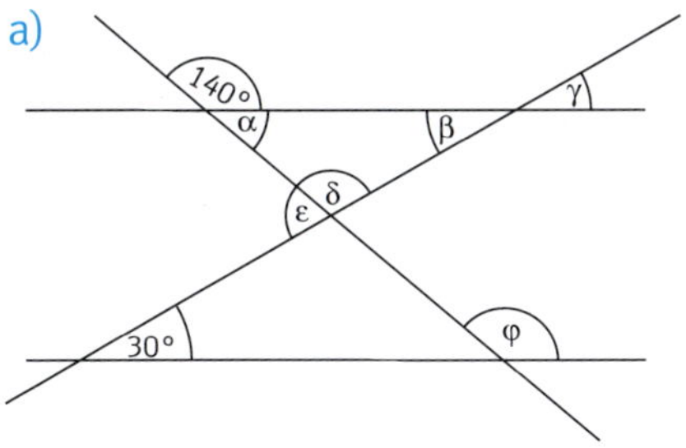

b)

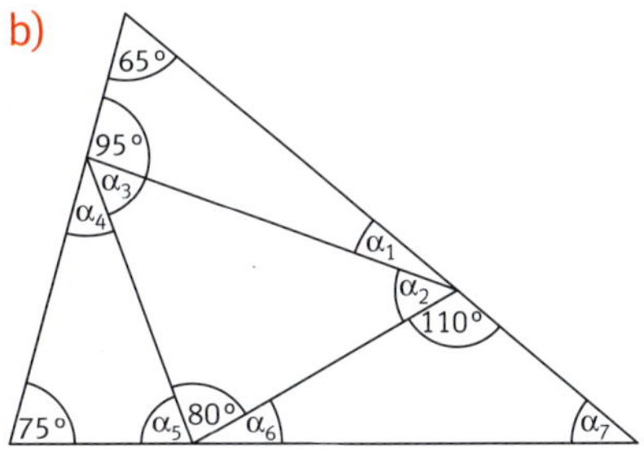

4 In einem Erkundungsprojekt sollen die Schüler der Klasse 7c drei Straßenkreuzungen entlang der Münchner Straße untersuchen.

a) Marko meint: „Ich brauche nur einen Winkel zu messen, dann kann ich alle anderen Winkel damit bestimmen." Geht das? Begründe deine Antwort.

b) Marko misst den Winkel $\alpha_1 = 120°$. Was weißt du damit über die Größe der anderen Winkel des Stadtplans?

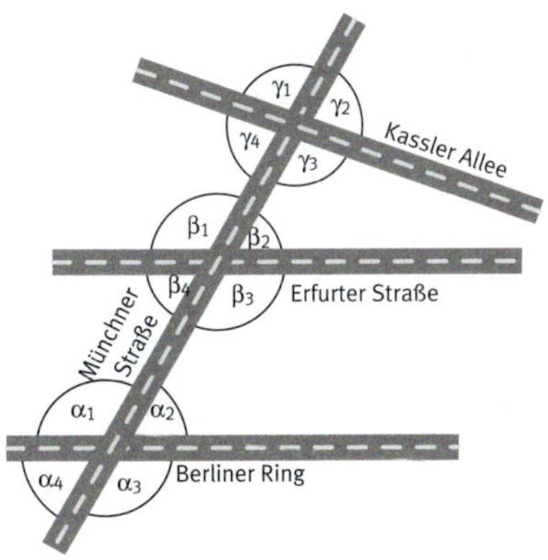

Dreiecke benennen und zeichnen

Bezeichnungen am Dreieck
Planfigur

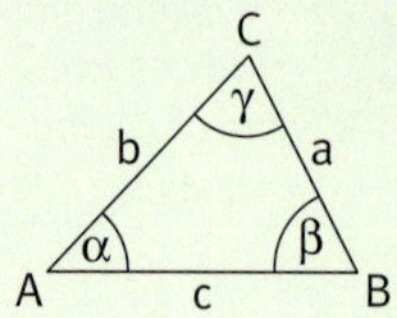

Eckpunkte: A, B, C (gegen den Uhrzeigersinn)
Seiten: a, b, c (gegenüber den Eckpunkten)
Winkel: α, β, γ

1 Skizziere die Dreiecke und benenne sie richtig.

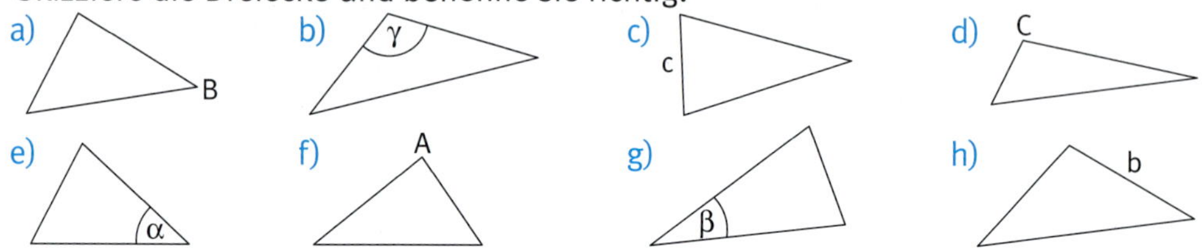

Die Planfigur ist eine Skizze der Figur, in der die gegebenen Größen farbig markiert sind.

2 Für das Zeichnen von Dreiecken braucht man drei Angaben. Benenne die Stücke, die bei den Planfiguren gegeben sind.

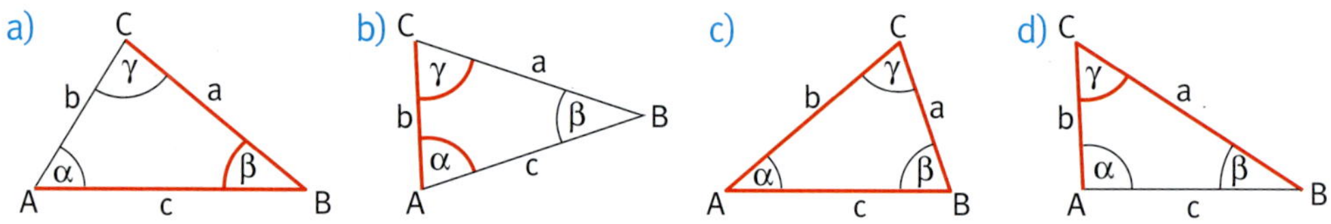

TRIMM-DICH-ZWISCHENRUNDE

1 Gib die Dreiecksarten an.

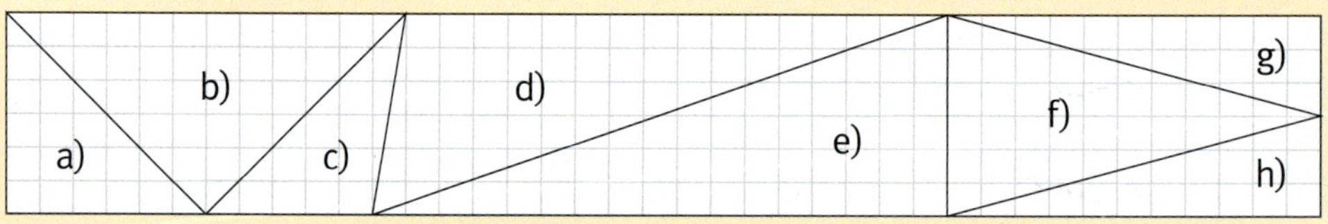

2 Verbessere so, dass eine richtige Aussage entsteht.
a) In einem gleichschenkligen Dreieck sind alle Seiten gleich lang.
b) Ein rechtwinkliges Dreieck hat zwei rechte Winkel.
c) Ein stumpfwinkliges Dreieck hat drei stumpfe Winkel.
d) Ein gleichseitiges Dreieck hat zwei gleich lange Seiten.
e) In einem gleichseitigen Dreieck ist jeder Winkel 90° groß.
f) Hat ein Dreieck zwei spitze Winkel, so muss auch der dritte ein spitzer sein.

3 Berechne die fehlenden Winkel in den Dreiecken und Rechtecken.

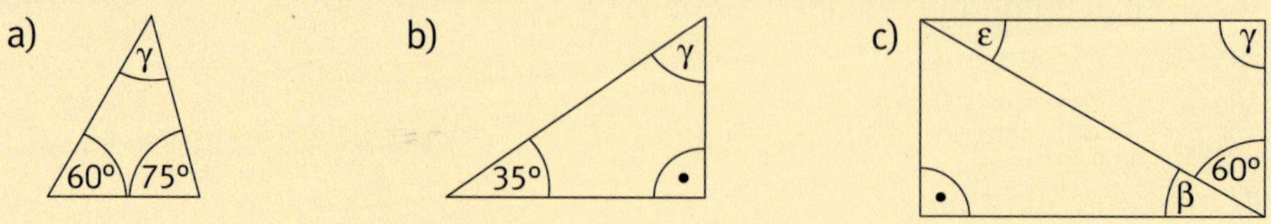

1 Von Tonias Geburtstag ist nur noch ein großes dreieckiges Stück Erdbeerkuchen übrig geblieben.
Tonia und Moritz überlegen nun, wie man mit einem Schnitt das Kuchenstück gerecht teilen kann. Moritz meint, dass man einen senkrechten Schnitt durch die Mitte einer Seite machen kann. Tonia erwidert, dass es besser wäre, die Mitte der Seite mit der gegenüberliegenden Ecke zu verbinden.

a) Zeichne zwei kongruente Dreiecke. Schneide sie aus und probiere beide Methoden aus.
b) Vergleiche die entstandenen Teile.
Welche Methode findest du gerechter?
c) Gibt es Dreiecke, bei denen beide Methoden auf das gleiche Ergebnis führen?

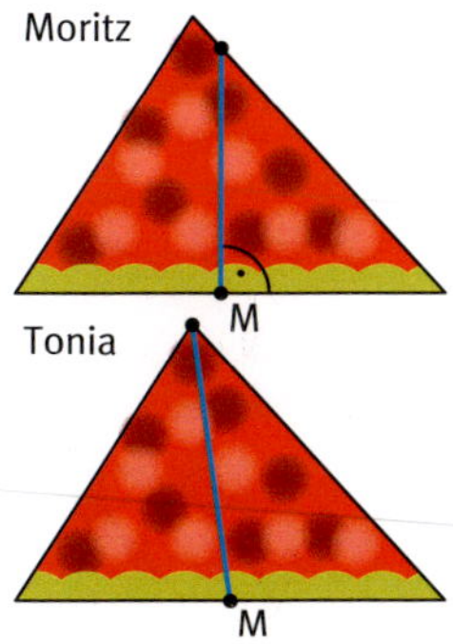

Mittelsenkrechte
Seitenhalbierende

Die Mittelsenkrechte
Mittelsenkrechte der Seite [AB]:

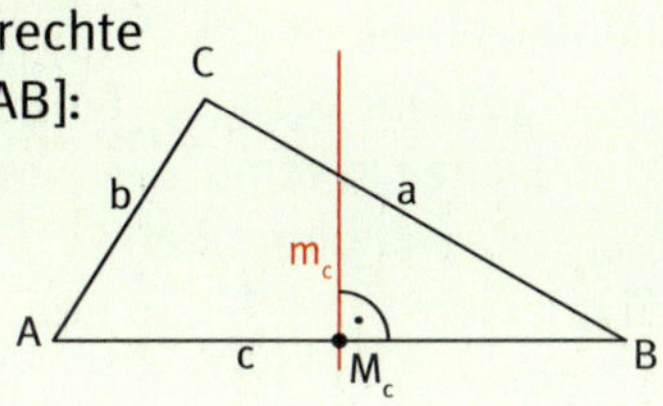

Die Seitenhalbierende
Seitenhalbierende der Seite [AC]:

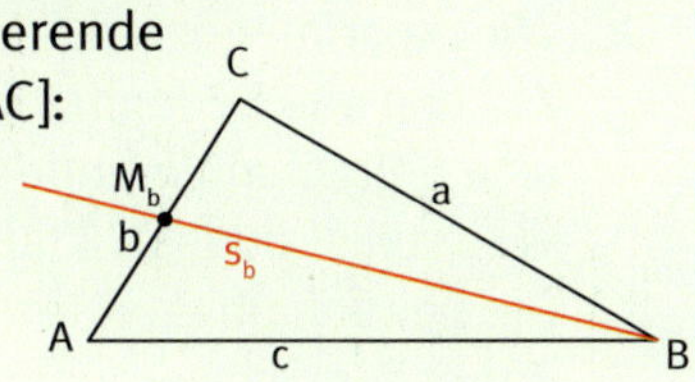

2 a) Ordne die Begriffe Mittelsenkrechte und Seitenhalbierende den beiden Methoden aus Aufgabe 1 zu.
b) Übertrage die Zeichnungen aus dem Merkkasten und erkläre die Begriffe, indem du zwei Sätze aus den Wortbausteinen bildest.

Mitte einer Seite | Mitte einer Seite | senkrecht | gegenüberliegende Ecke

c) Erläutere, welche Besonderheit sich bei einem gleichschenkligen (gleichseitigen) Dreieck ergibt.

3 a) Zeichne das Dreieck ABC mit A (4|6), B (8|2) und C (14|10) in ein Koordinatensystem.
b) Konstruiere mithilfe des Merkkastens die Mittelsenkrechte auf die Seite [AB].

Konstruktion der Mittelsenkrechten

Konstruktion der Mittelsenkrechten mit dem Geodreieck:

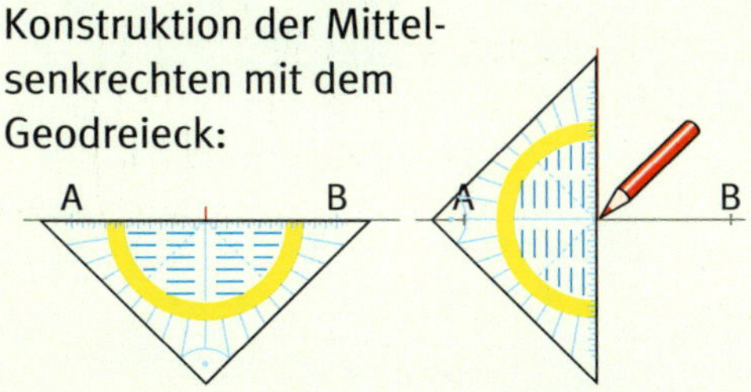

Konstruktion der Mittelsenkrechten mit Zirkel und Lineal:

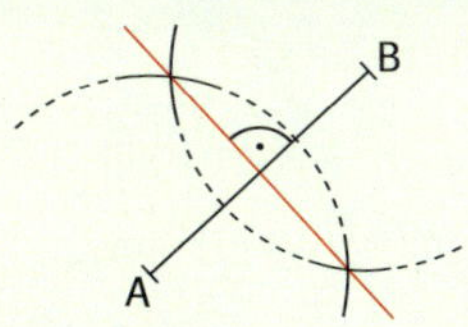

Zur besseren Übersichtlichkeit werden meist nicht die vollständigen Kreise gezeichnet.

c) Verfahre bei den anderen beiden Dreiecksseiten genauso.
Was stellst du fest?

Besondere Linien im Dreieck konstruieren

1 a) Wir experimentieren: schneide ein beliebiges Dreieck aus Pappkarton aus. Zeichne alle Seitenhalbierenden ein. Lege das Dreieck so auf einen Stift, dass eine Seitenhalbierende auf dem Stift zum Liegen kommt. Was stellst du fest? Klappt das mit allen Seitenhalbierenden?
b) Die Seitenhalbierenden schneiden sich in einem Punkt. Man nennt diesen Punkt den Schwerpunkt des Dreiecks. Probiere, das Dreieck mit der Spitze des Stiftes auf diesem Punkt zu balancieren.

2 Zeichne das Dreieck ABC mit A (2|4), B (11|2) und C (3,5|11) in ein Koordinatensystem.
a) Zeichne die Mittelsenkrechte der Seite [AC].
b) Zeichne die Seitenhalbierende der Seite [AB].
c) Gib die Koordinaten des Schnittpunkts der Mittelsenkrechten und der Seitenhalbierenden an.

Höhe

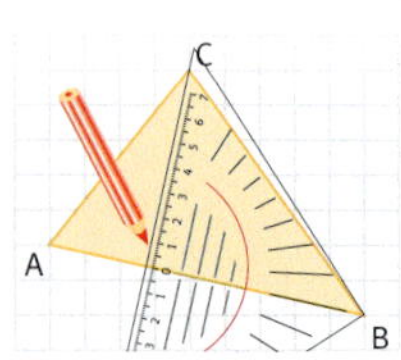

Achtung: eine Höhe kann auch außerhalb eines Dreiecks liegen.

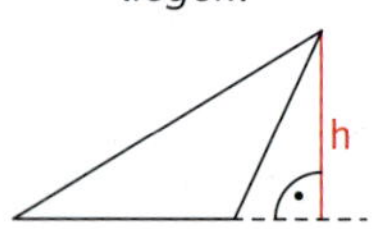

3 Max teilt das Kuchenstück anders.
a) Beschreibe, wie Max geteilt hat.
b) Übertrage die Zeichnung aus dem Merkkasten und erkläre den Begriff, indem du einen Satz aus den Wortbausteinen bildest.

senkrecht

Eckpunkt

gegenüberliegende Seite

Die Höhe
Höhe auf die Seite [AB]:

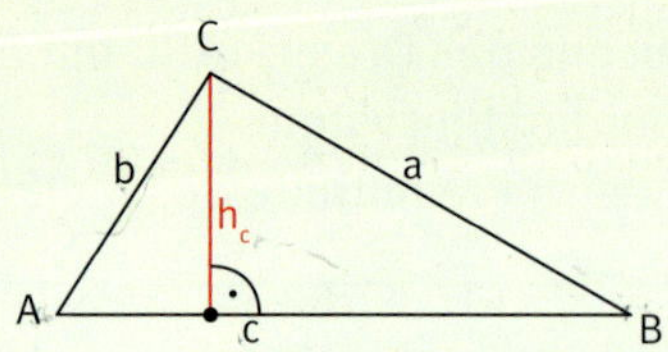

4 Zeichne ein beliebiges spitzwinkliges Dreieck und trage die drei Höhen ein. Was stellst du fest?

5 a) Zeichne ein beliebiges rechtwinkliges Dreieck und trage die drei Höhen ein. Beschreibe die Besonderheit.
b) Zeichne ein beliebiges stumpfwinkliges Dreieck und trage die drei Höhen ein. Beschreibe die Besonderheit.

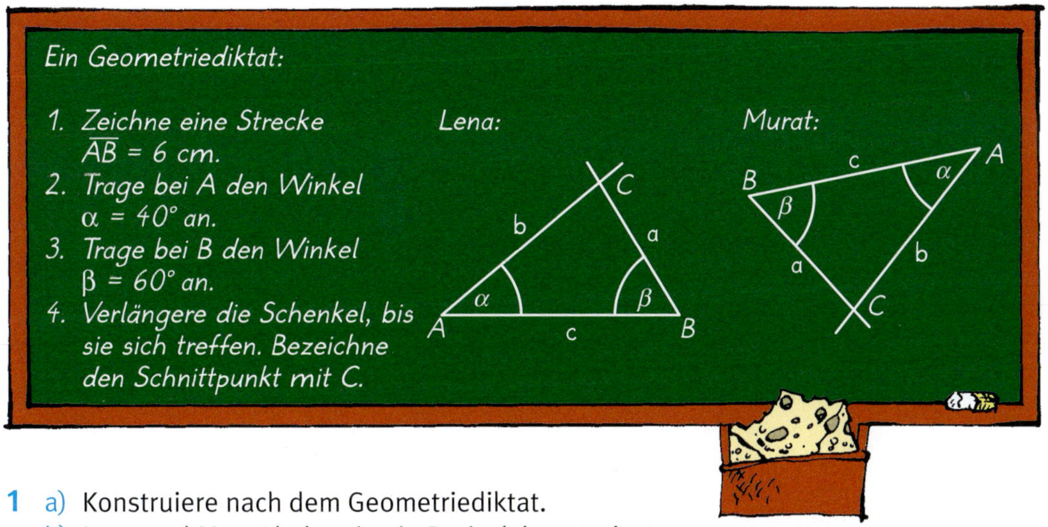

1 a) Konstruiere nach dem Geometriediktat.
b) Lena und Murat haben je ein Dreieck konstruiert. Beschreibe ihr Vorgehen. Sind unterschiedliche Dreiecke entstanden?

Kongruenzsatz WSW

Zwei Dreiecke sind kongruent, wenn sie in der Länge einer Seite und der Größe der beiden anliegenden Winkel übereinstimmen.

Planfigur	Konstruktionsschritte		
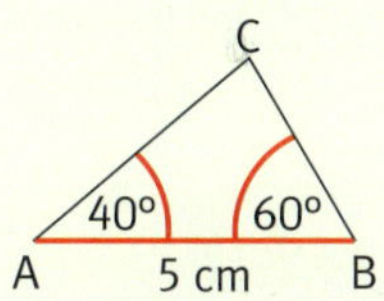	1 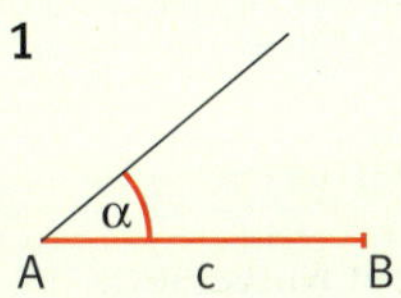	2 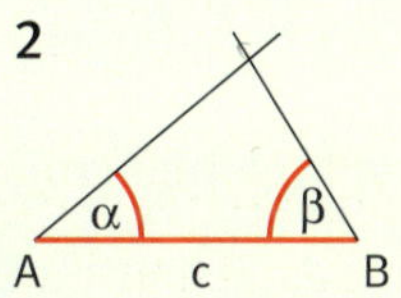	3 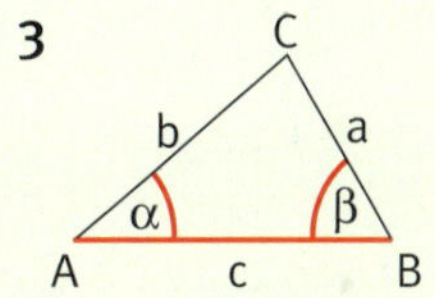
Gegeben: c = 5 cm; α = 40°; β = 60°	c = 5 cm zeichnen; α = 40° antragen	β = 60° antragen	Schnittpunkt C benennen

Konstruieren eines Dreiecks aus zwei Winkeln und einer Seite

2 a) Konstruiere wie im Merkkasten ein Dreieck mit c = 6 cm (7 cm, 4 cm) und α = 40° sowie β = 60°.
b) Konstruiere mindestens eines der Dreiecke auch so wie Murat.

3 Konstruiere die Dreiecke. Zeichne zuerst eine Planfigur.

a) c = 5 cm α = 45° β = 45°
b) b = 7 cm α = 40° γ = 70°
c) a = 7 cm β = 65° γ = 65°
d) c = 8,2 cm α = 125° β = 25°

4 Bestimme zeichnerisch die Entfernungen (Luftlinie) zwischen Erfurt und Berlin und Berlin und Nürnberg. Entnimm die Maße der Karte. Für 20 km in der Wirklichkeit zeichne 1 cm.

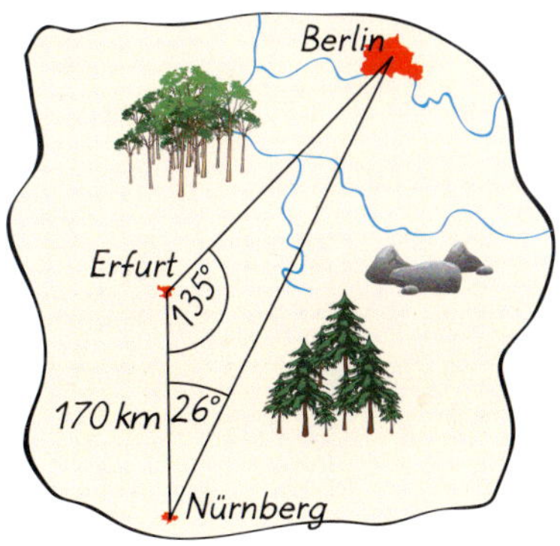

Die Skizzen auf dieser und den folgenden Seiten sind auf das Wesentliche beschränkte Zeichnungen. Sie verschaffen einen groben Überblick und müssen nicht maßstabsgetreu sein.

Konstruieren eines Dreiecks aus zwei Seiten und einem Winkel

Planfigur	Konstruktionsschritte		
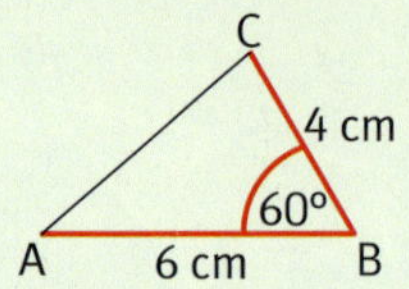	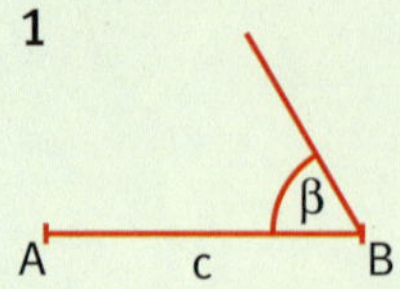	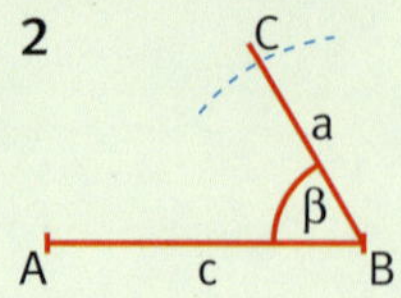	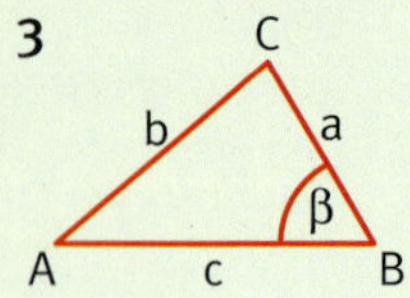
Gegeben: c = 6 cm; β = 60°; a = 4 cm	c = 6 cm zeichnen; β = 60° einzeichnen	Kreis um B mit Radius a = 4 cm; Schnittpunkt C	C mit A verbinden

1 a) Mareike hat ein Dreieck mit den Maßen c = 6 cm, β = 60° und a = 4 cm konstruiert. Erläutere und konstruiere entsprechend.
b) Kea hat in ihrer Konstruktion zuerst die Seite a = 4 cm gezeichnet. Konstruiere wie Kea.
c) Überlege, ob unterschiedliche Dreiecke entstanden sind.

Kongruenzsatz SWS

> Zwei Dreiecke sind kongruent, wenn sie in der Länge zweier Seiten und der Größe des eingeschlossenen Winkels übereinstimmen.

2 Konstruiere das Dreieck von Aufgabe 1 mit doppelt so langen Seiten und β = 60°.

3 Die Planfigur ist gegeben (Einheit cm). Konstruiere.

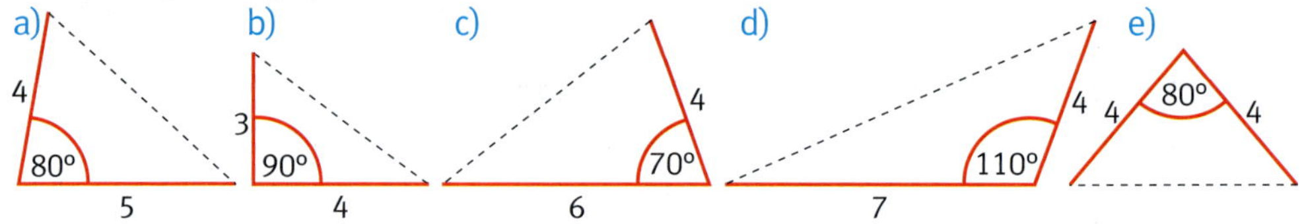

4 Zeichne zuerst eine Planfigur. Konstruiere dann und gib die Größe aller Winkel an.

a) b = 5 cm c = 6 cm α = 75°
b) a = 3,5 cm c = 5 cm β = 40°
c) c = 6,2 cm b = 4 cm α = 45°
d) c = 4,5 cm a = 4,5 cm β = 105°

5 Marthe wohnt 7,5 km von der Schule entfernt. Ihr Freund Micha muss 9,5 km bis zur Schule fahren. Bestimme mit einer Konstruktion, wie weit Marthe und Micha auseinander wohnen.

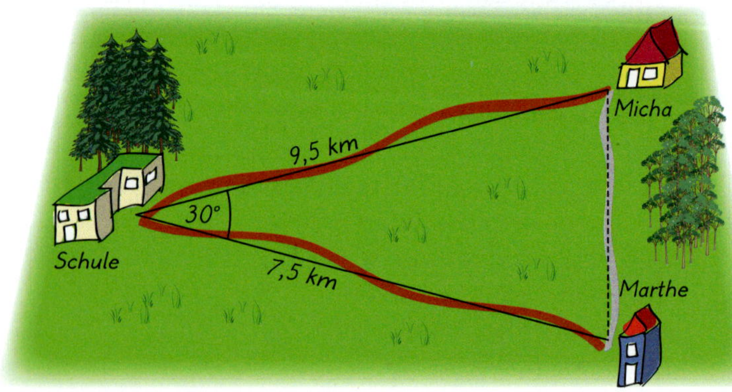

Dreiecke aus drei Seiten konstruieren

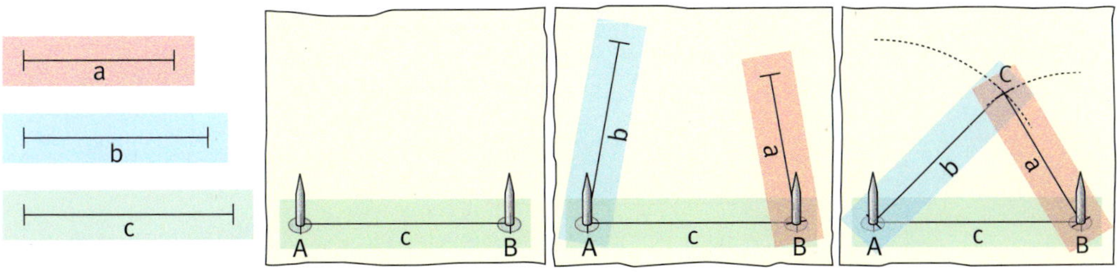

1 Die drei Seitenlängen eines Dreiecks sind auf Folienstücken gegeben. Anne soll das Dreieck erstellen. Erläutere ihr Vorgehen.

Kongruenzsatz SSS

Zwei Dreiecke sind kongruent, wenn sie in der Länge ihrer drei Seiten übereinstimmen.

Konstruieren eines Dreiecks aus drei Seiten

Planfigur	**Konstruktionsschritte**		
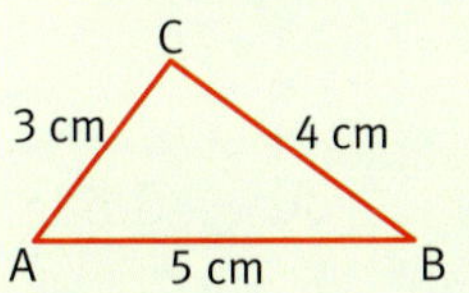	1 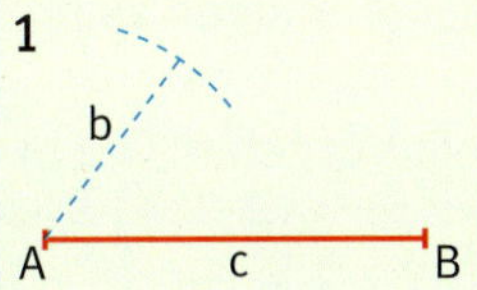	2 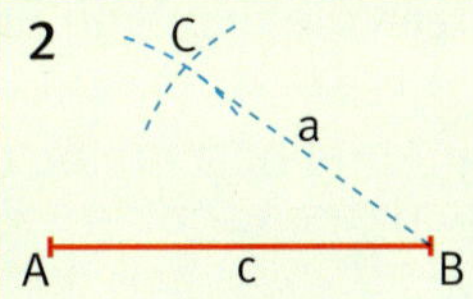	3 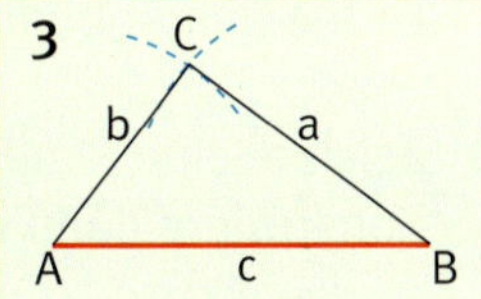
Gegeben: a = 4 cm; b = 3 cm; c = 5 cm	c = 5 cm zeichnen; Kreis um A mit Radius b = 3 cm	Kreis um B mit Radius a = 4 cm; Schnittpunkt C	Schnittpunkt C mit A und B verbinden

2 a) Vergleiche die Vorgehensweise in Aufgabe 1 mit der im Merkkasten.
b) Konstruiere das Dreieck wie im Merkkasten.
c) Konstruiere noch einmal. Beginne dieses Mal mit der Seite a oder b.

Dreiecks-ungleichung: Für jedes Dreieck muss gelten $a + b \geq c$

3 Zeichne zuerst eine Planfigur, konstruiere dann die Dreiecke.
a) a = 4 cm b = 3 cm c = 5 cm
b) a = 4 cm b = 4 cm c = 6 cm
c) a = 3,5 cm b = 2,5 cm c = 5 cm
d) a = 5,2 cm b = 5,2 cm c = 5,2 cm

4 Ein Dreieck hat die Seitenlängen c = 5,5 cm und b = 3,5 cm. Für a stehen zur Auswahl a = 1 cm (2 cm, 3 cm, 4 cm). Für welche Werte von a ergibt sich ein Dreieck?

5 Timo fährt mit seinem Segelboot auf einer Regatta auf der Müritz mit. Die Regattastrecke ist auf dem Bild abgebildet.
a) Konstruiere das Dreieck in einem geeigneten Maßstab und beschrifte alle Ecken und Seiten.
b) Welchen Kurs muss Timo an den drei Wendestellen nehmen?

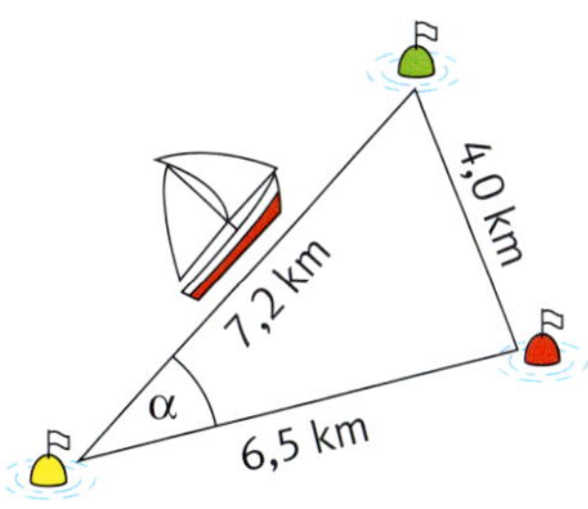

Arbeit mit Dreiecken vertiefen

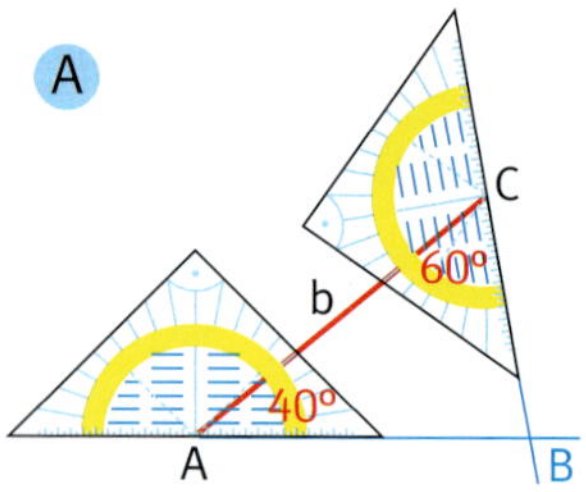

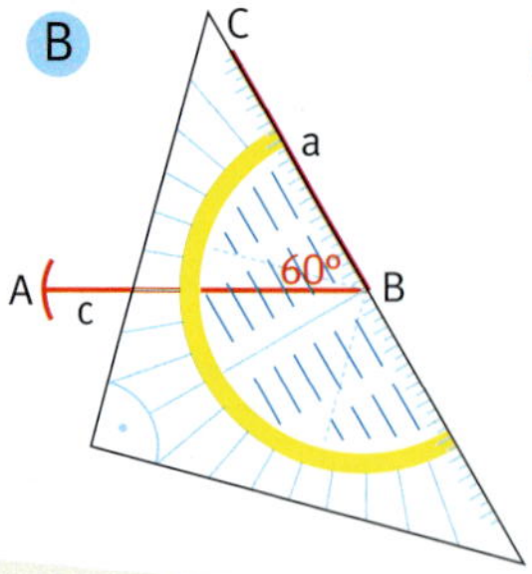

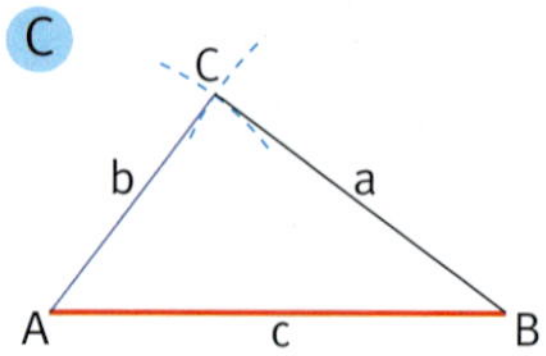

2
- Zeichne die Seite a mit den Eckpunkten B und C.
- Trage in B den Winkel β an.
- Zeichne einen Kreis um B mit dem Radius c.
- Der Schnittpunkt des Kreises mit dem freien Schenkel ergibt A.

3
- Zeichne die Seite c mit den Eckpunkten A und B.
- Zeichne einen Kreis um A mit dem Radius b.
- Zeichne einen Kreis um B mit dem Radius a.
- Der Schnittpunkt der beiden Kreise ergibt C.

1
- Zeichne die Seite b mit den Eckpunkten A und C.
- Trage in A den Winkel α an.
- Trage in C den Winkel γ an.
- Der Schnittpunkt der beiden freien Schenkel von α und γ ergibt B.

1 Ordne den Abbildungen die richtigen Beschreibungen zu.

2 Zeichne eine Planfigur und beschreibe dein Vorgehen wie in Aufgabe 1. Konstruiere dann die Dreiecke.

a) c = 7 cm   α = 45°   β = 45°
b) b = 6 cm   α = 40°   γ = 70°
c) a = 5 cm   β = 60°   c = 5 cm
d) a = 4,5 cm   c = 3 cm   b = 3,8 cm

3 Übertrage die beiden Punkte in ein Koordinatensystem (Einheit cm). Konstruiere das Dreieck und gib die Koordinaten des dritten Eckpunktes an.

a) A (2|3)   B (8|1)   α = 45°   β = 82°
b) A (1|1)   B (6|2)   β = 50°   a = 6,4 cm

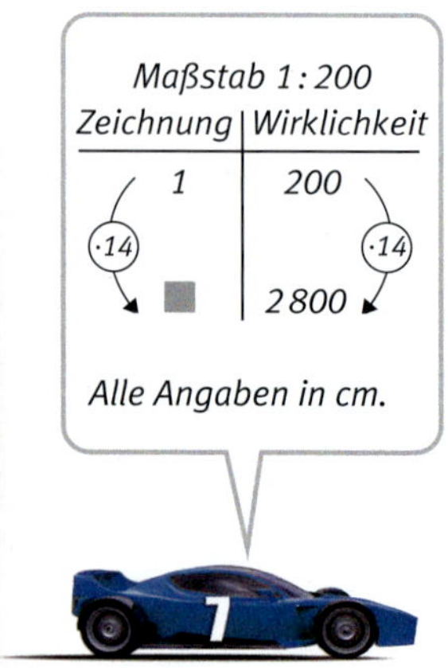

4 Greta und Florian haben mit Winkelscheiben und Maßband die angegebenen Größen gemessen. Im Maßstab 1 : 200 fertigen sie nun eine Konstruktion an und wollen daraus die Breite des Flusses ermitteln.

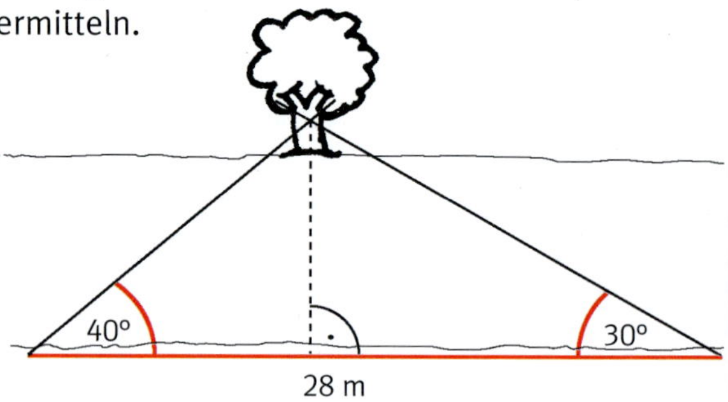

5 Bestimme die gesuchten Größen. Konstruiere dazu im passenden Maßstab.

a)

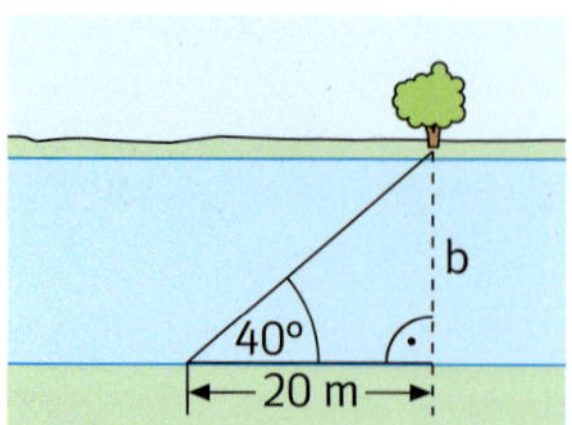

b)

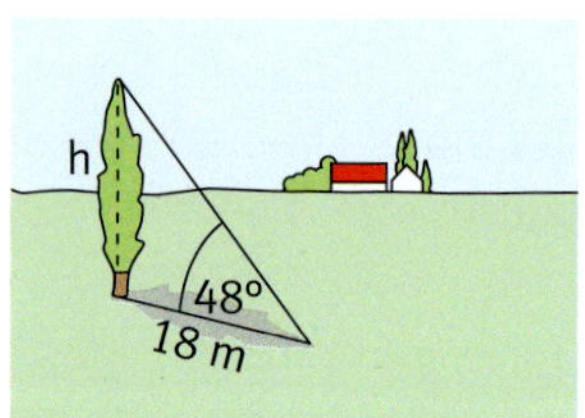

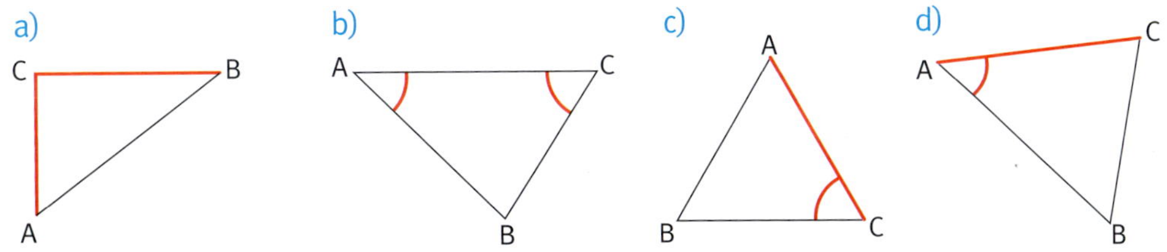

e) b, c f) b, α g) α, γ h) α, β i) c, β j) a, b

1 Welche Angaben braucht man jeweils noch, um ein Dreieck nach dem Kongruenzsatz SWS, WSW oder SSS zu zeichnen? Mehrere Antworten sind möglich.

2 Bestimme die gesuchten Größen. Konstruiere dazu im passenden Maßstab.

a)

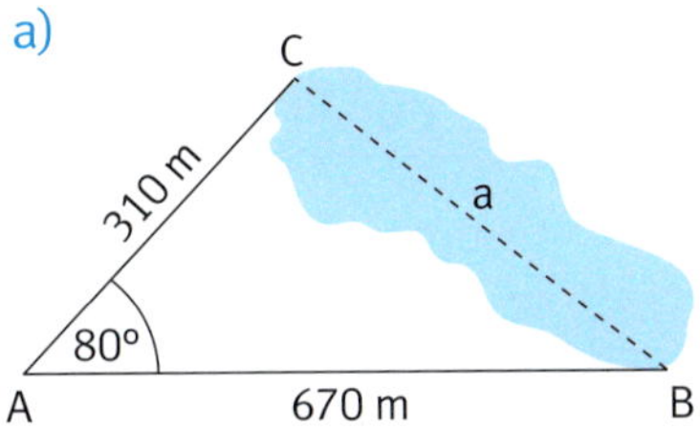

b)

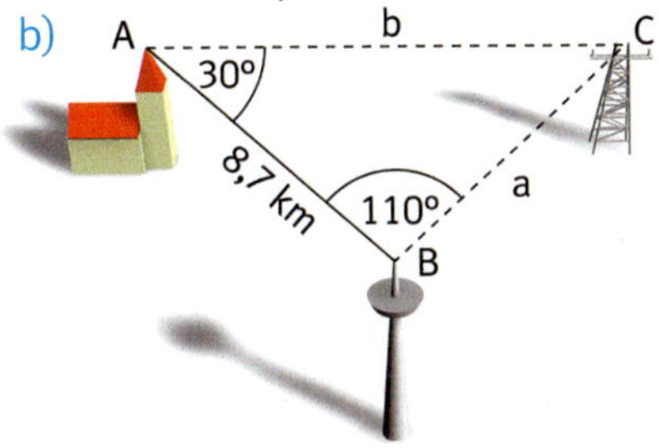

Maßstab 1 : 100 000

Zeichnung	*Wirklichkeit*
1	*100 000*
■	*870 000*

·8,7 *·8,7*

Alle Angaben in cm.

3 Ein Baum ist 20 m hoch und wirft einen Schatten von 28 m. Unter welchem Winkel treffen die Sonnenstrahlen am Boden auf?

TRIMM-DICH-ZWISCHENRUNDE

1 Konstruiere die Dreiecke. Schreibe die Dreiecksart dazu.

a) c = 6 cm α = 45° β = 45° b) a = 4,3 cm b = 6,5 cm γ = 35°
c) a = 6,5 cm b = 6,5 cm c = 6,5 cm d) b = 4,2 cm c = 5,5 cm α = 54°

2 Konstruiere ein rechtwinkliges Dreieck, bei dem die kurzen Seiten 4,5 cm und 6 cm lang sind.

3 Bestimme die gesuchten Größen. Konstruiere dazu im passenden Maßstab.

a)

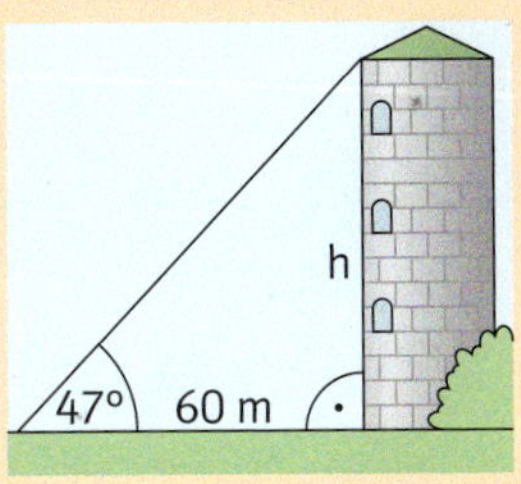

b)

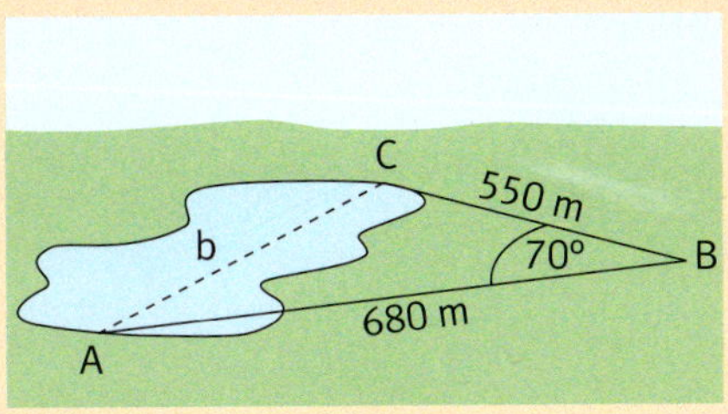

c)

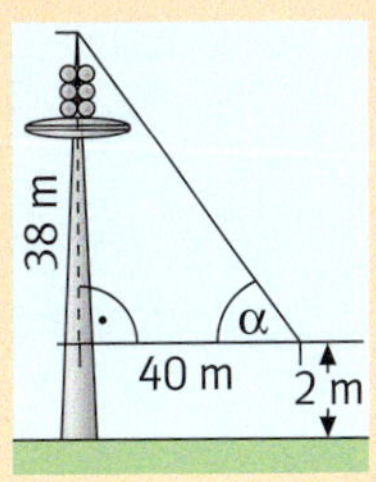

4 Welche Angaben fehlen jeweils, um ein Dreieck zu zeichnen?

a) b, c b) β, c c) β, γ d) b, α

5 Ein gleichschenkliges Dreieck hat Seiten mit einer Länge von 5 cm und 3 cm. Konstruiere zwei mögliche Dreiecke.

Beschreibung und Konstruktion von Dreiecken wiederholen

Dreiecksbetrachtungen

Dreiecke unterscheiden S. 92 f.

Dreiecke lassen sich nach der Länge der Seiten oder der Winkelart ihres größten Winkels einteilen.

Im jedem Dreieck gibt es diese Bezeichnungen:
Eckpunkte: A, B, C   Seiten: a, b, c   Winkel: α, β, γ

Winkel in Dreiecken untersuchen S. 96 f.

Die Winkelsumme beträgt in jedem Dreieck 180°: $\alpha + \beta + \gamma = 180°$

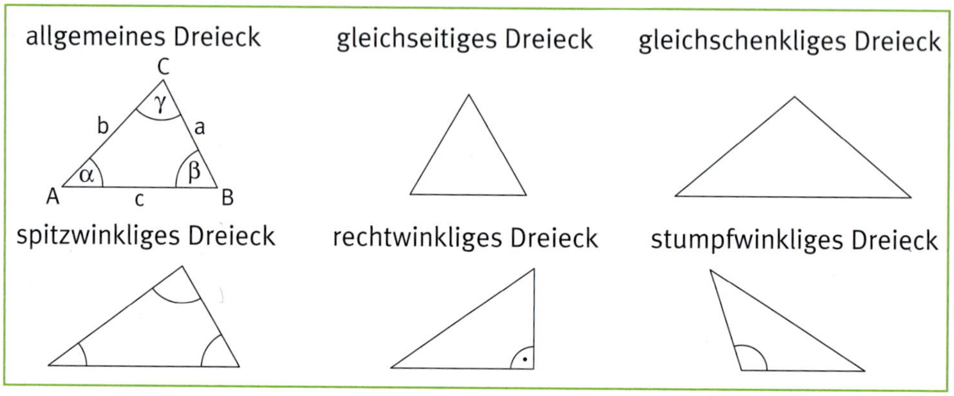

Besondere Linien in Dreiecken

Besondere Linien im Dreieck konstruieren S. 99 f.

Bei besonderen Linien im Dreieck wird zwischen Mittelsenkrechten m, Seitenhalbierenden s und Höhen h unterschieden.

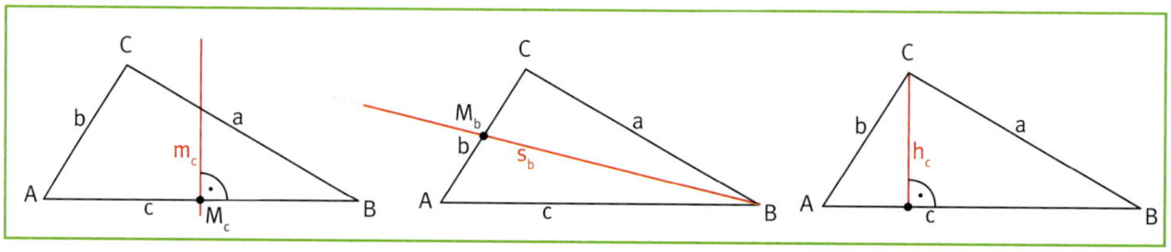

Kongruenzssätze

Dreiecke konstruieren S. 101 ff.

Für das Konstruieren von Dreiecken benötigt man drei Angaben. Dann sind die Dreiecke kongruent und eindeutig konstruierbar.

Kongruenzsatz WSW:
$c = 5$ cm; $\alpha = 40°$; $\beta = 60°$

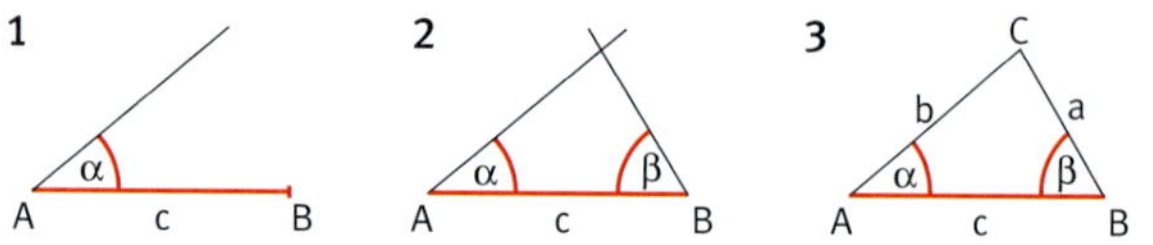

Kongruenzsatz SWS:
$a = 4$ cm; $c = 6$ cm; $\beta = 60°$

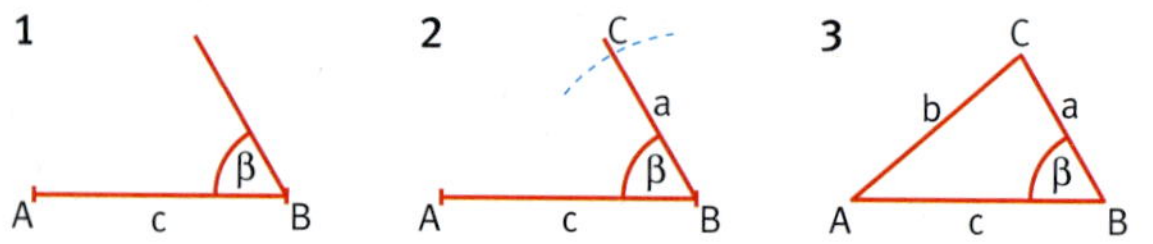

Kongruenzsatz SSS:
$a = 4$ cm; $b = 3$ cm; $c = 5$ cm

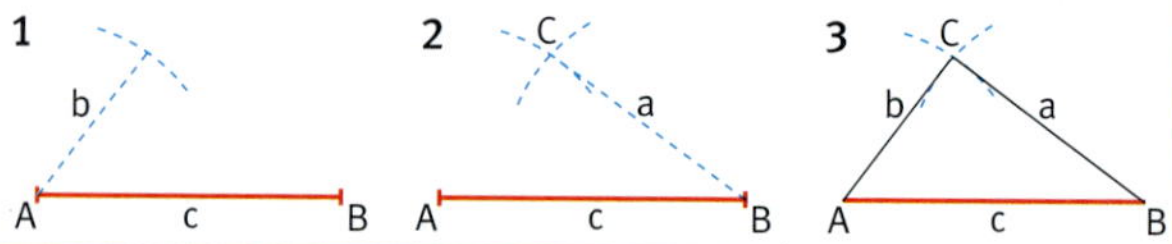

Aufgaben zur Differenzierung

Basis-Aufgaben

1 Welche Dreiecksarten erkennst du?

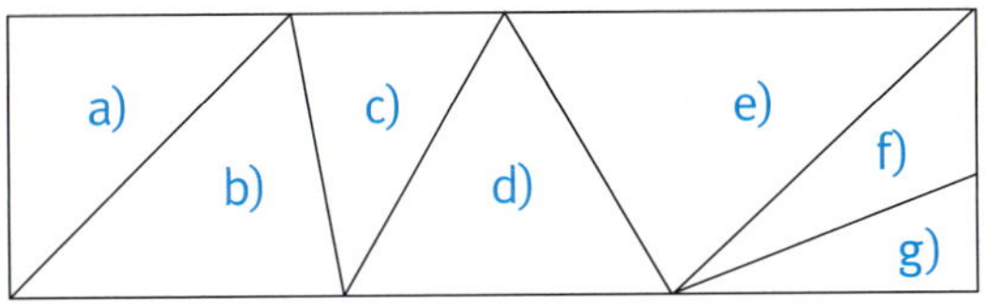

2 Berechne die fehlenden Winkelmaße in den Dreiecken.

a)

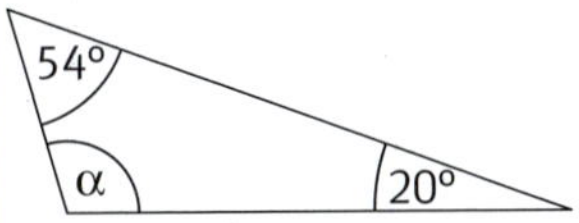

b)

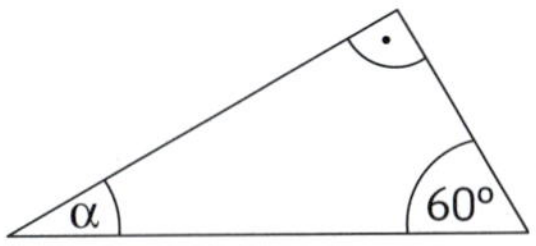

3 Stimmen die folgenden Aussagen? Begründe. Du kannst auch zeichnen.

a) Die Höhe verläuft senkrecht von einem Eckpunkt auf die gegenüberliegende Seite.
b) Die Mittelsenkrechte verläuft von der Mitte einer Seite zur gegenüberliegenden Ecke.

4 Konstruiere nach den Planfiguren.

a)

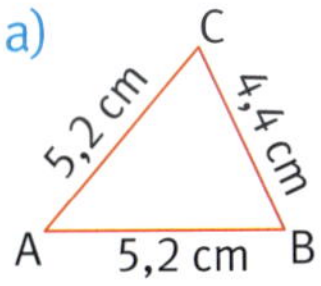

b)

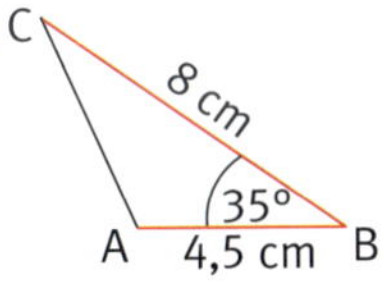

c)

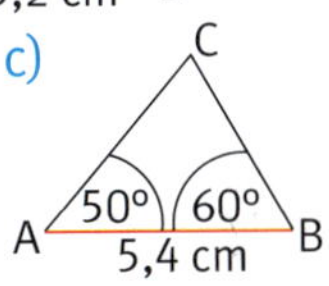

d)

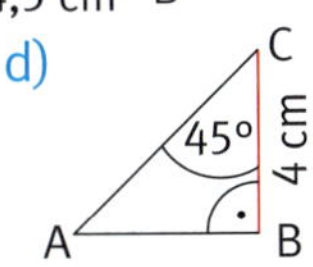

5 Bestimme die fehlenden Größen. Konstruiere dazu im passenden Maßstab.

a)

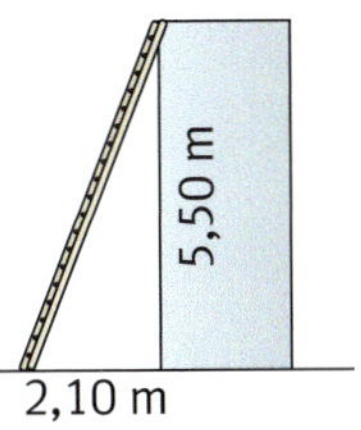

Länge der Leiter

b)

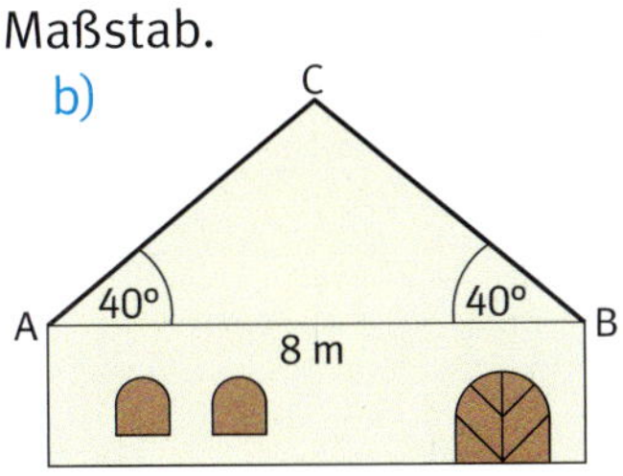

Länge der Dachsparren

Vertiefende Aufgaben

1 Zeichne die Figur. Verwende für gleiche Dreiecksarten dieselbe Farbe.
Bestimme die Dreiecksarten.

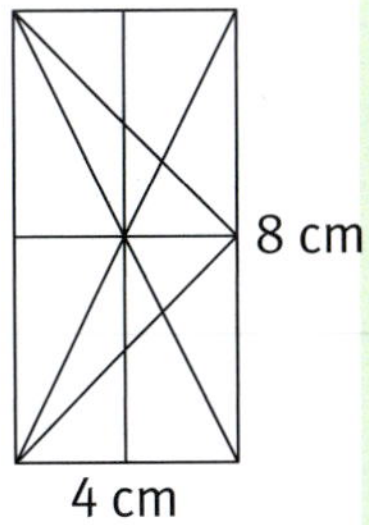

2

a)

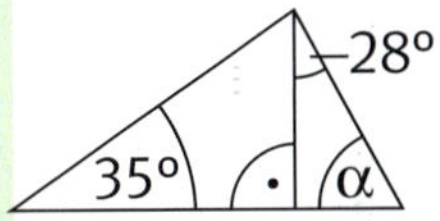

b)

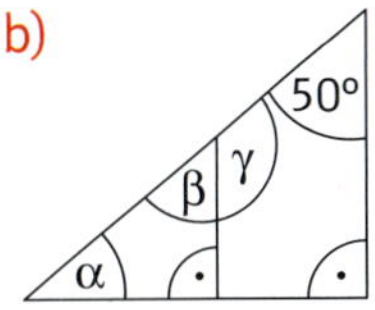

3

a) In einem Dreieck schneiden sich die Höhen in einem Punkt.
b) In einem gleichschenkligen Dreieck stimmen Höhe und Mittelsenkrechte immer überein.

4 Konstruiere die Dreiecke. Gib jeweils die fehlende Winkelgröße an.

a)	a = 4,5 cm	b = 6 cm	c = 8 cm	α = ■
b)	a = 7 cm	b = 8 cm	c = 8,5 cm	β = ■
c)	b = 7,5 cm	α = 55°	c = 8,4 cm	γ = ■
d)	α = 45°	c = 5 cm	β = 45°	γ = ■
e)	β = 100°	a = 6,5 cm	γ = 30°	α = ■

5 Im Unterricht sollen Nistkästen für Vögel mit einem gleichschenkligen Dreieck als Vorderseite gebaut werden. Konstruiere.

a) Die Länge der Schenkel soll 24 cm und die der Basis 14 cm betragen.
b) Ein zweiter Plan gibt nur die Basiswinkel 70° an. Wie viele Lösungen gibt es hier?

1 Zeichne die Dreiecke (Einheit cm) und benenne die Dreiecksarten.
a) A (1|1) B (7|1) C (4|4)
b) A (0|2) B (6|2) C (6|6)

2 In einem Dreieck sind alle Winkel gleich groß. Gib das Maß jedes Winkels an. Zeichne ein solches Dreieck und benenne es.

3 Zeichne ein Quadrat (a = 5 cm). Verbinde gegenüberliegende Ecken. Bestimme alle Winkel. Welche Dreiecksart entsteht?

4 Welcher Dieb ist der Täter?

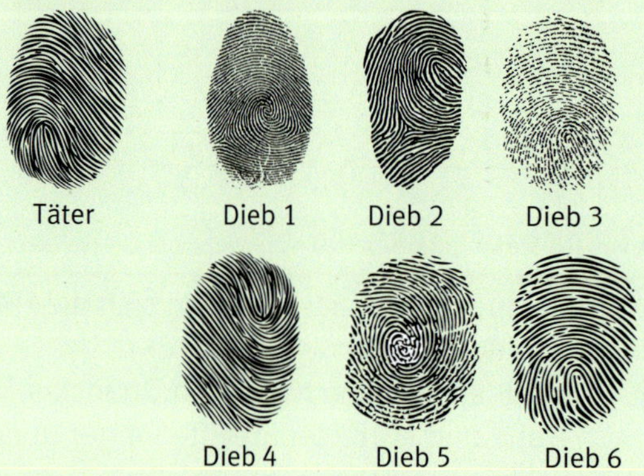

5 Welche Dreiecke sind zueinander kongruent?

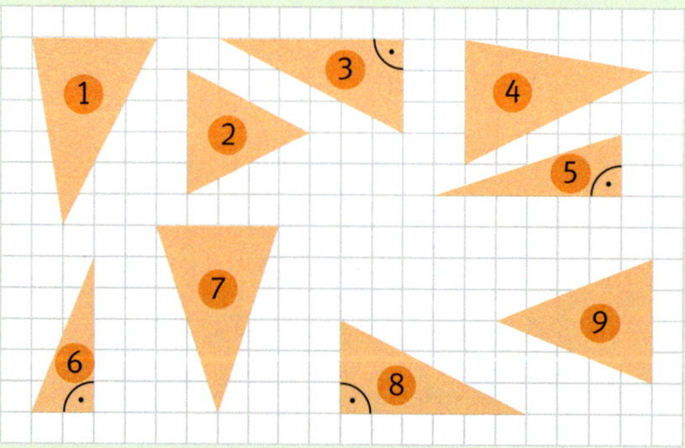

6 Skizziere die Dreiecke. Benenne Ecken, Seiten und Winkel vollständig.

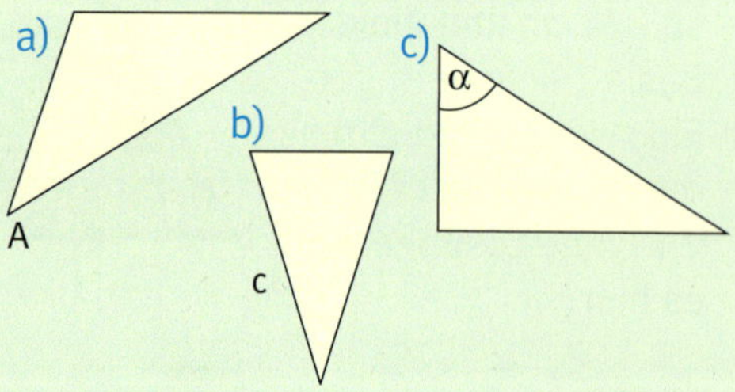

7 Berechne die Größe des fehlenden Winkels in den Dreiecken.

	a)	b)	c)	d)
α	45°	60°	■	109°
β	60°	60°	90°	■
γ	■	■	15°	37°

8 Berechne die Größe der fehlenden Winkel in den Dreiecken.

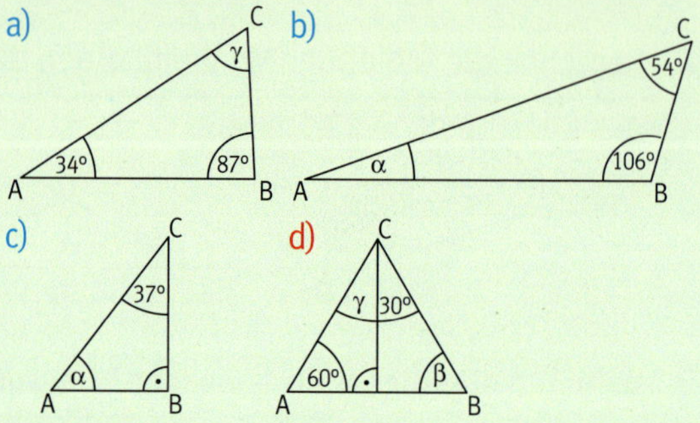

9

	P	A	B
1	(1|4)	(2|1)	(5|4)
2	(4|6)	(5|1,5)	(9|5,5)
3	(8|7)	(8,5|1,5)	(13|6)

a) Zeichne eine Gerade durch die Punkte A und B (Einheit cm) und dann die Senkrechte zur Strecke [AB] durch den Punkt P. Überprüfe: Die Senkrechten verlaufen in der Verlängerung durch die Punkte (5|0), (10|0) und (15|0).
b) Verbinde die Punkte A, B und P zu einem Dreieck. Wie nennt man die Senkrechte?

10 Die Planfigur ist vorgegeben (Einheit cm). Konstruiere die Dreiecke.

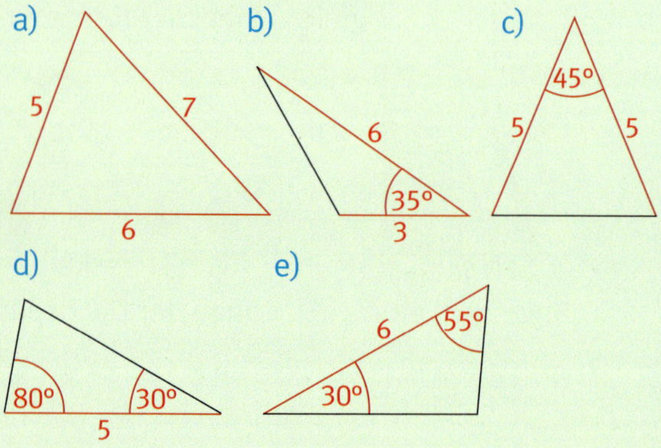

11 Hier sind zwei Konstruktionsbeschreibungen durcheinander geraten.

a) Ordne und schreibe in der richtigen Reihenfolge ab.

1. Zeichne die Seite c mit den Eckpunkten A und B.
2. Trage bei A den Winkel α an.
3. Miss die Länge des Schenkels bei B ab und beschrifte den Punkt mit C.
4. Trage bei B den Winkel β an.
5. Der Schnittpunkt der beiden freien Schenkel von α und β ergibt C.
6. Zeichne die Seite c mit den Eckpunkten A und B.
7. Trage bei B den Winkel β an.
8. Verbinde die Punkte A und C.

b) Benenne den jeweiligen Kongruenzsatz.

12 Bestimme mit einer Konstruktion. Wähle einen geeigneten Maßstab.

a) 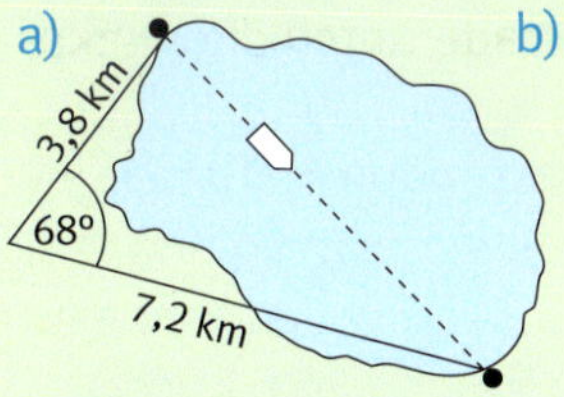

Länge der Fährverbindung

b) 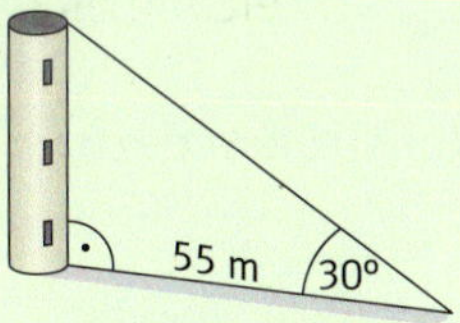

Höhe des Turms

c) Wie lange dauert die Fahrt des Schiffs aus a), wenn es mit einer Geschwindigkeit von etwa 11 $\frac{km}{h}$ fährt?

13 a) Zeichne drei gleichschenklige Dreiecke.

Dreieck	1	2	3
Basis	4 cm	6,2 cm	7,5 cm
Schenkel	5 cm	4,8 cm	5,2 cm

b) Zeichne drei gleichseitige Dreiecke.

Dreieck	1	2	3
Seitenlänge	4,5 cm	5,6 cm	7,4 cm

14 Die folgenden Winkel sind jeweils gegeben. Bestimme die restlichen vier Winkel.

a) $\beta = 35{,}5°$, $\gamma = 70{,}3°$ b) $\alpha = 40°$, $\beta^* = 100°$ c) $\alpha^* = 90°$, $\gamma^* = 120°$

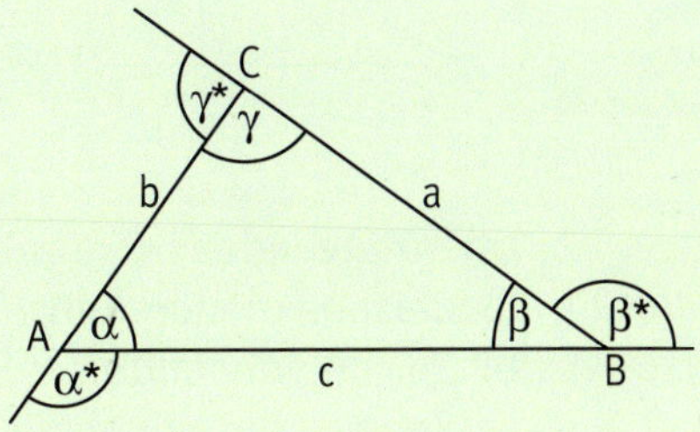

15 In dieser Konstruktionsbeschreibung ist ein Fehler. Korrigiere und benenne den Kongruenzsatz.

(1) Zeichne die Seite c mit den Eckpunkten A und B.
(2) Zeichne einen Kreis um A mit dem Radius a.
(3) Zeichne einen Kreis um B mit dem Radius b.
(4) Die Kreise schneiden sich in C. Verbinde die Punkte A und C bzw. B und C zum Dreieck ABC.

16 Erstelle eine Planfigur. Konstruiere das Dreieck und fertige eine Konstruktionsbeschreibung an.
Benenne den Kongruenzsatz.

a) $a = 4{,}5$ cm $c = 5{,}5$ cm $\beta = 48°$
b) $a = 6{,}3$ cm $b = 7{,}0$ cm $c = 5{,}5$ cm
c) $c = 8{,}2$ cm $\alpha = 110°$ $\beta = 30°$

17 Eine 5 m lange Leiter soll an eine senkrechte Wand gelehnt werden. Würdest du die Leiter so anstellen, dass sie mit dem Boden einen Winkel von 30°, von 50°, von 70° oder von 85° einschließt?

18 Welche Aussage stimmt?

a) Ein gleichschenkliges Dreieck ist auch ein gleichseitiges Dreieck.
b) Ein gleichseitiges Dreieck ist auch ein gleichschenkliges Dreieck.

1 Bestimme die Dreiecksart.

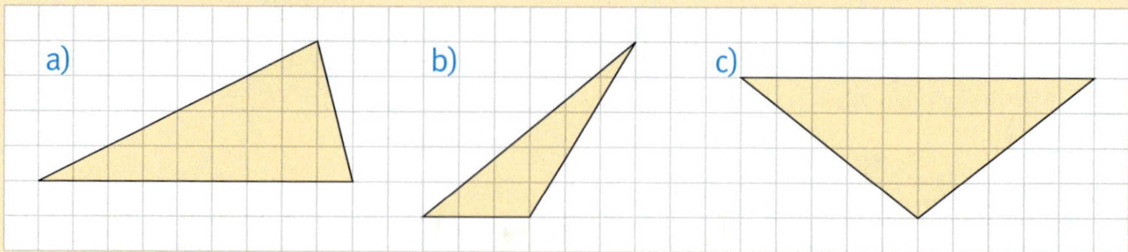

2 Übertrage jedes Dreieck aus Aufgabe 1 dreimal.
a) Zeichne die Seitenhalbierenden ein.
b) Zeichne die Mittelsenkrechten ein.
c) Zeichne die Höhen ein.

3 Die Punkte A (0 | 4) und B (3 | 3) sind zwei Eckpunkte eines Dreiecks. Ergänze den Punkt C so, dass ein rechtwinkliges Dreieck entsteht. Findest du mehrere Möglichkeiten?

4 Bei welchen Dreiecken wurden die Winkel falsch gemessen? Begründe.

	a)	b)	c)	d)
α	65°	36°	90°	62°
β	65°	102°	90°	57°
γ	65°	42°	10°	63°

5 Konstruiere die Dreiecke. Zeichne zuerst eine Planfigur.
a) $a = 3$ cm $b = 4$ cm $c = 5$ cm
b) $a = 5$ cm $c = 6{,}4$ cm $\beta = 50°$
c) $b = 4$ cm $\alpha = 80°$ $\gamma = 40°$
d) $b = 3{,}5$ cm $c = 3$ cm $\alpha = 55°$

6 Bestimme die gesuchten Größen. Konstruiere dazu im passenden Maßstab.

a)
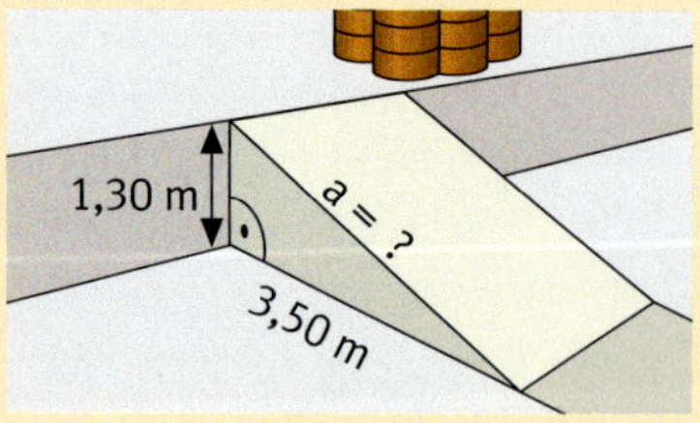

b)
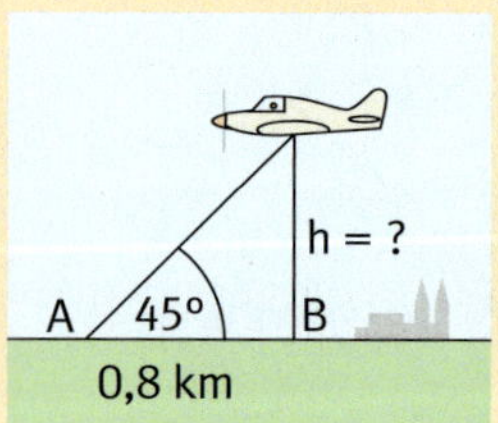

c)
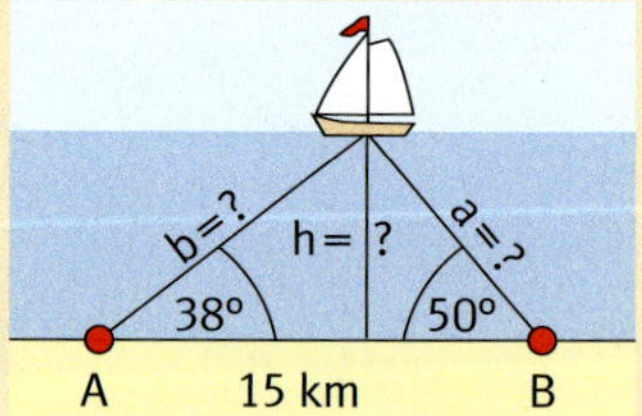

7 Eine 3 m lange Leiter berührt die Hauswand in 2,50 m Höhe. Wie weit steht der Fußpunkt der Leiter von der Wand entfernt, wenn $\beta = 56°$ beträgt? Löse mithilfe einer Konstruktion. Erstelle eine Planfigur.

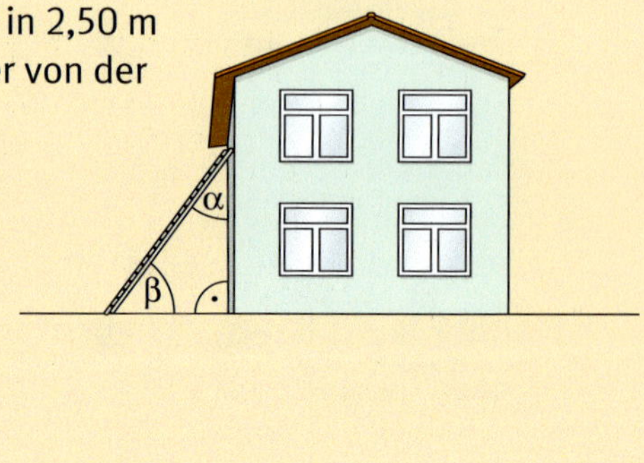

Rationale Zahlen

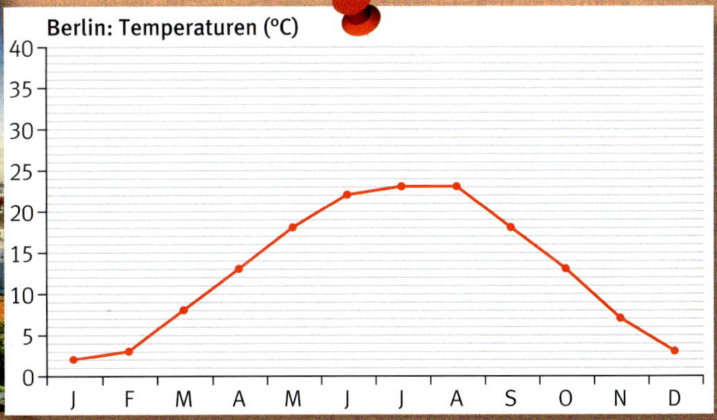

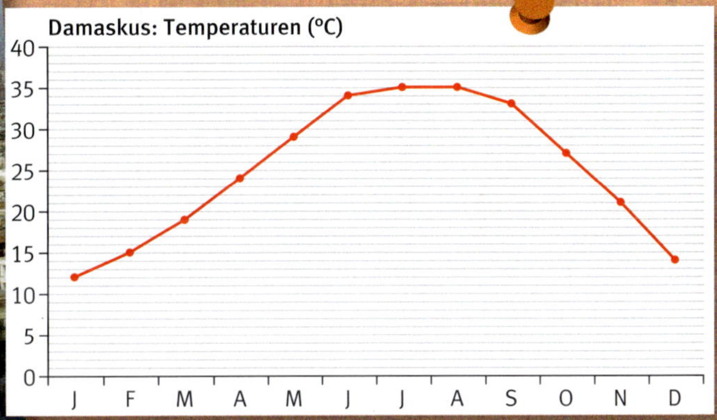

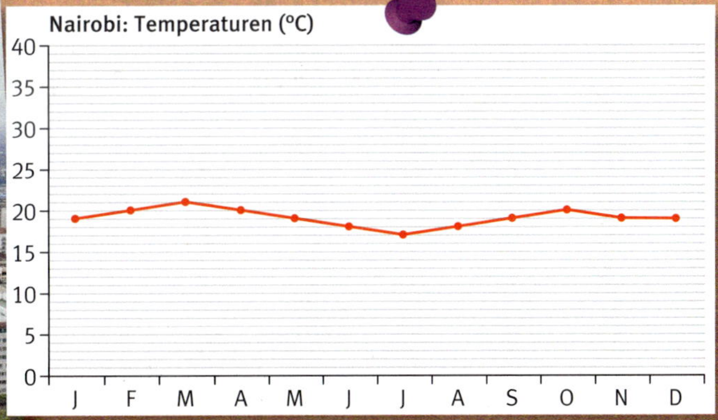

In den Jahrestemperaturkurven sind die monatlichen Maximaltemperaturen der drei Städte Berlin, Damaskus und Nairobi dargestellt.

- Lies die Temperaturen der drei Städte im Januar und Juli ab.
- Wie groß ist der Temperaturunterschied in Berlin, Damaskus und Nairobi zwischen den Monaten Januar und Juli?
- In welchem Monat ist der Temperaturunterschied zwischen Berlin und Damaskus bzw. Berlin und Nairobi am größten?
- An einem Herbsttag betrug der Unterschied zwischen Damaskus und Nairobi 8° C. Welche Temperaturen könnten an beiden Orten gemessen worden sein?

Die Ordnung der Zahlen

Zahlen auf dem Zahlenstrahl erkennen

1 Lies die Zahlen vom Zahlenstrahl ab und notiere sie.

a)
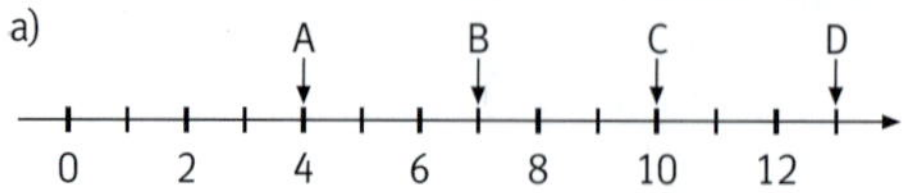

b)
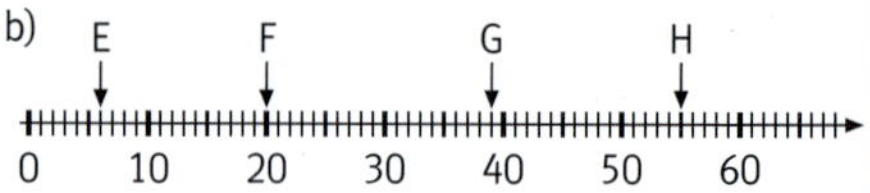

2 Zeichne einen geeigneten Zahlenstrahl und trage die Zahlen ein.
2   8,5   5,5   7   4   10   1,5   3,5

Zahlen ordnen und vergleichen

3 Ordne die Zahlen der Größe nach.
a) Beginne mit der kleinsten Zahl: 2   8,5   5,5   3,5   7   0,2   4   10   1,5
b) Beginne mit der größten Zahl: 3   27   8,5   0,9   5   25   0   54   2,4

4 Vergleiche und setze die Zeichen >, = oder <.
a) 23 ■ 13   b) 0,2 ■ 0,02   c) 1,5 ■ 2
d) $\frac{1}{4}$ ■ 0,4   e) $\frac{1}{5}$ ■ $\frac{1}{6}$ f) $\frac{3}{4}$ ■ 0,75

Auf dem Zahlenstrahl findet man jede Zahl. Von zwei Zahlen ist diejenige größer, die auf dem Zahlenstrahl weiter rechts liegt.

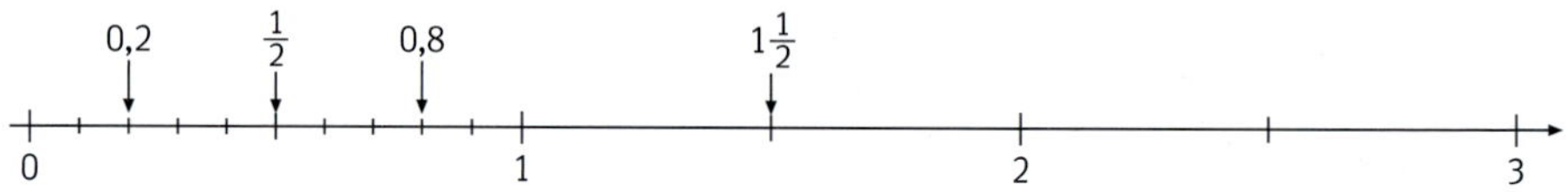

5 > 3 $\frac{1}{3} > \frac{1}{4}$ $0,8 > \frac{1}{2}$

Das Koordinatensystem

Wertepaare im Koordinatensystem bestimmen

5 Übertrage die Tabellen, lies fehlende Werte ab und vervollständige.

x	1	2	3
y	■	■	■

x	■	■	■
y	1,6	2	2,4

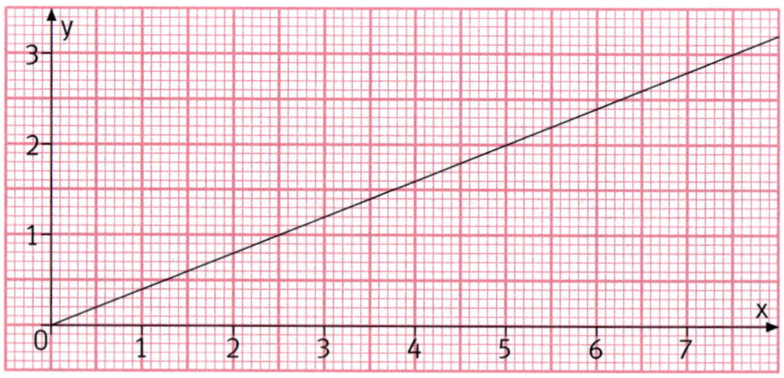

Die Lage von jedem Punkt kann man mit zwei Koordinaten beschreiben.

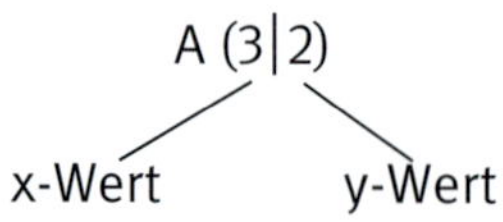

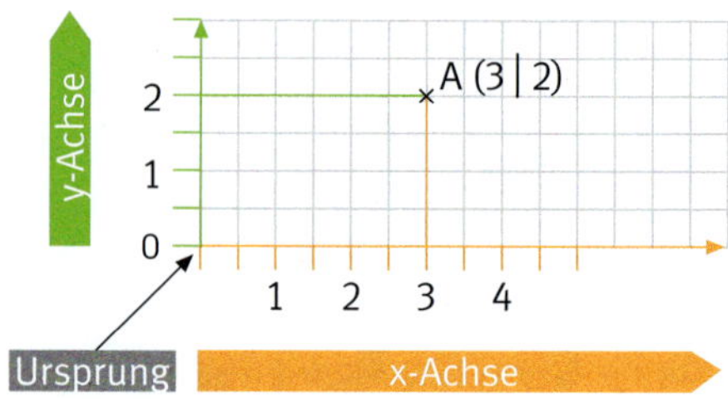

Beachte: erst kommt der x-Wert, dann der y-Wert.

Rechenregeln und Rechengesetze

6 Berechne ohne Taschenrechner.

Rechenregeln beachten

a) $6 + 11 \cdot 5$ b) $18 \cdot 4 - 9$ c) $48 : 12 - 2$ d) $12 : 3 + 4 \cdot 6$
e) $29 - (4 + 17)$ f) $(4 + 9) \cdot 6$ g) $36 : (17 - 11)$ h) $(15 - 7) \cdot (1 + 8)$

7 Rechne geschickt ohne Taschenrechner.

a) $37 + 56 + 13 + 44$ b) $199 + 72 + 201 + 8$
c) $5 \cdot 9 \cdot 20$ d) $3 \cdot 4 \cdot 9 \cdot 25$

Multiplikation $\odot$ und Division $\oslash$ vor Addition $\oplus$ und Subtraktion $\ominus$
Punktrechnung vor Strichrechnung

$$30 - \underbrace{6 \cdot 4}_{} \qquad 30 - 24 = 6$$

$$\underbrace{24 : 2}_{} + \underbrace{35 : 7}_{} \qquad 12 + 5 = 17$$

Klammern werden zuerst berechnet, danach gilt Punkt- vor Strichrechnung.

$$7 \cdot \underbrace{(20 - 11)}_{} \qquad 7 \cdot 9 = 63$$

$$\underbrace{(105 - 17)}_{} : \underbrace{(31 - 20)}_{} \qquad 88 : 11 = 8$$

Das Vertauschungsgesetz (Kommutativgesetz): Summanden oder Faktoren dürfen vertauscht werden, ohne dass sich der Wert im Ergebnis verändert.

$229 + 117 + 11 = 229 + 11 + 117 = 240 + 117 = 357$
$4 \cdot 7 \cdot 25 = 4 \cdot 25 \cdot 7 = 100 \cdot 7 = 700$

Grundrechenarten mit Bruchzahlen

8 Berechne.

Bruchzahlen addieren und subtrahieren

a) $\frac{5}{8} - \frac{3}{8}$ b) $\frac{1}{2} + \frac{1}{4}$ c) $\frac{3}{4} - \frac{1}{6}$ d) $\frac{1}{3} + \frac{2}{5}$ e) $\frac{5}{6} + \frac{7}{8}$

Bei ungleichem Nenner muss man die Bruchzahlen durch Erweitern zuerst auf einen gemeinsamen Nenner bringen. Dann addiert oder subtrahiert man nur den Zähler. Den Nenner behält man bei.

$\frac{5}{8} + \frac{1}{2} = \frac{5}{8} + \frac{1 \cdot 4}{2 \cdot 4} = \frac{5}{8} + \frac{4}{8} = \frac{9}{8} = 1\frac{1}{8}$

9 Berechne.

Bruchzahlen multiplizieren

a) $\frac{3}{4} \cdot \frac{1}{2}$ b) $\frac{2}{7} \cdot \frac{2}{3}$ c) $\frac{7}{8} \cdot \frac{5}{6}$ d) $\frac{1}{5} \cdot \frac{5}{11}$ e) $\frac{4}{5} \cdot \frac{5}{4}$

Bruchzahlen werden multipliziert, indem man Zähler mal Zähler und Nenner mal Nenner rechnet.

$\frac{3}{7} \cdot \frac{4}{5} = \frac{3 \cdot 4}{7 \cdot 5} = \frac{12}{35}$

Ganze Zahlen ordnen und vergleichen – Temperaturen

1 a) Lies die Temperaturen an den Thermometern ab.
b) Welche Temperaturen herrschen im Sommer und welche im Allgemeinen im Winter vor?
c) Bei welcher Temperatur kocht bzw. gefriert Wasser?
d) Wie hoch sind die Temperaturen in einem Kühl- oder Gefrierschrank?

2 Recherchiere: Was waren die höchsten und niedrigsten Temperaturen in deinem Heimatort in den letzten fünf Jahren?

+17° *–5° C*
Vorzeichen

3 Lies auf dem Thermometer die jeweiligen Temperaturen ab und ordne sie anschließend. Beginne mit der kältesten Temperatur.

a) b) c) d) e) f) g)

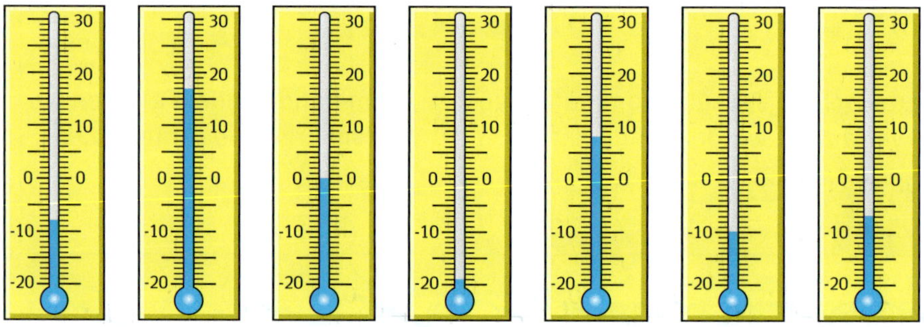

4 a) Nenne fünf Temperaturen, die kälter als +1 °C sind.
b) Nenne fünf Temperaturen, die wärmer als –10 °C sind.
c) Nenne drei mögliche Temperaturen zwischen –5 °C und +5 °C.

5 a) Ordne die Temperaturen. Beginne mit dem wärmsten Wert.
–7 °C 6 °C 13 °C –12 °C 24 °C –2 °C – 9 °C 2 °C 18 °C 0 °C –4 °C
b) Ergänze: „… ist kälter als …“ oder „… ist wärmer als …“
❶ –1 °C ■ 6 °C ❷ 12 °C ■ 9 °C
❸ –4 °C ■ –5 °C ❹ 3 °C ■ 0 °C

Natürliche Zahlen:
1, 2, 3, …
Ganze Zahlen:
… –2, –1, 0, 1, 2, …

6 a) Lies auf der Temperaturskala die gekennzeichneten Temperaturen ab.

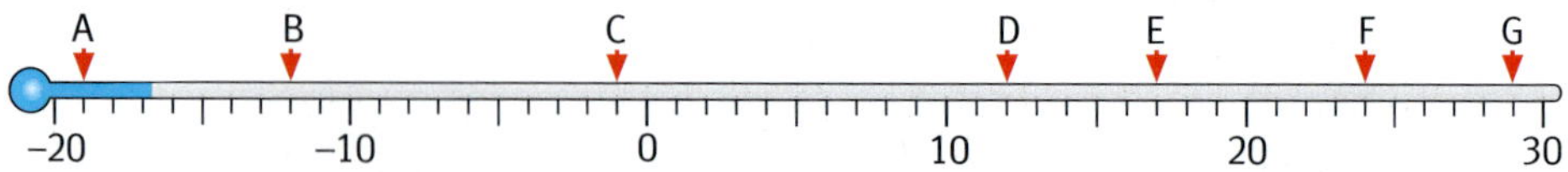

b) Zeichne eine Temperaturskala und markiere folgende Temperaturen.

–5 °C	+13 °C	–11 °C	+8 °C	0 °C	–10 °C	+2 °C	–1 °C

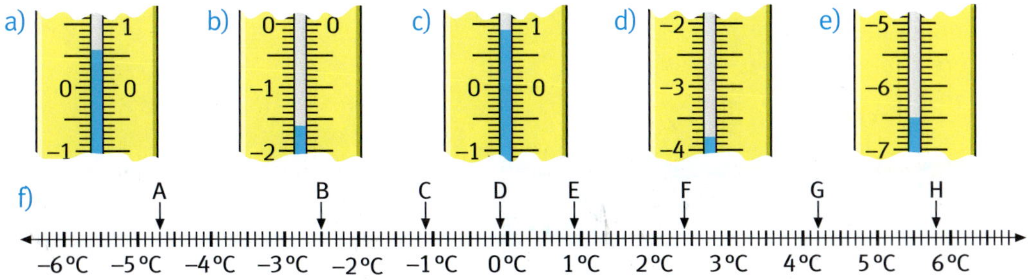

1 Lies die Temperaturen aus den grafischen Darstellungen ab.

rationale Zahlen

Zur Menge der rationalen Zahlen gehören die ganzen Zahlen, Bruchzahlen und Dezimalzahlen.

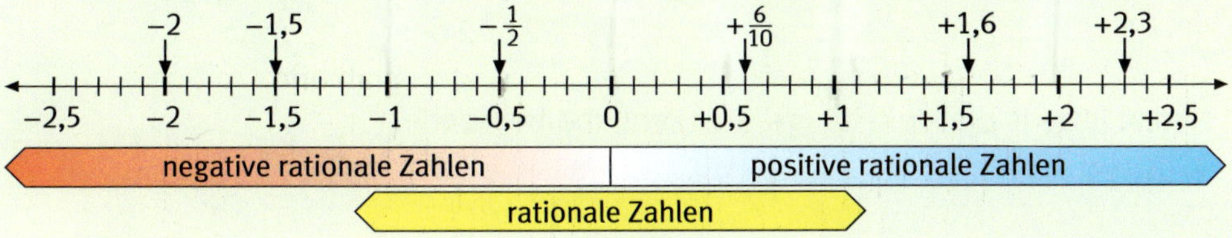

2 a) Welche Zahlen an der Zahlengeraden kennzeichnen die Buchstaben A bis H?

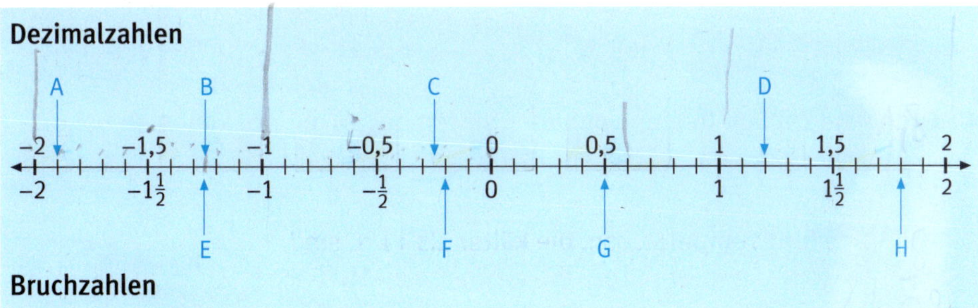

b) Zeichne eine geeignete Zahlengerade und trage folgende Zahlen ein:

A: −2,4	B: 1,7	C: $-\frac{1}{2}$	D: −5,9	E: 0,3	F: −1,9	G: −3,5	H: $1\frac{3}{4}$

3 Bestimme die ganzzahligen Vorgänger und Nachfolger. Zeige an der Zahlengeraden.
a) 7 b) −3 c) 0 d) −5,1 e) 4,6 f) $-5\frac{1}{2}$ g) $-\frac{7}{3}$

4 Nenne je drei Zahlen zwischen
a) −2 und 2. b) −4 und 0. c) −2 und 5.
d) −6 und −2. e) 0 und 1. f) −4 und −5.
g) −0,5 und 0,5. h) $\frac{1}{4}$ und $\frac{3}{4}$. i) −0,8 und $-\frac{1}{4}$.

5 Gib die Zahl an, die in der Mitte liegt von
a) 2 und 6 b) −5 und 3 c) −6 und −1
d) −2 und 2 e) $\frac{1}{4}$ und $\frac{3}{4}$ f) −1,6 und −2,4

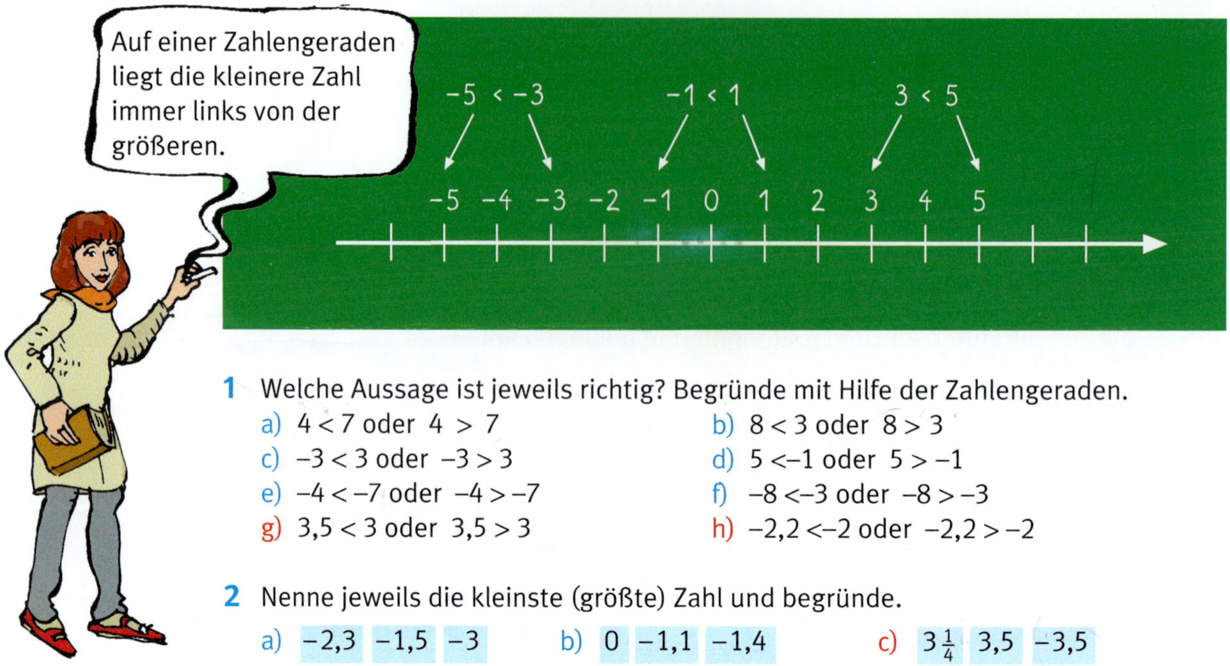

1 Welche Aussage ist jeweils richtig? Begründe mit Hilfe der Zahlengeraden.

a) $4 < 7$ oder $4 > 7$
b) $8 < 3$ oder $8 > 3$
c) $-3 < 3$ oder $-3 > 3$
d) $5 < -1$ oder $5 > -1$
e) $-4 < -7$ oder $-4 > -7$
f) $-8 < -3$ oder $-8 > -3$
g) $3{,}5 < 3$ oder $3{,}5 > 3$
h) $-2{,}2 < -2$ oder $-2{,}2 > -2$

2 Nenne jeweils die kleinste (größte) Zahl und begründe.

a) −2,3 −1,5 −3
b) 0 −1,1 −1,4
c) $3\frac{1}{4}$ 3,5 −3,5

3 Vergleiche und setze die Zeichen > oder <.

a) 14 ■ 5; −8 ■ 12; −7 ■ −11
b) 22 ■ 36; 44 ■ −53; −65 ■ −75
c) 4,5 ■ 5,5; −2,8 ■ 2,8; −6,5 ■ −6
d) $\frac{1}{4}$ ■ 0,2; −1,5 ■ $\frac{1}{2}$; $-\frac{3}{4}$ ■ $-\frac{1}{4}$

4 Ordne die Zahlen. Beginne mit der größten bei a), mit der kleinsten bei b).

a)

−3	I	−20	N	0	Z	7	V	−14	H	5	O	−9	C	−18	E	4	R	−2	E

b)

50	T	−1	G	−15	U	5	M	0	E	−30	G	30	H	8	A	−6	T	15	C

5 Ordne die Zahlen der Größe nach. Beginne mit der kleinsten.

a) 2; −4; 0 −7; 5; 9; −11
b) −22; 18; −29; 13; 7; −19; −8
c) 2,5; −1,8; −3,2; 4,1; −2,9
d) $\frac{3}{10}$; $-\frac{1}{10}$; 0,1; −0,3; 1; −1

6 Ordne die Zahlen der Größe nach. Beginne mit der größten.

a) 6; −5; 0; −1; 3; 12; −8
b) −15; 23 ; −19; 19; 14; −11; −8
c) 1,5; −1,1; −2,2; 3,1; −1,9
d) $\frac{7}{10}$; $-\frac{3}{10}$; 0,4; −0,5; 1; −1

7 Finde jeweils vier Zahlen, die

a) kleiner als 2 sind.
b) größer als −9 sind.
c) zwischen −3 und 6 liegen.
d) zwischen −0,8 und 0 liegen.
e) zwischen $-2\frac{1}{4}$ und 2,5 liegen.
f) zwischen $-\frac{4}{5}$ und $-\frac{1}{5}$ liegen.

8 Was ist richtig? Begründe.

a) $-\frac{2}{8} < -\frac{5}{8}$ oder $-\frac{2}{8} > -\frac{5}{8}$
b) $-\frac{2}{8} < \frac{5}{8}$ oder $-\frac{2}{8} > \frac{5}{8}$
c) $\frac{2}{8} < -\frac{5}{8}$ oder $\frac{2}{8} > -\frac{5}{8}$

1 Überlege und begründe. Welcher Schüler hat Recht?
Erkläre die unterschiedlichen Ergebnisse.

Betrag einer Zahl (Abstand vom Nullpunkt)

Den Abstand einer Zahl vom Nullpunkt nennt man den Betrag der Zahl.

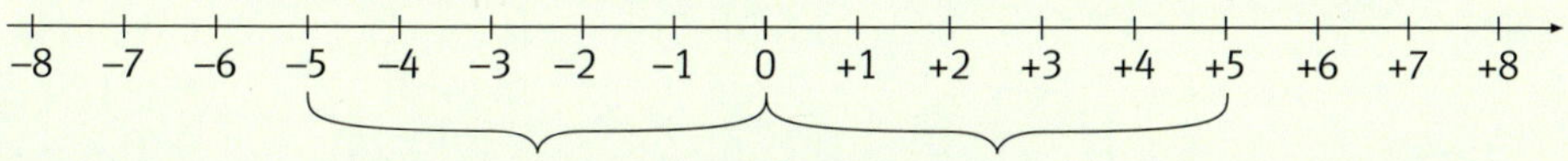

Betrag: $|-5| = |+5| = 5$

Die Zahlen +5 und –5 nennt man Gegenzahlen. Gegenzahlen haben den gleichen Abstand von der Null, sie haben den gleichen Betrag.

2 Nenne zwei Zahlen mit dem Betrag 8 (14; 0,5). Bestimme ihren Abstand.

3 Gib jeweils die Gegenzahl und den Betrag beider Zahlen an.
a) +3 b) –7 c) +4,8 d) –6,5 e) 1,2 f) $\frac{1}{2}$

TRIMM-DICH-ZWISCHENRUNDE

1 Lies die Zahlen von der Zahlengeraden ab.

a)
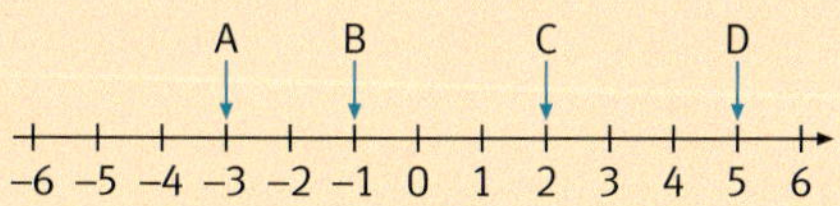

b)
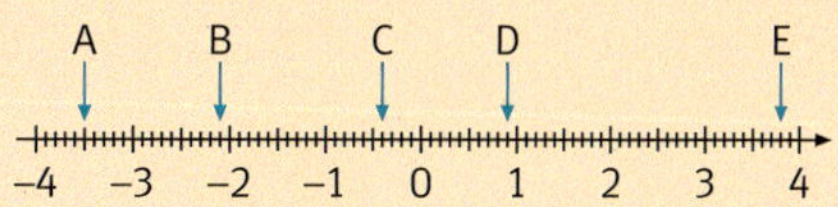

2 Vergleiche und setze die Zeichen > oder <.
a) –3 ■ 3 b) 7 ■ –12 c) –5 ■ –1 d) –2,5 ■ –3 e) $\frac{1}{2}$ ■ –0,5

3 Gib den Betrag der Zahlen an.
a) +13 b) –9 c) –6,8 d) +5,9

4 Bestimme den Abstand der beiden Zahlen voneinander.
a) –6 und 9 b) 8 und –12 c) –8 und 8 d) –15 und 0 e) –3,5 und 3,5

Das Koordinatensystem erweitern

Erweitertes Koordinatensystem

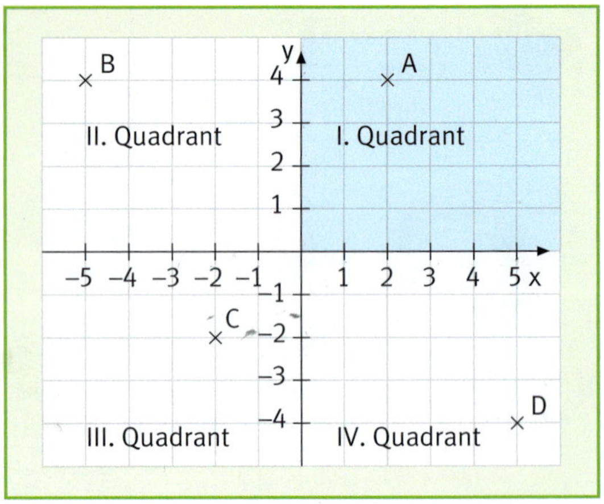

1 Unsere bisherige Arbeit im Koordinatensystem fand im I. Quadranten statt. Das vollständige Koordinatensystem besteht aus vier Quadranten. Versuche es zu beschreiben.

2 Bestimme die Koordinaten A bis D im Merkkasten. Denke daran: zunächst den x-Wert, denn den y-Wert ablesen.

3 In welchem Quadranten liegen folgende Punkte?

E (2|1)	F (−3|6)	G (−5|−5)	H (4|−1)	I (−2|−1)
J (−2|1)	K (−3|−6)	L (−4|5)	M (4|3)	N (−1,5|−2)
O (−3|−4,5)	P (3|−2,7)	Q (1,6|−2)	R (2|0,25)	S (0,7|−3,1)

4 a) Bestimme die Koordinaten der Punkte A bis L.
b) Übertrage die Tabelle ins Heft und ergänze.

	Vorzeichen des x-Wertes	Vorzeichen des y-Wertes
I. Quadrant	■	■
II. Quadrant	■	■
III. Quadrant	■	■
IV. Quadrant	■	

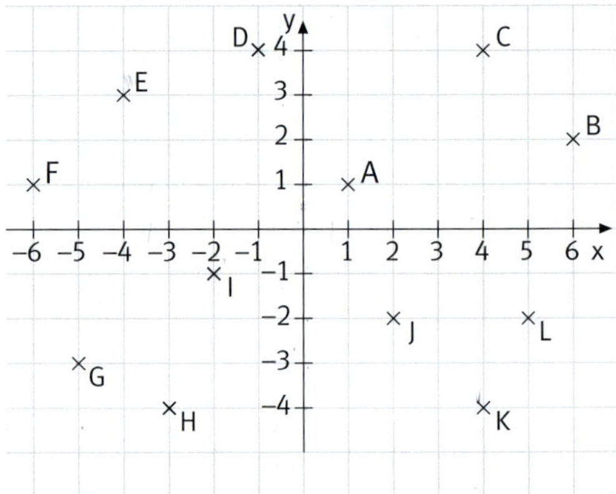

5 Bestimme ohne Zeichnung, in welchen Quadranten die Punkte liegen.

S (−4|6) T (−3|−7) U (5|−3) V (4|5) W (2|−4) X (0,5|−3,5) Y (0|0)

6 Übertrage die Punkte in ein Koordinatensystem und verbinde zu einem Viereck. Welche Figur entsteht?

a)	A (2|2)	B (−3|2)	C (−3|−3)	D (2|−3)
b)	A (3|3)	B (−2|3)	C (−2|−3,5)	D (3|−3,5)
c)	A (4|1,5)	B (−2|3,5)	C (−4,5|−1)	D (1,5|−3)

7 Zeichne das Dreieck ABC mit A (6,5|1), B (4,5|6) und C (1,5|6).
Spiegle das Dreieck ABC ...
a) an der x-Achse und bestimme die Koordinaten der Bildpunkte A', B' und C'.
b) an der y-Achse und bestimme die Koordinaten der Bildpunkte A'', B'' und C''.
c) an der Geraden, die durch S (−2,5|2,5) und T (2,5|−2,5) verläuft, und bestimme die Koordinaten der Bildpunkte A''', B''' und C'''.

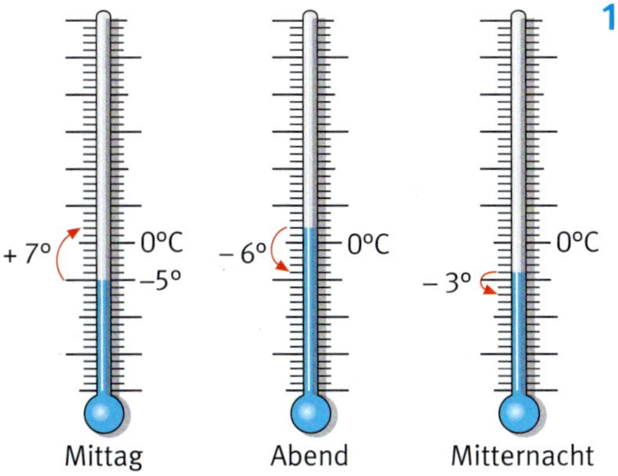

1 a) Florian liest am Morgen die Außentemperatur von –5 °C am Thermometer ab. Bis 12 Uhr steigt die Temperatur um 7 °C an. Bestimme die Mittagstemperatur.

b) Bis zum Abend sinkt die Temperatur um 6 °C. Wie hoch ist die Temperatur?

c) Die Temperatur fällt bis Mitternacht nochmals um 3 °C. Wie kalt ist es jetzt?

Anfangstemperatur	Temperatur **steigt** um 7 °C	Endtemperatur
– 5 °C	+ 7 °C	+ 2 °C
↑	↑	↑
Vorzeichen	**Rechenzeichen**	**Vorzeichen**
↓	↓	↓
+ 2 °C	– 6 °C	– 4 °C
Anfangstemperatur	Temperatur **fällt** um 6 °C	Endtemperatur

Unterscheide: Vorzeichen und Rechenzeichen

2 Katharina und Marek fahren mit dem Fahrstuhl. Übertrage die Tabellen und ergänze die fehlenden Angaben.

Einstieg (Stockwerk)	Fahrt	Ankunft (Stockwerk)
+5	–7	■
–5	+15	■
+4	+5	■
+1	–7	■
–3	+8	■
–1	–2	■

Einstieg (Stockwerk)	Fahrt	Ankunft (Stockwerk)
+6	■	+1
■	–5	+6
–2	■	+8
■	–7	–2
–3	■	+8
–1	■	–2

3 An der Zahlengeraden werden Veränderungen mit einem Pfeil dargestellt. Schreibe zu jeder Zahlengerade einen Rechenplan.

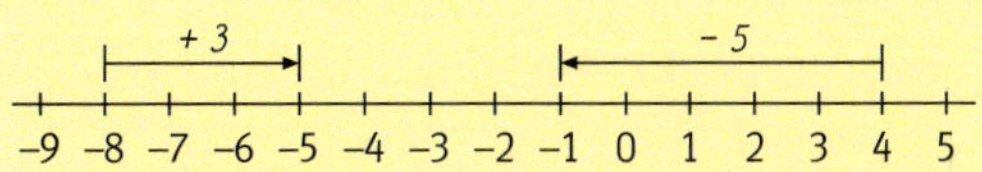

$-8 + 3 = -5$ $\qquad$ $4 - 5 = -1$

a)
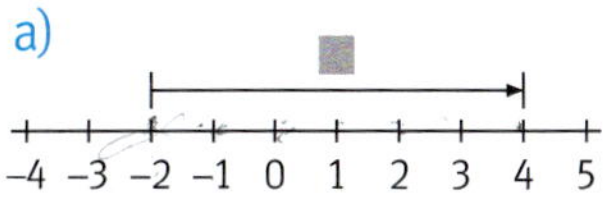

b)
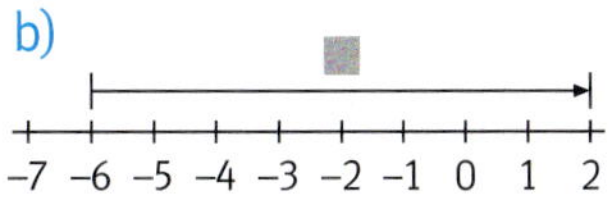

c)
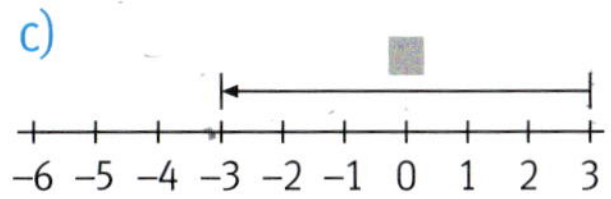

d)
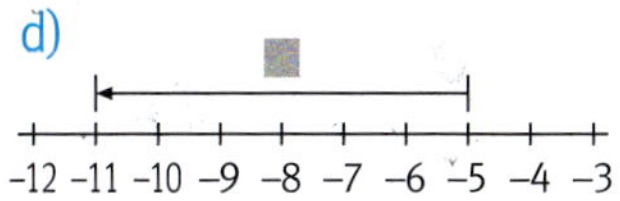

e)
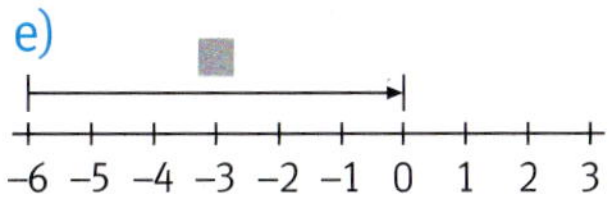

f)
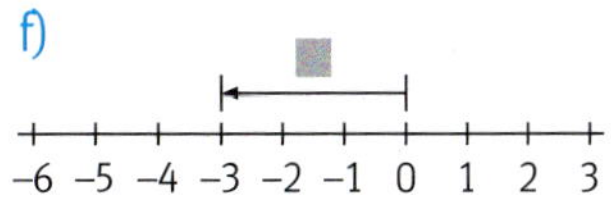

Forscht gemeinsam zu einem Thema in Gruppen. Einige Dinge müsst ihr in Nachschlagewerken oder im Internet recherchieren. Gestaltet ein Plakat und bereitet einen Vortrag für eure Klasse vor.

Ganz schön alt

1 Informiert euch über die Bauwerke auf den Bildern.

2 In welcher Reihenfolge sind die Bauwerke entstanden?
Fertigt eine Liste an, beginnt dabei mit dem ältesten Bauwerk.

ab 770 v. Chr	Chinesische Mauer
ab 70 n. Chr.	Kolosseum in Rom
ab 2620 v. Chr.	Pyramiden von Gizeh
ab 3100 v. Chr.	Steinkreisanlage von Stonehenge
1791 n. Chr.	Brandenburger Tor

3 a) Wie viele Jahre liegen zwischen dem Bau der Pyramiden von Gizeh und dem Bau des Brandenburger Tors?
b) Wie viele Jahre liegen zwischen dem Bau des Kolosseum und dem Bau des Brandenburger Tors?

4 Informiert euch über die sieben Weltwunder der Antike. Formuliert ähnliche Aufgaben und löst sie.

Meerestiefen und Bergeshöhen

Wenn ihr in einem Atlas nachschlagt, findet ihr einige Seen und Orte, die unter dem Meeresspiegel liegen. Berge hingegen liegen höher als der Meeresspiegel. Der **Viktoriasee** in Ostafrika liegt z. B. **1130 m über dem Meeresspiegel,** während die Wasseroberfläche des **Toten Meeres** in Israel **395 m unter dem Meeresspiegel** liegt.

1 Recherchiert die fehlenden Höhenangaben und ergänzt den Text.
Die höchste Stelle der Erde ist der Mount Everest mit ■ m über dem Meeresspiegel, die größte bekannte Meerestiefe weist der Marianengraben im Pazifik (östlich der Philippinen) mit ■ m unter dem Meeresspiegel auf. Der höchste Berg Österreichs ist der Großglockner mit ■ m ü.d.M.

2 Berechnet den Höhenunterschied zwischen
a) der höchsten und der niedrigsten Stelle der Erde.
b) zwischen dem Viktoriasee und dem Toten Meer.
Formuliert ähnliche Aufgaben und löst sie.

3 Worin besteht die Gefahr, wenn man in einem Ort unter dem Meeresspiegel wohnt? Habt Ihr schon etwas über die Gefahren gehört, die den Menschen auf den Südsee-inseln drohen?

Temperaturen in unserem Sonnensystem

1 a) Die niedrigste auf der Erde gemessene Temperatur beträgt ungefähr –89 °C, die höchste ungefähr 57 °C. Berechnet den Unterschied.
b) Auf dem Mond existiert auf der Tagseite eine Temperatur von 130 °C über Null, auf der Nachtseite eine Temperatur von 160 °C unter Null. Berechnet den Temperaturunterschied zwischen Tag- und Nachtseite.

2 a) Informiert euch über die Planeten unseres Sonnensystems. Findet z. B. heraus, wie heiß es auf der Sonne ist.
b) In der Tabelle sind die ungefähren durchschnittlichen Temperaturen auf den Planeten in °C angegeben. Ordnet die Temperaturangaben. Beginnt mit der niedrigsten Temperatur.

Erde	Mars	Venus	Jupiter	Saturn	Merkur	Neptun	Uranus
15 °C	–55 °C	464 °C	–108 °C	–139 °C	167 °C	–201 °C	–197 °C

3 Berechnet den Temperaturunterschied zwischen
a) Uranus und Venus b) Mars und Saturn c) Erde und Neptun

Tief tauchen und hoch fliegen

Meerestiere haben ihren Lebensraum in unterschiedlichen Meerestiefen. In bestimmten Situationen verändern sie ihre Tauchtiefe. Bei Vögeln ist das ähnlich. Sie haben eine bevorzugte Flughöhe, die sie aber auch immer wieder verändern.
In der Tabelle sind einige maximale Tauchtiefen und Flughöhen angegeben:

Robbe	Delfin	Tintenfisch	Kaiserpinguin	Meeresschildkröte	Turmfalke	Kranich
700 m	300 m	2800 m	500 m	1500 m	100 m	2000 m

1 Informiert euch über die Tiere. Ordnet die Angaben der Größe nach. Fangt mit dem niedrigsten Wert an.

2 a) Wie viele Meter liegen zwischen der Tauchtiefe von einem Tintenfisch und einer Robbe?
b) Wie viele Meter liegen zwischen der Flughöhe von einem Turmfalken und einem Kranich?
c) Der Seetaucher kann in einer Höhe von 150 m fliegen. Die maximale Tauchtiefe beträgt 75 m. Wie viele Meter liegen zwischen seiner Flughöhe und seiner Tauchtiefe?

3 Formuliert ähnliche Aufgaben und löst sie.

(+6) + (−9) = (−3)

(−8) − (−12) = (+4)

(−5) − (+9) = (−14)

Regeln beim Addieren und Subtrahieren

Sind das Rechenzeichen und das Vorzeichen der zweiten Zahl gleich, dann „verschmelzen“ beide zum Rechenzeichen +.

Sind das Rechenzeichen und das Vorzeichen der zweiten Zahl verschieden, dann „verschmelzen“ beide zum Rechenzeichen −.

ausführliche Rechnung	(+5) + (+3) = (+8)	(−5) + (−3) = (−8)
vereinfachte Rechnung	5 + 3 = 8	−5 − 3 = −8
ausführliche Rechnung	(−5) + (+3) = (−2)	(+5) + (−3) = (+2)
vereinfachte Rechnung	−5 + 3 = −2	5 − 3 = 2

ausführliche Rechnung	(+5) − (+3) = (+2)	(−5) − (−3) = (−2)
vereinfachte Rechnung	5 − 3 = 2	−5 + 3 = −2
ausführliche Rechnung	(−5) − (+3) = (−8)	(+5) − (−3) = (+8)
vereinfachte Rechnung	−5 − 3 = −8	5 + 3 = 8

Das Vorzeichen + vor der ersten Zahl darfst du auch hier weglassen.

1 Schreibe die Aufgaben von Maik in der vereinfachten Schreibweise.

2 Schreibe die Aufgaben zuerst in vereinfachter Schreibweise und berechne dann.
a) (+19) + (+35) b) (−11) + (+14) c) (+18) − (−25) d) (−13) + (+18)
e) (+19) + (−35) f) (−11) − (+14) g) (+18) + (−25) h) (−13) − (+16)

Lösungen zu 2

3	5
43	54
−7	−16
−25	−29

3 Hat Marius richtig gerechnet? Suche die Fehler und verbessere sie.
a) (+18) + (−19) = 18 − 19 = 1 b) (−26) − (−12) = −26 − 12 = −38
c) (+18) − (+22) = 18 − 22 = −4 d) (−15,1) + (+22,3) = 15,1 + 22,3 = 37,4

A (+35,4) + (−15,4)
B (−35,4) + (−15,4)
C (−35,4) + (+15,4)
D 35,4 + 15,4
E (+35,4) − (−15,4)
F 35,4 − 15,4
G (−35,4) − (−15,4)
H −35,4 + 15,4
I (−35,4) − (+15,4)
J (+35,4) + (+15,4)
K −35,4 − 15,4
L (+35,4) − (+15,4)

1 a) Erläutere den Kontoauszug. Woran erkennt man eine Einzahlung bzw. eine Auszahlung?
b) Was bedeutet ein Pluszeichen oder ein Minuszeichen vor dem Kontostand?
c) Wie viel Geld befindet sich am 14.07. auf dem Konto?
d) Wie lautet der Kontostand am 15.07. und 18.07.?

Kto-Nr. 555 666 Datum 14.07. Ausz.-Nr. 11/1 Alter Kontostand 2154,44 +

Wert	Text	Umsätze
15.07.	Überweisung Miete	1350,00 –
17.07.	Zahlungseingang	175,00 +

Herrn / Frau / Firma
Silke Hartdegen
Holzmarktstraße 12
10179 Berlin

Neuer Kontostand

Girobank Berlin
BLZ 780 110 56

2 Mit Hilfe von verschiedenen Kontoständen und Ein- oder Auszahlungen lassen sich die Regeln der verschiedenen Berechnungen gut nachvollziehen.

A Guthaben und Einzahlungen
22 € + 16 € = 38 €
62 € + 28 € = 90 €
1) Addiere die Beträge.
2) Das Ergebnis bleibt positiv (+).

B Schulden und Auszahlungen
–22 € – 16 € = –38 €
–62 € – 28 € = –90 €
1) Addiere die Beträge
2) Das Ergebnis bleibt negativ (–).

C Schulden und Einzahlung
–22 € + 16 € = –6 €
–42 € + 58 € = 16 €
1) Subtrahiere die Beträge.
2) Das Ergebnis wird positiv (+), wenn die Einzahlung größer ist als die Schulden. Das Ergebnis wird negativ (–), wenn die Schulden größer sind als die Einzahlung.

D Guthaben und Auszahlungen
32 € – 16 € = 16 €
22 € – 48 € = –26 €
1) Subtrahiere die Beträge.
2) Das Ergebnis wird positiv (+), wenn das Guthaben größer ist als die Ausgaben. Das Ergebnis wird negativ (–), wenn die Auszahlungen größer sind als das Guthaben.

a) Erkläre die verschiedenen Beispiele (A) bis (D).
b) Ordne jeder Aufgabe jeweils die passende Regel (A) bis (D) zu und berechne. Gib für jedes Ergebnis auch an, ob es sich um Guthaben oder Schulden handelt.

1 16 € + 18 €	2 28 € – 48 €	3 –6,25 € + 9,85 €
4 –74 € – 21 €	5 72 € – 46 €	6 39 € + 52 €
7 –22,80 € – 18,20 €	8 –23,90 € + 12,88 €	9 1,65 € – 2,45 €
10 –32 € – 188 €	11 –3,80 € + 2,20 €	12 13,55 € + 0,85 €

Bei Dezimazahlen gilt:
- *addiere und subtrahiere wie bei natürlichen Zahlen.*
- *setze Komma unter Komma.*

Rationale Zahlen addieren und subtrahieren

1 Ordne jeder Aufgabe das richtige Ergebnis zu. Schreibe so: 25 + 12 = ■

Regeln beim Addieren und Subtrahieren

> Bei gleichem Vorzeichen und Rechenzeichen werden die Beträge addiert.
> Das Vorzeichen wird im Ergebnis übernommen.
> 428 + 17 = 445   –428 – 17 = –445
>
> Bei unterschiedlichen Vorzeichen und Rechenzeichen werden die Beträge subtrahiert. Die Zahl mit dem größeren Betrag bestimmt das Vorzeichen des Ergebnisses.
> 428 – 17 = 411   –428 + 17 = –411

2 + oder –? Bestimme das fehlende Vorzeichen.

a) 12 – 14 = ■ 2   b) –15 + 20 = ■ 5   c) –7 – 8 = ■ 15
d) 8 + 25 = ■ 33   e) ■ 14,5 – 9,5 = 5   f) ■ 3,8 – 2,4 = –6,2

3 Berechne ohne Taschenrechner.

a)	b)	c)	d)
6 – 8	–36 + 32	–32 + 32	45 – 63
–6 + 8	36 – 32	–76 – 58	–46 + 18
6 + 8	–36 – 32	62 – 54	–33 – 22
–6 – 8	36 + 32	26 – 42	–107 + 69

e)	f)	g)	h)
–1,1 + 2,8	9,2 – 15,4	$-\frac{2}{7} + \frac{3}{7}$	$\frac{4}{5} - \frac{7}{10}$
–4,6 – 18,2	16,5 – 9,3	$-\frac{2}{11} - \frac{7}{11}$	$-\frac{1}{2} - \frac{3}{8}$

4 Bilde selbst Aufgaben und löse.

a) (–3,8) (–15) 6,7 (–5,5) **+** (–1,5) 4,5 **=** (–16,5) 5,2 (–10,5) (–1) 2,5 1,8 (–7) 0,7 (–0,5) 11,5 (–5,3)

b) 8,4 (–4,1) **–** (–1,9) 2,4 6,7 (–9,5) **=** 1,7 (–1,1) (–10,8) 6,5 (–2,2) 6 5,4 (–13,6) (–6,5) 10,3 17,9

Taschengeld (Juli)	+30,00 €
Kino	−7,50 €
Handyguthaben aufladen	−10,00 €
Schwimmbad	−4,50 €
von Oma	+10,00 €
T-Shirt	−12,50 €
Eis	−2,00 €

Taschengeld (Juli)	+35,00 €
Smartphone Flat	−17,50 €
Kino	−6,50 €
Zeitschrift	−2,50 €
Rasen mähen	+15,00 €
Pullover	−18,90 €
Döner	−3,00 €

1 Daria und Murat haben ihre Einnahmen und Ausgaben im Juli aufgeschrieben. Wie würdest du den Kassenstand Ende Juli berechnen?

2 Mario und Julia berechnen eine Kettenaufgabe auf verschiedenen Wegen.

Mario:
28 − 14 + 5 − 32 + 9 + 16 − 24 + 8 =
28 + 5 + 9 + 16 + 8 − 14 − 32 − 24 =
66 − 70 = −4

Julia:
28 − 14 + 5 − 32 + 9 + 16 − 24 + 8 =
14 − 27 + 25 − 16 =
− 13 + 9 = −4

Kommutativgesetz: Bei der Addition können die Summanden vertauscht werden.
Es gilt: $a + b = b + a$

a) Beschreibe jeweils ihre Vorgehensweise.
b) Für welchen Lösungsweg würdest du dich entscheiden? Begründe deine Antwort.

3 Berechne den Kassenstand von Ende Juli bei Daria und Murat mit einer Vorgehensweise deiner Wahl.

4 Deine Lösungen ergeben drei Lösungswörter. Berechne ohne Taschenrechner.

a) $36 + 7 - 28$
$83 - 52 - 48$
$-22 - 33 - 44$

b) $-36 + 57 - 42 - 78$
$45 - 67 - 58 + 79$
$-19 - 33 - 11 - 27$

c) $19 - 67 + 47 + 28 - 36 - 14$
$-7{,}7 + 3{,}4 + 5 - 11{,}8 + 12{,}1 - 18$
$-15{,}98 + 3{,}2 + 14{,}5 - 137 + 35 + 1{,}28$

H | 15 M | −23 O | −1 R | −90 T | −99 U | −17

5 Mara, Oleg, Sina und Paul erreichen beim Kartenspiel folgende Punkte. Wer hat am Ende gewonnen?

Spiel	1	2	3	4	5	6	7	8	Ergebnis
Mara	−2	−7	−2	13	−6	−1	10	−4	■
Oleg	−8	10	−7	−9	−6	9	−4	−1	■
Sina	16	−9	−5	−1	−3	−2	−5	8	■
Paul	−6	−8	14	−4	6	−4	−2	−7	■

Rationale Zahlen multiplizieren

A $5 \cdot (■) = (+10)$

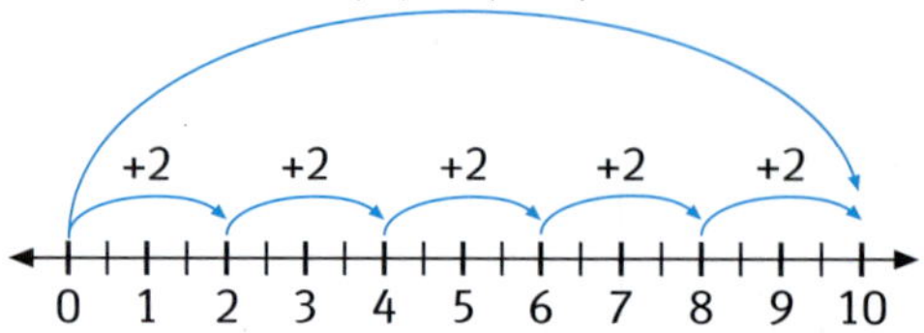

B $5 \cdot (■) = (-10)$

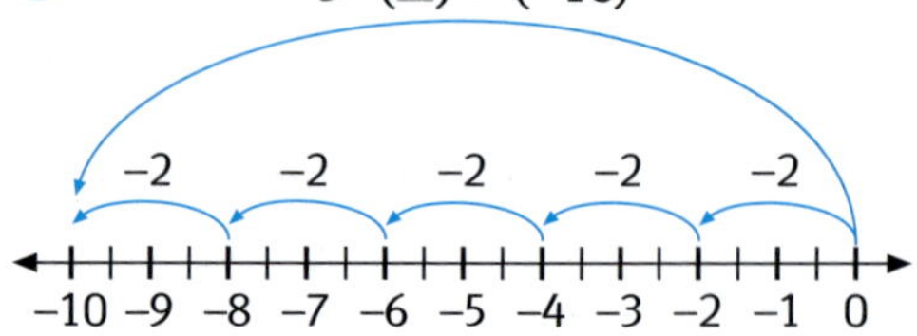

1 a) Formuliere eine Rechenfrage.
b) Ordne jeder Aussage ein Pfeilschema zu.
c) Erkläre das Schema, indem du jeweils eine Additions- und eine Multiplikationsaufgabe notierst.

Eine Additionsaufgabe mit lauter gleichen Summanden kann man verkürzt als Multiplikationsaufgabe schreiben.

Addition	$4 + 4 + 4 + 4 + 4 = 20$	$(-5) + (-5) + (-5) + (-5) = -20$
Multiplikation	$5 \cdot 4 = 20$	$4 \cdot (-5) = -20$

2 Schreibe wie im Merkkasten als Multiplikationsaufgabe und berechne.
a) $9 + 9 + 9 + 9 + 9$
b) $1{,}5 + 1{,}5 + 1{,}5 + 1{,}5 + 1{,}5$
c) $(-7) + (-7) + (-7)$
d) $(-0{,}5) + (-0{,}5) + (-0{,}5) + (-0{,}5)$
e) $(-4) + (-4) + (-4) + (-4)$
f) $(-2{,}1) + (-2{,}1) + (-2{,}1)$

3 a) Übertrage die Tabelle und ergänze die fehlenden Werte.

·	4	3	2	1	0	−1	−2	−3	−4
4	16	12	8	4	0	−4	−8	■	■
3	12	■	■	■	■	■	■	■	■
2	8	■	■	■	■	■	■	■	■
1	■	■	■	■	■	■	■	■	■
0	■	■	■	■	■	■	■	■	■
−1	−4	−3	−2	−1	0	1	2	■	■
−2	■	■	■	■	■	■	■	■	■
−3	■	■	■	■	■	■	■	■	■
−4	■	■	■	■	■	■	■	■	■

Kommutativgesetz: Bei der Multiplikation können die Faktoren vertauscht werden. Es gilt: $a \cdot b = b \cdot a$

b) Färbe die Felder mit positiven Ergebnissen rot, Felder mit negativen Ergebnissen blau. Was fällt dir auf?

Rationale Zahlen multiplizieren

Multiplikation von rationalen Zahlen

(+3) · (−4) = (−12)   (−3) · (+4) = (−12)   (+3) · (+4) = (+12)   (−3) · (−4) = (+12)

\+ · − → −   − · + → −   + · + → +   − · − → +

Bei der Multiplikation zweier Zahlen mit verschiedenen Vorzeichen ist das Ergebnis negativ.

Bei der Multiplikation zweier Zahlen mit gleichen Vorzeichen ist das Ergebnis positiv.

•	+	−
+	+	−
−	−	+

1 Berechne ohne Taschenrechner.

a) (+4) · (+8)
(−4) · (+8)
(+4) · (−8)
(−4) · (−8)

b) (+8) · (+5)
(+4) · (−15)
(−3) · (+12)
(−7) · (−20)

c) (+2,3) · (+3)
(−3,5) · (+6)
(+7,1) · (−4)
(−0,8) · (−9)

d) (+4,6) · (+0,1)
(−6,3) · (+0,1)
(−3,8) · (−0,1)
(+8,5) · (−0,1)

Bei positiven Zahlen kannst du auch hier vereinfachen und das Vorzeichen weglassen.

2 Bestimme die fehlenden Zahlen.

a) (−4) · (■) = (−24)   b) (■) · (+6) = (−42)   c) (−15) · (−12) = (■)
d) (+12) · (■) = (−48)   e) (■) · (−9) = (−81)   f) (−11) · (+11) = (■)
g) (−16) · (■) = (+64)   h) (■) · (8) = (+96)   i) (+13) · (−12) = (■)

3 Bilde möglichst viele Multiplikationsaufgaben und löse mit deinem Partner.

25   0,25   100   10   −10   0,5
−25   −0,25   −100   50   −50   −0,5

4 Setze Vorzeichen, finde alle Möglichkeiten.

a) (■2) · (■3) = (+6)   b) (■7) · (■9) = (+63)   c) (■8) · (■4) = (−32)
d) (■6) · (−11) = (■66)   e) (−5) · (■16) = (■80)   f) (■5) · (■8) = (■40)

5 Übertrage die Tabellen und vervollständige sie.

a)

·	9	−6	−10	20
3	■	■	■	■
−8	■	■	■	■
15	■	■	■	■
−2	■	■	■	■

b)

·	−8	−1,2	0,1	$\frac{1}{4}$
−9	■	■	■	■
0,2	■	■	■	■
$-\frac{1}{2}$	■	■	■	■
1,5	■	■	■	■

6 Übertrage die Zahlenmauern und vervollständige sie.

a)

b)

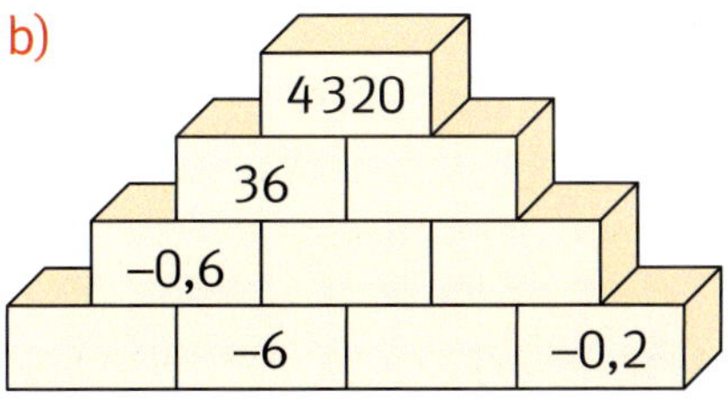

Rationale Zahlen dividieren

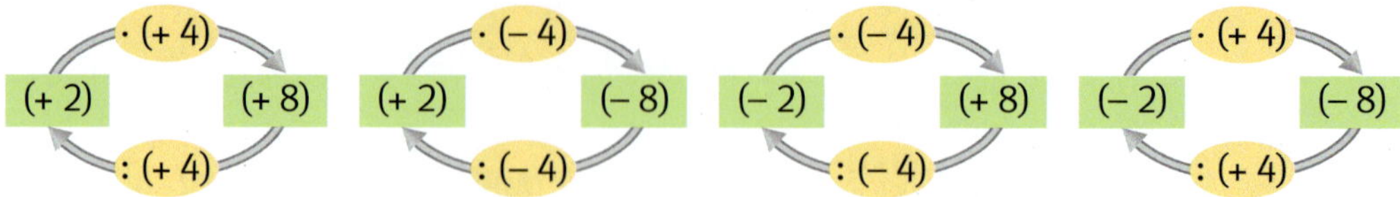

1 a) Die Division ist die Umkehrung der Multiplikation. Erkläre anhand der Beispiele.
b) Übertrage und vervollständige wie im Beispiel.

(+24) : (–4) = (–6)	(–6) · (–4) = (+24)	(–56) : (+8) = (–7)	(–7) · (+8) = (–56)
(+30) : (–6) = (■)	(■) · (–6) = (+30)	(–48) : (+6) = (■)	(■) · (+6) = (–48)
(+18) : (–3) = (■)	(■) · (–3) = (+18)	(–20) : (+4) = (■)	(■) · (+4) = (–20)
(+64) : (–8) = (■)	(■) · (–8) = (+64)	(–35) : (+7) = (■)	(■) · (+7) = (–35)
(+42) : (+7) = (+6)	(■) · (+7) = (+42)	(–48) : (–8) = (+6)	(+6) · (–8) = (–48)
(+36) : (+4) = (■)	(■) · (+4) = (+36)	(–63) : (–7) = (■)	(■) · (–7) = (–63)
(+24) : (+6) = (■)	(■) · (+6) = (+24)	(–16) : (–2) = (■)	(■) · (–2) = (–16)
(+15) : (+5) = (■)	(■) · (+5) = (+15)	(–72) : (–9) = (■)	(■) · (–9) = (–72)

Division von rationalen Zahlen

:	+	–
+	+	–
–	–	+

(+12) : (–3) = (–4)   (–12) : (+3) = (–4)   (+12) : (+3) = (+4)   (–12) : (–3) = (+4)
+ : – → –   – : + → –   + : + → +   – : – → +

Bei der Division zweier Zahlen mit verschiedenen Vorzeichen ist das Ergebnis negativ.

Bei der Division zweier Zahlen mit gleichen Vorzeichen ist das Ergebnis positiv.

2 Bestimme zunächst das Vorzeichen und berechne dann ohne Taschenrechner. Bilde zu jeder Aufgabe die Umkehraufgabe.

a)	b)	c)	d)
(+42) : (+7)	(+54) : (+9)	(–55) : (+5)	(+60) : (–12)
(–42) : (+7)	(–54) : (+9)	(+77) : (–7)	(–90) : (+15)
(+42) : (–7)	(+54) : (–9)	(–44) : (–4)	(–64) : (–16)
(–42) : (–7)	(–54) : (–9)	(–99) : (–9)	(+95) : (–5)

3 Setze die richtige Zahl ein.

a)	b)	c)
(+27) : ■ = (–9)	■ : (+13) = (–5)	(–18) : (+9) = ■
(–27) : ■ = (–9)	■ : (–13) = (+5)	■ : (–8) = (–9)
(–27) : ■ = (+9)	■ : (+13) = (+5)	■ : (+5) = (–7)
(+27) : ■ = (+9)	■ : (–13) = (–5)	(+36) : ■ = (–6)

4 Übertrage und setze die richtige Zahl ein.
a) 6,3 : ■ = 0,7   (–6,3) : ■ = 0,7   (–6,3) : ■ = –0,7   6,3 : ■ = –0,7
b) ■ : 6 = 25,2   ■ : (– 6) = –25,2   ■ : 6 = –25,2   ■ : (–6) = 25,2

5 Suche die Fehler und berichtige die Aufgaben.

a)	b)	c)
–56 : (–8) = –7	*72 : (–12) = 6*	*–4,8 : 0,8 = –6*
–81 : (–9) = –9	*–99 : 9 = 11*	*7,6 : (–4) = –19*
120 : (–10) = 12	*–150 : (–15) = –10*	*0,8 : 0,5 = 0,4*

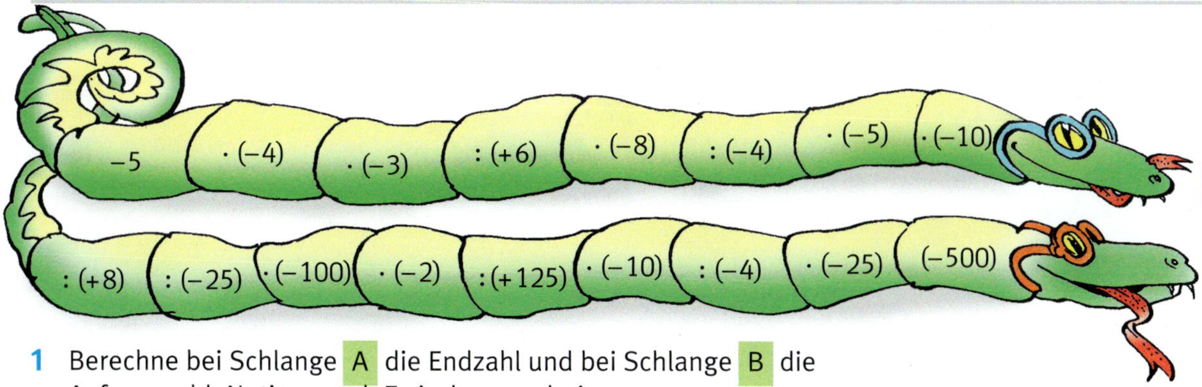

1 Berechne bei Schlange A die Endzahl und bei Schlange B die Anfangszahl. Notiere auch Zwischenergebnisse.

2 <, > oder =?

a) (+15) · (−3) ■ (−15) · (+3) b) (+4) · (−6) ■ (−4) · (−6)
c) (−17) · (−2) ■ (−17) · (−4) d) (−28) : (−4) ■ (+28) : (+4)
e) (+42) : (−7) ■ (−42) : (−7) f) (−84) : (+12) ■ (+84) : (−12)

3 Es gibt mehrere Möglichkeiten, die Platzhalter durch + oder − zu ersetzen. Probiere sechs unterschiedliche Möglichkeiten aus. Wie viele verschiedene Ergebnisse erhältst du? Erkläre.

a) (■5) · (■6) · (■4) · (■2) b) (■56) : (■7) : (■4) : (■2)

4 Setze die Zahlenfolgen jeweils um fünf Zahlen fort.

a) (+2); (+1); (−4); (−2); (+8); ... b) (+2); (−16); (−8); (+64); (+32); ...
c) (−2); (−6); (+12); (+36); (−72); ... d) (+6); (−36); (+12); (−72); (+24); ...

TRIMM-DICH-ZWISCHENRUNDE

1 Berechne ohne Taschenrechner.

a) 23 + 45 b) 45 − 31 c) −19 + 30 d) −25 − 17
e) 5,5 − 8,5 f) −12,7 − 9,5 g) −15,1 + 23,5 − 12,5 h) 14,9 − 23,3 + 8,2

2 Berechne ohne Taschenrechner.

a) −12 · 3 b) −7 · (−7) c) 10 · (−16) d) 2 · (−2) · 2
e) 45,4 · (−100) f) −12,5 · (−8) g) 0,44 · (−1000) h) (−3) · (−3) · (−3)

3 Berechne ohne Taschenrechner.

a) 56 : (−8) b) −81 : 9 c) −99 : (−11) d) 3500 : 10
e) 75 : (−10) f) −55,5 : (−5) g) 45 : 4,5 : (−2) h) −65 : 13 : (−10)

4 Setze die richtige Zahl ein.

a) 12 − ■ = −5 b) ■ − 7 = −20 c) −45 + ■ = 20 d) 14 − ■ + 6 = −30
e) 9 · ■ = −72 f) ■ : (−8) = 9 g) 3,3 · ■ = −330 h) ■ · 10 : (−10) = −7

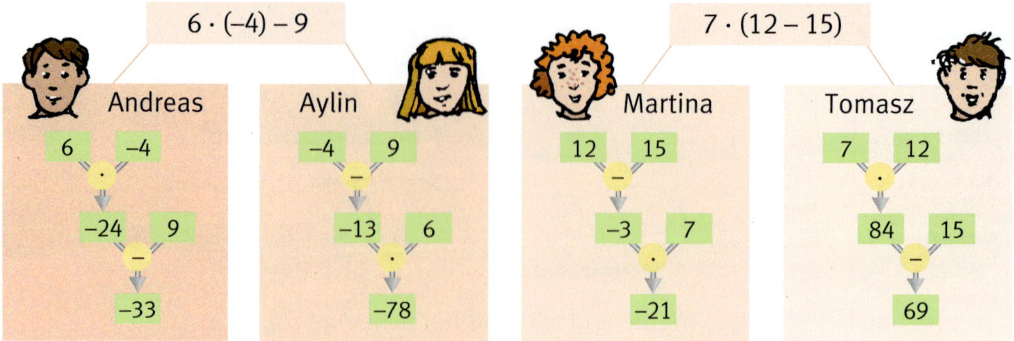

1 Wer hat richtig gerechnet? Erkläre und vergleiche die Rechenwege.

Klammer zuerst
Punkt-vor-Strich

2 Berechne unter Beachtung der Rechenregeln ohne Taschenrechner.

a) $4 \cdot (-5) + 6$
$-8 + 9 \cdot 7$
$20 : 4 - 15$

b) $48 - 64 : 8$
$12 \cdot 3 - 11 \cdot (-5)$
$-3 \cdot 6 + 20 : 4$

c) $60 : (-10) + 3 \cdot (-4)$
$-5{,}6 : 1{,}4 - 5{,}5 \cdot (-2)$
$3{,}5 \cdot 4 - 8 \cdot 0{,}3 - 5 \cdot (-0{,}5)$

Distributivgesetz: Bei zusammengesetzten Rechnungen können durch Klammern die Rechnungen anders verteilt werden. Es gilt:
$a \cdot (b - c) = a \cdot b - a \cdot c$

3 Berechne unter Beachtung der Rechenregeln ohne Taschenrechner.

a) $4 \cdot (-13 - 2)$
$(15 - 8) \cdot (-4)$
$(24 - 38) : 7$

b) $-5 \cdot (-12 - 9)$
$(25 - 44) \cdot (8 + 12)$
$(-15 + 28) \cdot (-4 - 6)$

c) $(32 - 38) + 6 \cdot (-7) + 55$
$\frac{1}{2} \cdot (16{,}2 - 28{,}8)$
$(-14{,}7 - 5{,}1) \cdot \frac{1}{3}$

4 a) Übertrage die Rechenpläne und ergänze sie.

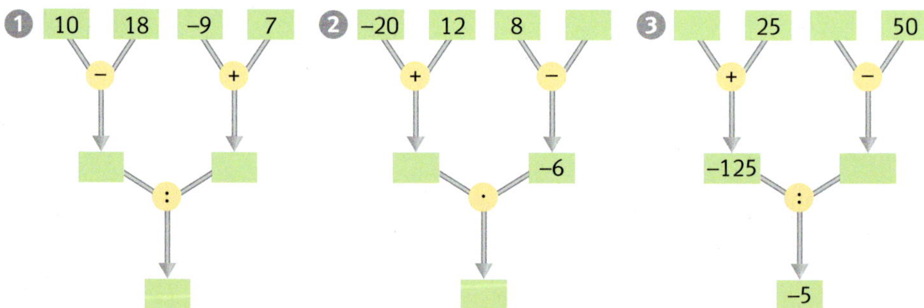

b) Welche Kärtchen gehören zusammen? Schreibe so: ■ = ■.

6 | 6 · (3 + 4) | 3 · 5 – 3 · 9 | –12 | 6 · 3 + 4 | 22 | –9 · 9 + 5 · 3

66 | (5 – 9) · 3 | 3 · 6 + 4 · 6 | 3 · 5 – 9 | 42 | –9 + 5 · 3 | 6 · 3 + 6 · 4 | (3 + 4) · 6

5 Rechne geschickt.

a) $50{,}66 \cdot (-\frac{1}{2}) - 0{,}76 \cdot (-\frac{1}{2})$

b) $(-0{,}57) \cdot 86{,}5 + (-0{,}57) \cdot 3{,}1$

c) $(-21{,}9) \cdot \frac{1}{3} + (-21{,}9) \cdot \frac{1}{3}$

d) $6{,}75 : (-0{,}25) - 1{,}8 : (-0{,}25)$

e) $14{,}4 : (-0{,}9) + (-16{,}2) : 0{,}9$

f) $(-14{,}7) : 3\frac{1}{2} + 14{,}7 : (-3\frac{1}{2})$

	A	B
Aufgabe:	(+28,08) : (−3,6)	(−31,2) · (+4,8)
Überschlag:	28 : (−4) = −7	(−30) · (+5) = −150
Eingabe:	[AC] [28.08] [÷] [3.6] [+/−] [=]	[AC] [31.2] [×] [4.8] [=]
Anzeige:	0 28.08 3.6 −7.8	0 31.2 4.8 149.76
Ergebnis:	−7,8	−149,76

Eingeben der negativen Zahl:
Eingabe: [5.3] [+/−]
Anzeige: 5.3 −5.3

1 a) Für welches Beispiel trifft die jeweilige Aussage zu?

Bei der Eingabe von negativen Zahlen muss man zwischen Rechenzeichen und Vorzeichen unterscheiden.

Auf das Benutzen der Vorzeichentaste kann man verzichten, wenn man das Vorzeichen des Ergebnisses durch Überlegen bestimmt.

b) Probiere beide Lösungswege aus und beurteile sie.

2 Führe eine Überschlagsrechnung durch, dann berechne mit dem Taschenrechner.
a) (−15,84) : (+3,52) b) (−24,05) : (−1,3) c) (−192,5) : (+17,5)
d) (−17,82) : (−0,54) e) (+56,84) : (−8,12) f) (+144,48) : (−11,2)
g) (−56,8) · (+17,9) h) (+33,1) · (−99,9) i) (−23,6) · (−27,8)

Lösungen zu 2

−12,9	−1016,72
−7	−3306,69
33	656,08
−11	18,5
−4,5	

3 Notiere alle Zwischenergebnisse und vergleiche die Vorzeichen.
a) (−25) → : (−5) → □ → : (−5) → □ → : (−5) → □ → : (−5) → □ → : (−5) → □
b) 0,025 → · (−4) → □ → · (−4) → □ → · (−4) → □ → · (−4) → □ → · (−4) → □

4 Berechne mit dem Taschenrechner.
a) (−34 + 4) : (135 − 45) b) (40,6 − 20,6) : (97,8 − 67,8)
c) (−0,76 − 0,24) : (−56,8 + 45,8) d) (−0,05 − 0,15) : (25,1 − 28,1)
e) (1,76 + 18,24) : (−25,2 − 84,8) f) (−1,17 − 5,83) : (10,12 + 0,88)

Periodische Dezimalzahlen:
$\frac{1}{3} = 0{,}33... = 0{,}\overline{3}$
$\frac{2}{3} = 0{,}66... = 0{,}\overline{6}$
$\frac{1}{9} = 0{,}11... = 0{,}\overline{1}$

5 Frau Yilderim hat 75 € für den Ausflug mit ihren Kindern in den Vergnügungspark eingeplant. Den Rest muss Mustafa von seinem Taschengeld zugeben. Folgende Ausgaben sind angefallen: Eintrittsgeld: 48,50 €, Pizza essen: 32,80 €, Andenken: 8,20 €, viermal Eis zu je 1,80 €.

6 Der Kontostand von Herrn Staal betrug am 15.10. 1338,10 € und 14 Tage später 693,10 €. Überprüfe, ob alle Umsätze richtig verrechnet wurden.

- Überweisung Reifen-Bauer 327,78 €
- Dauerauftrag Miete 345,50 €
- Überweisung Versicherung 176,80 €
- Rückerstattung Versicherung 48,38 €

Rationale Zahlen wiederholen

Rationale Zahlen ordnen und vergleichen S. 115 ff.

Rationale Zahlen

Zur Menge der rationalen Zahlen gehören die ganzen Zahlen, Bruchzahlen und Dezimalzahlen. Auf der Zahlengeraden liegt die kleinere Zahl immer links von der größeren.

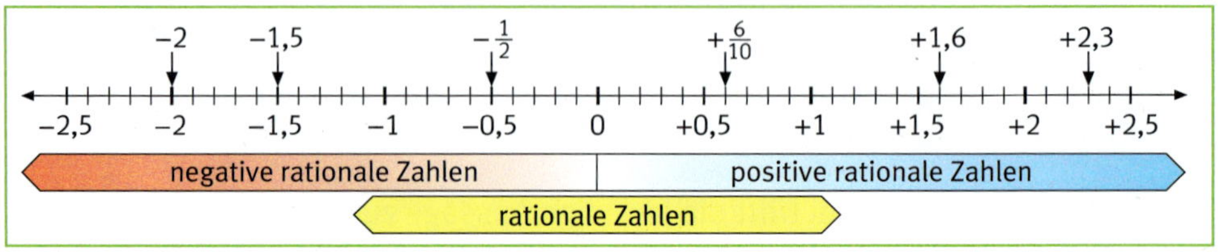

Rationale Zahlen addieren und subtrahieren S. 122 ff.

Addition und Subtraktion

1. Bei gleichem Vorzeichen und Rechenzeichen werden die Beträge addiert. Das Vorzeichen wird im Ergebnis übernommen.

2. Bei unterschiedlichen Vorzeichen und Rechenzeichen werden die Beträge subtrahiert. Die Zahl mit dem größeren Betrag bestimmt das Vorzeichen des Ergebnisses.

① $(+2) + (+8) = 2 + 8 = 10$	$(-2) + (-8) = -2 - 8 = -10$
② $(+2) - (+8) = 2 - 8 = -6$	$(-2) - (-8) = -2 + 8 = 6$

Addiert oder subtrahiert man mehrere Zahlen, kann man durch Anwenden des Kommutativgesetzes (Vertauschungsgesetzes) geschickt rechnen.

$28 - 14 + 5 - 32 + 9 + 16 = 28 + 5 + 9 + 16 - 14 - 32 = 58 - 46 = 12$

Rationale Zahlen multiplizieren und dividieren S. 126 ff.

Multiplikation und Division

1. Bei der Multiplikation (Division) zweier Zahlen mit gleichen Vorzeichen ist das Ergebnis positiv.
2. Bei der Multiplikation (Division) zweier Zahlen mit verschiedenen Vorzeichen ist das Ergebnis negativ.

① $(+4) \cdot (+7) = 4 \cdot 7 = 28$	$(-36) : (-4) = -36 : (-4) = 9$
② $(+4) \cdot (-7) = 4 \cdot (-7) = -28$	$(-36) : (+4) = -36 : 4 = -9$

Mit rationalen Zahlen rechnen S. 130 f.

Verbindung der Grundrechenarten

Bei der Verbindung der Grundrechenarten ist die Punkt-vor-Strich- und die „Klammer zuerst"-Regel zu beachten.

Punkt- vor Strich:	„Klammern zuerst“:
$-5 \cdot 6 + 12 = -30 + 12 = -18$	$4 \cdot (12 - 20) = 4 \cdot (-8) = -32$
$-12 - 30 : 5 = -12 - 6 = -18$	$(-20 - 45) : (-5) = -65 : (-5) = 13$

Aufgaben zur Differenzierung

Basis-Aufgaben | **Vertiefende Aufgaben**

1 Lies die Zahlen von der Zahlengerade ab und notiere.

Basis:

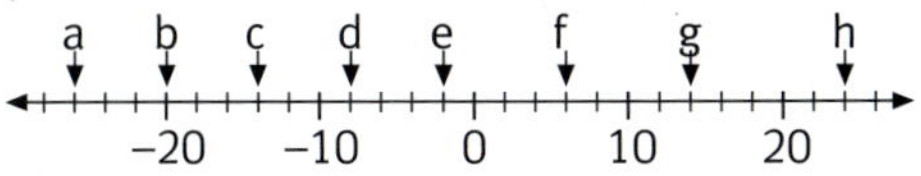

Vertiefend:

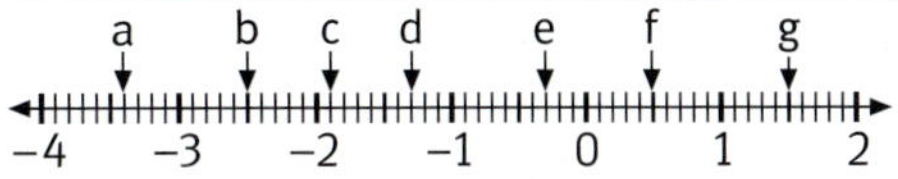

2 Zeichne eine Zahlengerade und trage ein.

Basis:

a) 7 –6 –3 3 –7 4 –1 5 –5 6

b) 6 1,5 0 –1 –2 3 10 –7 –4,5 2

Vertiefend:

a) +3,5 –2,5 –0,5 +1,5 –1 0

b) $-1\frac{1}{5}$ $+2\frac{2}{5}$ $-2\frac{1}{10}$ $+\frac{1}{2}$ $-3\frac{3}{5}$ 0

3 Ordne die Zahlen der Größe nach. Beginne mit der kleinsten.

Basis:

a) –1 5 0 –7 –4 3 1

b) 2 –2,5 –2 2,5 0 –3 3

Vertiefend:

a) –0,8 0,9 –0,7 0,08 –0,09 0,7

b) $\frac{1}{5}$ $-\frac{1}{4}$ $\frac{1}{2}$ $-\frac{1}{5}$ $\frac{1}{4}$ $-\frac{1}{2}$

4 Vergleiche und setze die Zeichen >, < oder =.

Basis:

a) 7 ■ –7
b) 0 ■ 9
c) 0 ■ –4
d) –5 ■ –6
e) –10 ■ –8
f) 4,0 ■ 4
g) 2,5 ■ –2,5
h) –0,5 ■ $-\frac{1}{2}$
i) –4,5 ■ –4,6
j) $\frac{1}{4}$ ■ 0,25

Vertiefend:

a) –7,84 ■ 7,84
b) $2\frac{3}{8}$ ■ –2,375
c) $\frac{4}{7}$ ■ $\frac{7}{4}$
d) –0,056 ■ 0,065
e) $-\frac{6}{8}$ ■ $-\frac{3}{4}$
f) $2\frac{3}{10}$ ■ $-\frac{23}{10}$
g) $-4\frac{2}{5}$ ■ –4,40
h) 7,55 ■ $7\frac{55}{1000}$

5 Berechne.

Basis:

a) 14 + 28
b) –14 – 28
c) 31 – 35
d) 35 – 31
e) –14 + 28
f) 14 – 28
g) 35 + 31
h) –31 – 35

Vertiefend:

a) 24 – 24,5
b) –33,2 – 15,9
c) –14,8 + 20
d) $-0{,}9 + \frac{7}{10}$
e) $-\frac{1}{2} + \frac{3}{4}$
f) $-1{,}5 - \frac{3}{2}$

6 Berechne.

a) 22 · 10
b) 8 · (– 9)
c) –15 · (–4)
d) –100 · 12
e) 30 · (–40)
f) 2,5 · 10
g) –20 · (–0,5)
h) –0,2 · 8

Setze die Zeichen <, > oder =.

a) 15 · 3 ■ (–15) · (–3)
b) 4 · (–6) ■ (–3) · (–8)
c) (–4,5) · (+3) ■ (–4,5) · (–3)
d) (–1,8) · (–5) ■ 1,5 · (–6)

7 Ergänze fehlende Vorzeichen und Zahlen.

Basis:

a)
72 : ■ = (–8)
(–72) : ■ = (–8)
(–72) : ■ = 8
72 : ■ = 8

b)
■ : 7 = (–9)
■ : (–7) = 9
■ : 7 = 9
■ : (–7) = (–9)

Vertiefend:

a) 8,1 : 0,9 = ■
b) –7,5 : ■ = –1,5
c) –160 : ■ = 1,6
d) $\frac{3}{8} \cdot (-\frac{5}{6})$ = ■
e) ■ : 10 = –9,2
f) 1 : ■ = –0,5

8 Berechne unter Beachtung der Rechenregeln.

Basis:

a) 5 · 7 – 30
b) –25 : (12 – 7)
c) (–15 + 9) · (–8)
d) 22 + 6 · (–5)

Vertiefend:

a) –13 · 10 – 98
b) (24,7 – 25) · 100
c) 10 : (–2,5) – 10 · (–3,5)
d) $\frac{3}{4} \cdot (\frac{1}{2} - \frac{3}{4})$

1 Suche passende ganze Zahlen.

a) −9 < ■ < −7 b) −4 < ■ < −1
c) −8 < ■ < −3 d) −5 < ■ < +2
e) −9 < ■ < +2 f) −4 < ■ < +7

2 a) Liegt −3,3 näher bei −3 oder bei −4?
b) Liegt 2,25 näher bei 2 oder bei 3?
c) Liegt 0,5 näher bei −0,5 oder bei 1?
d) Liegt −2,3 näher bei 0 oder bei −4?

3

Alter Kontostand	Gutschrift (+) Lastschrift (–)	Neuer Kontostand
+150 €	+70 €	■
+90 €	−150 €	■
■	+250 €	+80 €
■	+650 €	−250 €
+80 €	■	−50 €
+1 450 €	■	−145 €

4 Um wie viel Grad ist die Temperatur gestiegen bzw. gefallen?

a) −5 °C — ■ → −20 °C
b) −15 °C — ■ → −8 °C
c) +1 °C — ■ → −4 °C
d) −2 °C — ■ → −13 °C

5 Samuel hat jeden Tag um 7 Uhr (roter Graph) und um 19 Uhr (grüner Graph) die Temperaturen abgelesen.

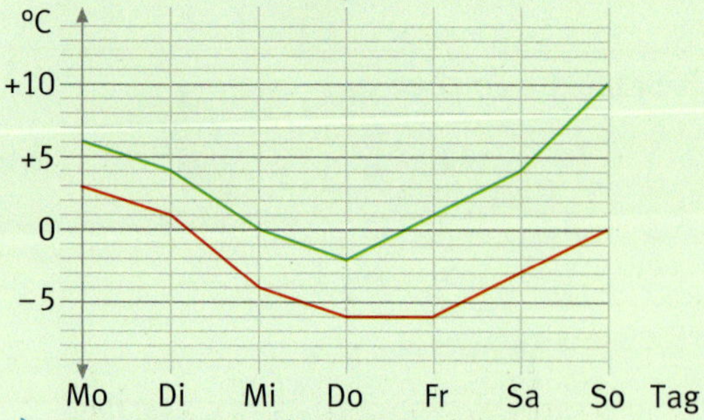

a) Wann war es abends am kältesten (wärmsten)?
b) Wann war es morgens am kältesten (wärmsten)?
c) Notiere für jeden Tag, um wie viel Grad die Temperatur von morgens bis abends gestiegen ist.

6 Übertrage die Additionsmauer und ergänze sie.

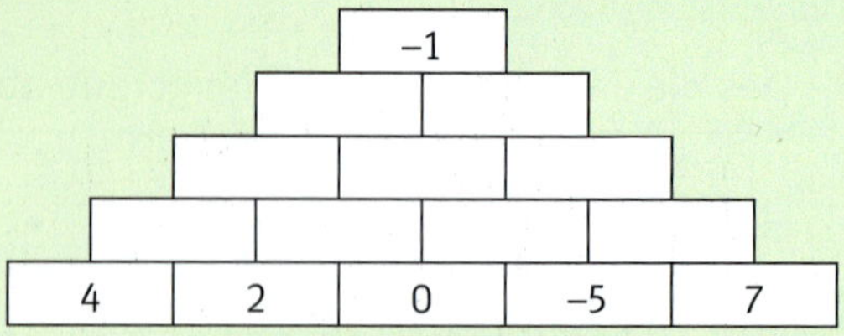

7 Frau Lorenz hat auf ihrem Girokonto ein Guthaben von 825 €. Berechne den Kontostand, nachdem die Miete (776 €) und die Stromrechnung (89 €) abgebucht wurden.

8 Setze die Folgen um weitere fünf Zahlen fort.

a) +17; +11; +5; −1; ...
b) −42; −35; −28; −21; ...
c) 0; −1; −3; −6; −10; ...
d) −4; +2; −8; −2; −12; ...
e) −3; −8; 0; −5; +3; ...

9 In der Tabelle sind die durchschnittlichen Tiefsttemperaturen der Stadt Nuuk in Grönland angegeben.

Monat	Jan.	Feb.	März	April	Mai	Juni
°C	−10,1	−10,6	−4,8	−8,0	3,5	7,7

Monat	Juli	Aug.	Sept.	Okt.	Nov.	Dez.
°C	10,6	9,9	6,3	1,7	−1,0	−3,3

a) Berechne die Differenz des höchsten und niedrigsten Wertes.
b) Berechne die Jahresdurchschnittstemperatur.

10 Rechne vorteilhaft.

a) −78 − 95 + 15 − 5 + 45
b) 34 − 67 + 18 − 15 + 32 − 8
c) −156 + 173 − 14 − 3
d) 25 − 16 − 12 + 8 − 31 + 43 + 15 − 35

11 a) 26 − 39 = ■ b) −73 − (−63) = ■
c) −15 + (−20) = ■ d) ■ − 32 = 22
e) ■ + (−27) = −50 f) ■ − (+12) = 50
g) −36 + ■ = 30 h) −22 − ■ = −50
i) 50 − (−35) = ■ j) 92 − ■ = −7

12 In Zauberquadraten muss die Summe der Zahlen in allen Reihen, Spalten und Diagonalen gleich sein. Vervollständige.

a)

	3	
–5		
4	–3	–1

b)

	3		–7
1	–4		
	0	–1	–6
2	–9		

c)

0,5	–2		–3
–4	2,5	–1	1,5
–0,5			2

13 a) Jonas, Luisa und Clara haben auf dem Hobbymarkt Gebasteltes verkauft. Sie haben 36 € eingenommen, mussten jedoch 20 € für die Standmiete und 43 € für das Material bezahlen. Der Gewinn bzw. der Verlust soll gleichmäßig aufgeteilt werden. Wie viel € sind das für jeden?

b) Darias Girokonto weist ein Soll von 1 498,50 € auf. Nach neun Monaten möchte sie mindestens so viel Guthaben zur Verfügung haben, dass sie sich ein Fernsehgerät für 499,50 € kaufen kann. Wie viel € muss Daria pro Monat sparen und auf ihr Konto einzahlen?

14 Wie lautet das Ergebnis? Notiere zuerst die passende Aufgabe.

a) Dividiere 72 durch –8 und addiere 35.
b) Multipliziere die Summe aus –12 und 17 mit –5.
c) Subtrahiere 20 vom Produkt der Zahlen –12 und –8.
d) Subtrahiere 45 von 27 und dividiere die Differenz durch –6.

15 Bilde aus den Zahlen und Zeichen acht Aufgaben und berechne sie. Du musst alle Kärtchen mindestens einmal benutzen.

12 | –6 | 5 | –9 | +

– | · | : | (|)

16 Nach der Schule liest Meltem an einem Tag stündlich die Außentemperaturen am Thermometer ab.

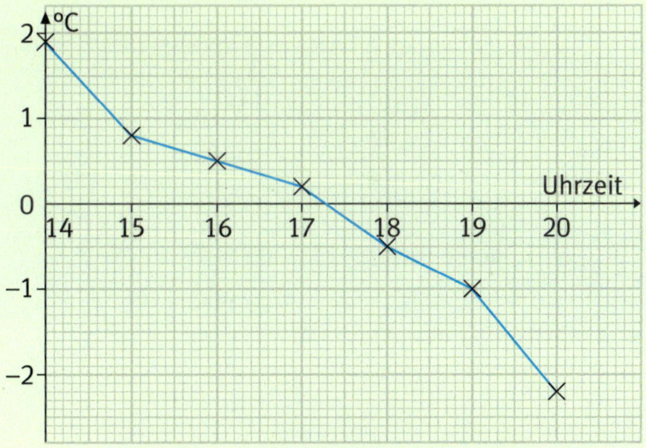

a) Wann war die höchste, wann die tiefste Temperatur erreicht?
b) Wie groß ist die Differenz zwischen diesen beiden Werten?
c) Berechne die Durchschnittstemperatur für die Zeit von 14:00 bis 20:00 Uhr.

17 Bestimme die Zahl.

a) Die kleinste einstellige ganze Zahl.
b) Die kleinste zweistellige ganze Zahl.
c) Die größte zweistellige Zahl, die kleiner ist als –19.
d) Die größte dreistellige negative Zahl, die größer ist als –576.

1 a) Lies die Temperaturangaben von den Thermometern ab.
b) Notiere die höchste und die niedrigste Temperatur.
c) Wie groß ist jeweils der Temperaturunterschied zwischen A und B, B und C, A und C?

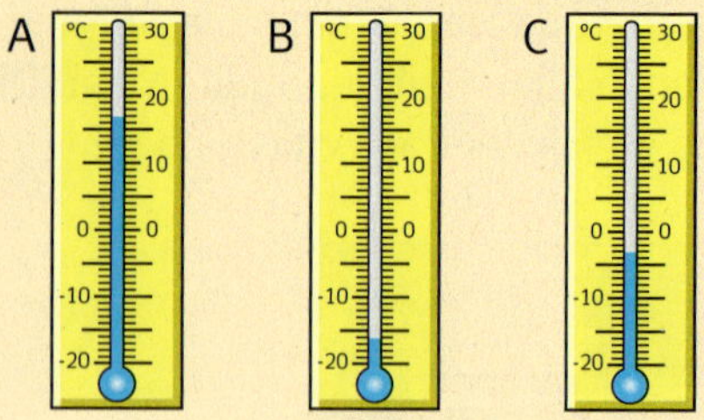

2 Berechne jeweils die Endtemperatur.

	a)	b)	c)	d)	e)	f)
Anfangstemperatur	+10 °C	+6 °C	−8 °C	−14 °C	−7 °C	+2 °C
Temperaturänderung	−5 °C	−11 °C	+3 °C	+23 °C	−6 °C	−19 °C

3 Ordne die Zahlen der Größe nach. Beginne mit der kleinsten Zahl.
a) 6; −1; 2; −3; 1; −8; 0
b) 3,5; $-1\frac{1}{5}$; $2\frac{2}{5}$; −0,5; $-3\frac{3}{5}$; $-2\frac{1}{10}$

4 Übertrage und setze <, > oder = ein
a) 15 ■ −9
b) −16 ■ 0
c) −12 ■ −15
d) 28 − 40 ■ −12
e) −24 ■ −4 · (− 6)
f) 25 : (−5) ■ 10 − 15

5 Ergänze die fehlenden Werte.

	Alter Kontostand	Gutschrift (+)/Lastschrift (−)	Neuer Kontostand
a)	+150 €	−70 €	■
b)	+90 €	−150 €	■
c)	−55 €	−68 €	■
d)	+700 €	■	+ 150 €
e)	−650 €	■	−380 €
f)	■	−65,50 €	+132,50 €
g)	■	−105,20 €	−500,00 €

6 Berechne im Kopf.
a) 3,5 · (−2)
b) −4,5 · (−10)
c) 12,9 : (−3)
d) −346 : 100
e) −2,5 · (25 − 28)
f) (7,5 − 10,5) · (−6,8 − 8,2)
g) (−34 + 30,6) : 2
h) 1,5 · 7 − 44,4 : (−4)

7 Frau Herzog besitzt auf ihrem Girokonto ein Guthaben in Höhe von 2 020 €. Davon sollen folgende Abbuchungen vorgenommen werden:
Strom: 158 €; Reisebüro: 1 350 €; Autowerkstatt: 656 €.
a) Berechne den Kontostand nach den Abbuchungen.
b) Über wie viel Geld kann Frau Herzog noch verfügen, wenn sie ihr Konto bis zu einem Betrag von 1 500 € überziehen darf?

Terme und Gleichungen

KLETTERPARK Preise (Einzelticket 2,5 Std.)	
1 Kind (bis 13 Jahre)	13 €
1 Kind (14 bis 17 Jahre)	15 €
1 Erwachsener	18 €
Schnupperkarte (1 Runde)	10 €

Familie Neubauer besucht einen Hochseilgarten. Zur Familie gehören Vater, Mutter, zwei Söhne (12 und 14 Jahre alt) und eine sechsjährige Tochter.

- Berechne den Eintrittspreis.
- Für eine Familienkarte bezahlt Familie Neubauer nur 61 €. Wie viel Euro spart die Familie im Vergleich zu den Einzeltickets?
- Herr Neubauer und seine Tochter möchten nur die Schnupperkarte nutzen. Wie viel Euro müssen sie nun weniger zahlen?
- Nun haben alle Hunger. Berechne den Preis für einen Burger, ein Eis bzw. ein Hot Dog.

Grundrechenarten

Fachbegriffe anwenden

❶ Ordne jedem Begriff die passende Aufgabe zu.

a) Addition, 24 + 3, Multiplikation, Subtraktion, 24 · 3, 24 : 3, Division, 24 – 3

b) 16 – 4, 16 + 4, Quotient, 16 · 4, Differenz, 16 : 4, Produkt, Summe

Grundrechenarten anwenden

❷ Berechne ohne Taschenrechner.

a) 21 + 57
65 – 32
6 · 12
81 : 9

b) 379 + 126
412 – 158
14 · 18
144 : 3

c) 6,02 + 8,9
16,3 – 11,2
3,7 · 5
1,6 : 4

Addition: *„Ich addiere 9 und 3."*	Summand + Summand = Summe *9 + 3 = 12*
Subtraktion: *„Ich subtrahiere 3 von 9."*	Minuend – Subtrahend = Differenz *9 – 3 = 6*
Multiplikation: *„Ich multipliziere 9 und 3."*	Faktor · Faktor = Produkt *9 · 3 = 27*
Division: *„Ich dividiere 9 durch 3."*	Dividend : Divisor = Quotient *9 : 3 = 3*

Rationale Zahlen

Mit rationalen Zahlen rechnen

❸ Berechne ohne Taschenrechner.

a) 6 – 25
–3 + 8

b) –34 – 28 + 9
–15 + 46 – 87

c) 2,4 – 3,6
–1,75 – 1,5

d) 6 · (–13)
(–11) · (–9)

e) (–144) : 12
(–85) : (–17)

f) (–4,2) · 6
10 : (–2,5)

Additionen und Subtraktionen rationaler Zahlen lassen sich mit Zahlengeraden und Pfeilen veranschaulichen.

–2 + 4 = 2

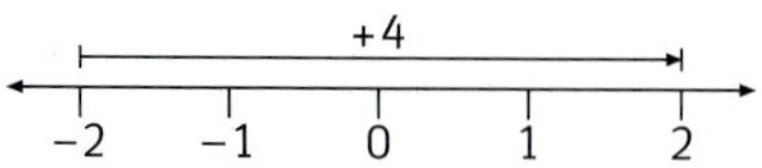

3 – 5 = –2

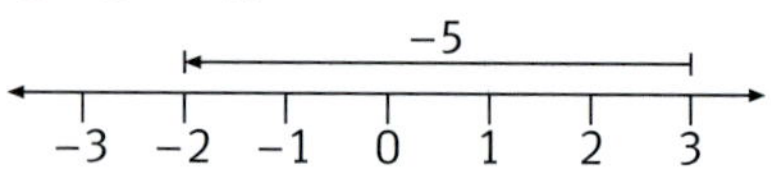

Bei der Multiplikation und Division gilt:
Haben die Zahlen das gleiche Vorzeichen, ist das Ergebnis positiv. Haben die Zahlen ein unterschiedliches Vorzeichen, ist das Ergebnis negativ.

(–2) · 4 = –8

(–15) : (–5) = 3

Rechenregeln und Rechengesetze

4 Achte beim Ausrechnen auf Punkt- vor Strichrechnung.

Punkt- vor Strichrechnung beachten

a) $3 \cdot 6 + 25$
$87 - 20 : 5$

b) $15 - 7 \cdot 11 + 108$
$14 \cdot 8 - 42 : 6$

c) $1{,}2 + 3{,}5 \cdot 4$
$3{,}9 : 3 - 0{,}5$

Multiplikation ⊙ und Division ⊙ vor Addition ⊕ und Subtraktion ⊖

Punktrechnung vor Strichrechnung

$30 - \underbrace{6 \cdot 4}$
$30 - 24 = 6$

$\underbrace{24 : 2} + \underbrace{35 : 7}$
$12 + 5 = 17$

5 Achte beim Ausrechnen auf die Klammern.

Klammerregeln beachten

a) $6 \cdot (10 + 3)$
$(25 + 20) : 5$

b) $89 - (18 + 22)$
$(3 + 5) \cdot (11 - 4)$

c) $5 \cdot (3{,}8 - 0{,}3)$
$(9{,}7 - 4{,}5) : 0{,}5$

Klammern werden zuerst berechnet, danach gilt Punkt- vor Strichrechnung.

$7 \cdot \underbrace{(20 - 11)}$
$7 \cdot 9 = 63$

$\underbrace{(105 - 17)} : \underbrace{(31 - 20)}$
$88 : 11 = 8$

6 Ordne jeder Aufgabe das richtige Rechengesetz zu.

Rechengesetze erkennen

$3 + 5 = 5 + 3$

$(10 + 5) \cdot 7 = 10 \cdot 7 + 5 \cdot 7$

$(6 + 7) + 8 = 6 + (7 + 8)$

Kommutativgesetz

Assoziativgesetz

Distributivgesetz

Umkehraufgaben

7 Welche Zahl ist gesucht?

Eine unbekannte Zahl bestimmen

a) $4 + ■ = 7$
$■ + 10 = 29$

b) $58 - ■ = 42$
$■ - 20 = 55$

c) $11 \cdot ■ = 66$
$■ : 5 = 9$

Die gesuchten Zahlen lassen sich durch Umkehrung der jeweiligen Grundrechenart ermitteln.

$■ - 12 = 8$
„Von welcher Zahl muss ich 12 subtrahieren, damit das Ergebnis 8 ist?“

Umkehraufgabe: $8 + 12 = 20$
Also ist: $20 - 12 = 8$

$■ : 7 = 3$
„Welche Zahl muss ich durch 7 dividieren, damit das Ergebnis 3 ist?“

Umkehraufgabe: $3 \cdot 7 = 21$
Also ist: $21 : 7 = 3$

1 Welche Terme passen zum Text? Bestimmte Fachausdrücke weisen auf Rechenzeichen hin.

> Ein **Term** ist eine Verbindung aus Zahlen und Rechenzeichen.
> $3 + 5 \cdot 4$ $70 - 12 : 3$ $8{,}2 : 3 + 3{,}8$

2 Ordne einander zu.

Texte

a) Addiere zum Quotienten aus 144 und 18 die Zahl 312.
b) Subtrahiere vom Produkt aus 144 und 18 die Zahl 312.
c) Dividiere 144 durch 18 und füge 312 hinzu.
d) Multipliziere 144 mit 18 und ziehe davon 312 ab.

Terme

$144 : 18 + 312$
$144 \cdot 18 - 312$

3 Ordne Terme mit gleichen Ergebnissen einander zu. Rechne im Kopf.
a) Multipliziere die Differenz aus 120 und 20 mit 3.
b) Subtrahiere vom Quotienten der Zahlen 360 und 6 die Zahl 40.
c) Die Summe aus 72 und 38 soll mit 2 multipliziert werden.
d) Dividiere 360 durch 6 und ziehe davon 40 ab.
e) Multipliziere 2 mit der Summe aus 78 und 32.
f) Die Differenz aus 120 und 20 soll mit 3 multipliziert werden.

Lösungen zu 3 und 4

20	220
4	12
36	300

4 Stelle Terme auf und ermittle jeweils die Ergebnisse. Rechne im Kopf.
a) Subtrahiere vom Produkt aus 3 und 4 den Quotienten der Zahlen 24 und 3.
b) Multipliziere die Differenz der Zahlen 11 und 2 mit dem Quotienten der Zahlen 20 und 5.
c) Addiere zum Produkt aus 17 und 6 die Differenz aus 71 und 29 und dividiere das Ergebnis durch den Quotienten aus 24 und 2.

5 Schreibe den Term als Satz und berechne anschließend.
a) $3 \cdot 8 + 15$
b) $54 + 6 \cdot 2$
c) $810 : 9 - 4$
d) $200 + 42 : 7$
e) $(78 - 34) \cdot 5$
f) $150 : (67 + 8)$
g) $4{,}5 \cdot 2{,}6 + 2{,}4$
h) $9{,}6 : 2 - 2{,}3$
i) $126 : 3 - (5{,}5 + 17{,}5)$
j) $(17{,}5 - 15{,}5) : (4{,}3 + 4{,}7)$

1 Stelle Terme auf und berechne.
a) Frau Hofmann kauft ein T-Shirt und drei Paar Socken.
b) Herr Bindl nimmt zwei T-Shirts, zwei Paar Socken und eine Kappe.
c) Formuliere selbst eine Aufgabe.

2 Schreibe als Term und berechne.
a) Eine Kugel Eis kostet 0,75 €. Holger nimmt vier Kugeln.
b) In einem Schulgarten werden zehn Reihen Blumenkohl gepflanzt, in jeder Reihe stehen vier Pflänzchen.
c) Monika hat 30 € im Geldbeutel. Davon gibt sie 15 € für ein Buch und 3 € für eine Zeitschrift aus.
d) Obsthändler Akdemir verkauft von der Apfelsorte Jonathan 27 kg zu 1,50 € pro kg und von der Sorte Delicious 40 kg zu 1,25 € pro kg.
e) Sandra hat Geburtstag. Für ihre Party kauft sie 15 große Luftballons zu je 0,25 € und 15 kleine Preise zu je 1,45 €.
f) Lehrling Pascal soll im Auftrag seines Chefs mit acht 50-€-Scheinen folgende Beträge bezahlen: 185,99 €, 14,00 €, 42,95 €, 16,85 € und 44,99 €.

Lösungen zu 1 und 2

95,22	40
90,5	25,5
15	12
3	32

3 Stelle einen Term auf und berechne den Umfang der Figur.

a)
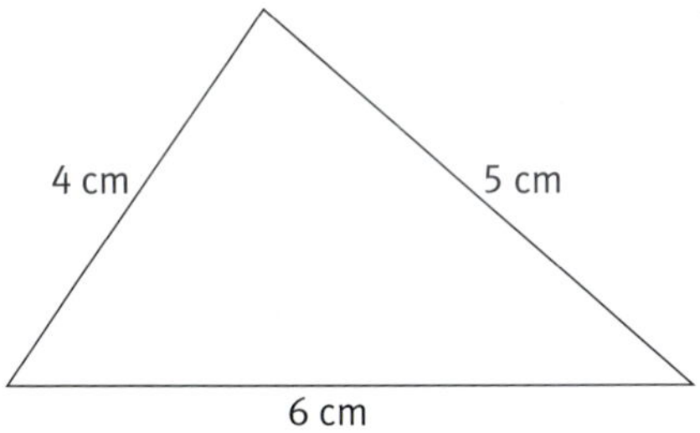

b)
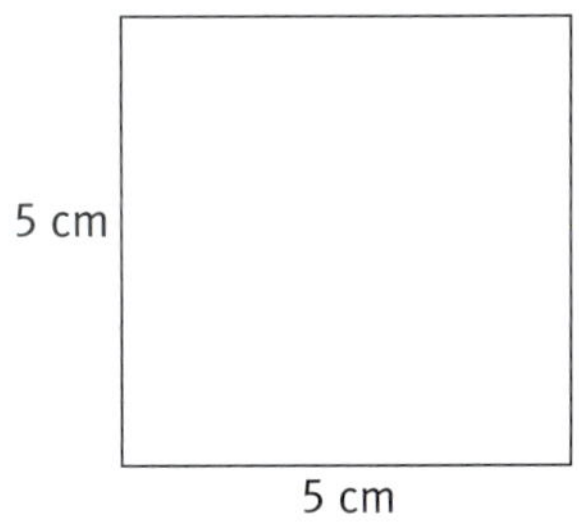

c)
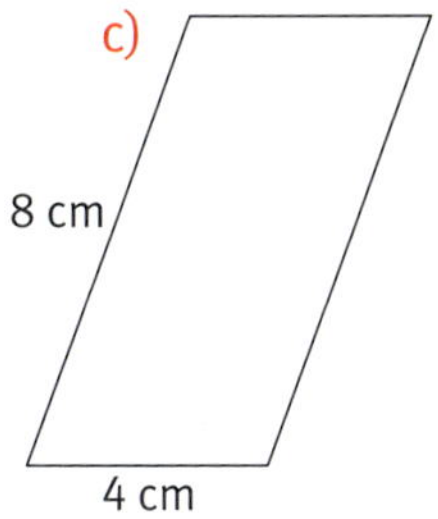

d)
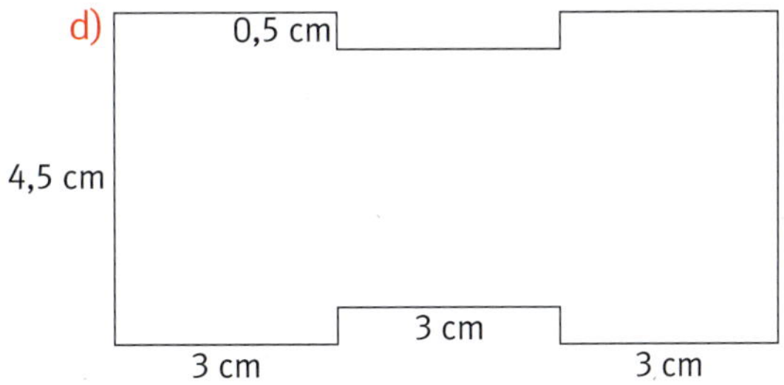

4 Formuliere kleine Textaufgaben zu diesen Termen. Denke an den Einkauf im Supermarkt oder an der Tankstelle. Auch geometrische Berechnungen (Umfang, Fläche) können eine Rolle spielen.

a) 3 · 90 Ct + 2 · 80 Ct
b) 4 · 6 m
c) 5 · 0,89 € + 10 · 0,89 €
d) 5 m · 5 m
e) 3 · 12 € + 2 · 15 €
f) 2 · 5 kg + 2 · 1,5 kg
g) 2 · 4 m + 2 · 5 m
h) 100 g + 3 · 150 g
i) 18,5 km + 3 · 15 km
j) (1,5 t + 0,75 t) · 3
k) (5,5 m + 4 m) · 3
l) (1,04 € + 0,84 €) · 5

Terme mit Variablen aufstellen und berechnen

1 Beate kauft 3 Hefte zu je 20 Ct und einen Bleistift zu 30 Ct.

2 Bestimme den Umfang eines Quadrats mit der Seitenlänge a.

3 Bilde das Zehnfache einer Zahl.

4 Addiere zum Produkt der Zahlen 5 und 35 die Zahl 2.

5 Rania hat 10 € mehr als Vanessa.

6 Simon sägt von einem 1,50 m langen Brett ein 50 cm und ein 70 cm langes Stück ab.

7 Ein Gewinn wird an 6 Kinder verteilt.

8 Subtrahiere 7 von einer Zahl.

A $a + a + a + a$

B $3 \cdot 20 + 30$

C $5 \cdot 35 + 2$

D $10 \cdot z$

E $150 - (50 + 70)$

F $r + 10$

G $g : 6$

H $d - 7$

1 a) Zu jedem Text findest du einen passenden Term. Ordne zu und begründe.
b) Welche Terme kannst du berechnen, welche nicht? Begründe.
c) Bei welchen Termen kommen Variablen (Platzhalter) vor? Ersetze die Variable durch Zahlen und berechne die entstehenden Terme.

Term
Variable

Die Zeichen ▲, ■, ◆, ... oder die Buchstaben a, b, c, ... x, y, z nennt man Platzhalter oder **Variable.** Ein Term kann auch Variablen beinhalten. Verschiedene Variablen stehen im Allgemeinen für verschiedene Zahlen.

$x + 14$ $\quad$ $5 + u + v$ $\quad$ $r - 15$

2 Notiere als Term.
a) das Dreifache einer Zahl
b) der vierte Teil einer Zahl
c) die Summe aus einer Zahl und 3
d) das Produkt aus einer Zahl und 5
e) die Differenz aus einer Zahl und 4
f) der Quotient aus einer Zahl und 7

3 Schreibe die Terme wie im Beispiel als Sätze.

$y + 5$
Addiere zu einer Zahl 5.

a) $17 + b$
b) $8 \cdot x$
c) $y - 12$
d) $a : 2$
e) $4 \cdot z + 20$
f) $16 - 6 : u$
g) $3 + v \cdot 5$
h) $c : 3 + 12$
i) $(20 + n) : 4$

4 Bilde aus den Kärtchen Terme.
a) Bilde eine Summe ohne Variable.
b) Bilde ein Produkt mit einer Variablen.
c) Bilde einen Term aus allen Kärtchen.
d) Finde eigene Terme.

2	−	7
+	:	r
·	12	m

1 Ordne jedem Satz einen Term zu und erkläre die Bedeutung der Variablen.
Schreibe so: „x steht für …“.

a) Der Fotoapparat ist um 20 € teurer geworden.
b) Das Hemd ist halb so teuer wie die Hose.
c) Laura bekommt 4 € mehr Taschengeld als Tom.
d) Das Geld wird an vier Kinder gleichmäßig verteilt.
e) Thomas ist doppelt so alt wie Sandra.
f) Sirin hat 20 € verloren.

$x + 4$ $x \cdot 2$ $x : 4$ $x - 20$ $x : 2$ $x + 20$

2 Setze für die Variable x die jeweilige Zahl ein und berechne.

x	0	2	4	6	0,5
$15 - x$	■	■	■	■	■
$8 \cdot x$	■	■	■	■	■
$3 + 5 \cdot x$	■	■	■	■	■
$(x + 1) \cdot 4$	■	■	■	■	■

Lösungen zu 2

13	33	6
32	4	0
11	14,5	12
4	48	16
20	3	9
23	15	5,5
13	28	

3 Die Variable a steht für die Zahl 2. Bei der Berechnung der Terme wurden Fehler gemacht. Berichtige.

a) $4 \cdot a + 2$
$= 4 \cdot 2 + 2$
$= 16$

b) $4 \cdot a - 2$
$= 4 \cdot 2 - 2$
$= 0$

c) $10 + 3 \cdot a$
$= 10 + 3 \cdot 2$
$= 26$

d) $-10 - 3 \cdot a$
$= -10 - 3 \cdot 2$
$= -26$

4 Notiere jeweils einen Term für die Länge des Streckenzugs. Berechne anschließend die Länge der Streckenzüge für x = 4 cm (x = 5 cm, x = 6 cm).

a) 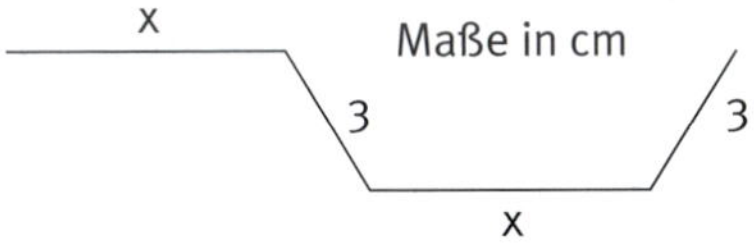

b) 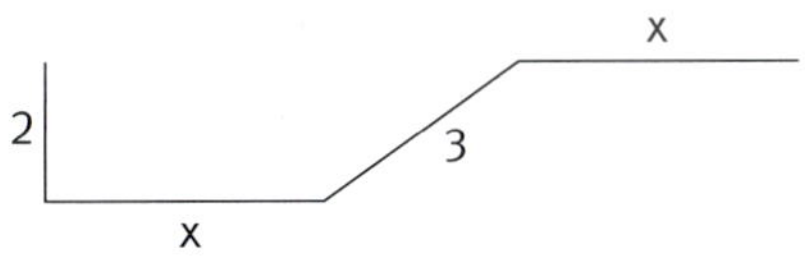

Lösungen zu 4 und 5

18	70
13	14
16	60
15	17
64	50

5 Der Eintritt in das Freilichtmuseum kostet für Kinder 2 €. Dazu kommen 20 € für die Führung der Gruppe.

a) Welcher Term beschreibt den Gesamtpreis für x Kinder?
b) Berechne den Gesamtpreis mithilfe des Terms, wenn die Gruppe aus 15 (20, 22, 25) Kindern besteht.
c) Finde für die anderen Terme eigene Beispiele.

A $20 \cdot x + 2$
B $2 \cdot x - 20$
C $20 \cdot x - 2$
D $2 \cdot x + 20$

6 Stelle einen Term zur Berechnung des Umfangs auf. Berechne den Umfang, indem du die Variablen durch selbstgewählte Zahlen ersetzt.

a) 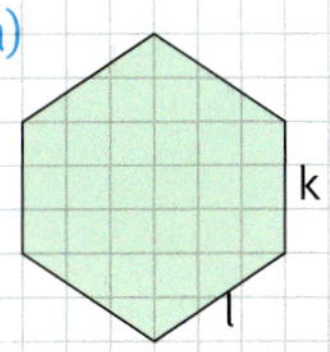

b) 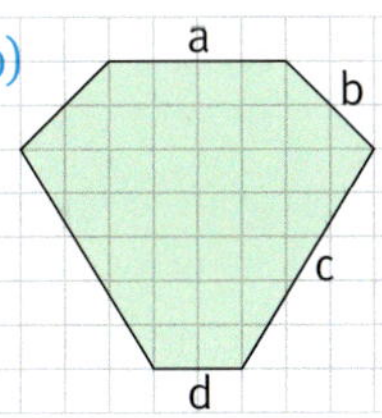

c) 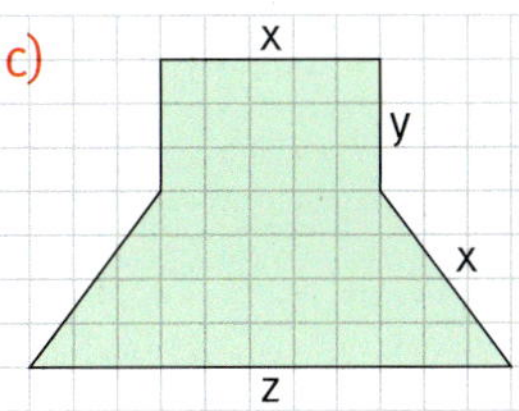

Terme mit Variablen vereinfachen

Lösungen zu 1

16	20
12	24
8	10

$x + x + x + x$ $4 \cdot x$ $3 \cdot x + x$ $2 \cdot x + 2 \cdot x$

$2 \cdot x$ $10 \cdot x - 8 \cdot x$ $4 \cdot x - 2 \cdot x$ $4 \cdot x + 6 \cdot x - 8 \cdot x$

Kommutativgesetz: Bei der Addition können die Summanden vertauscht werden. Es gilt: a + b = b + a

1 Setze für x die Zahlen 4, 5 und 6 ein. Bei welchen Termen rechnest du am schnellsten? Vergleiche die Ergebnisse.

$x + x + x + x + x$ $= 5 \cdot x$ $= 5x$	$8 \cdot y - 1 \cdot y$ $= 8 \cdot y - y$ $= 7y$	$13b - 5b + 12b - 10b$ $= 25b - 15b$ $= 10b$

Terme lassen sich durch Zusammenfassen vereinfachen.
Zwischen Zahl und Variablen darf man den Malpunkt weglassen.

2 Vereinfache die Terme.

a) $x + x + x$ b) $p + p + p + p + p + p$ c) $a + a + a - a$
d) $y + 8y$ e) $10z - 3z$ f) $4b + b - 2b + b$
g) $-20h + h$ h) $2s - 7s$ i) $12y - y \cdot 5 - 6y$

3 Vereinfache ebenso.

$$c + d + 2c + c + d = c + 2c + c + d + d = 4c + 2d$$

a) $x + y + y + x$ b) $r - r + u + r - u$
c) $6t + 11w + t$ d) $4b + 5 - b - 2$
e) $10 + 3a + a + 7$ f) $37f + 16g - 12f - 15g$
g) $1{,}3 + 3{,}2z - 5z + 2{,}9$ h) $0{,}9v + 9r - v + 18$

Zunächst ordnen, dann zusammenfassen.

4 Schreibe gleiche Terme untereinander. Überprüfe durch Rechnung, indem du für x die Zahl 5 einsetzt.

$4x - 2$ $4x - 5 \cdot 4$ $x + 9 + 2x - 5$ $9x + 5 - 5x - 7$ $2x - 10$ $2x - 2 + 2x$ $7x + 8 - 4x - 4$ $3x + 4$

5 Notiere einen vereinfachten Term zur Berechnung des Umfangs der Figur. Berechne den Umfang, indem du die Variablen durch selbstgewählte Zahlen ersetzt.

a)

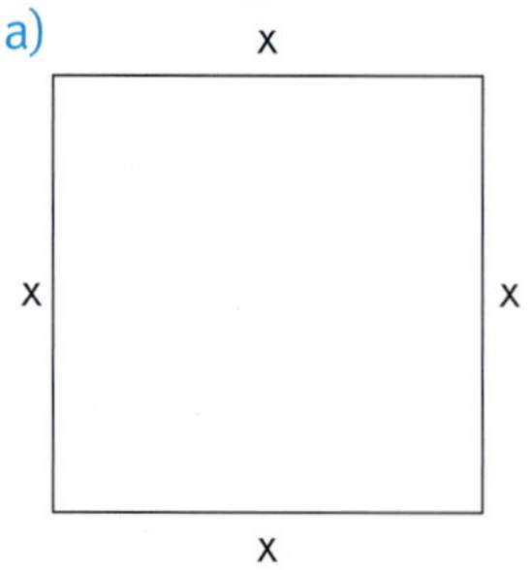

b)

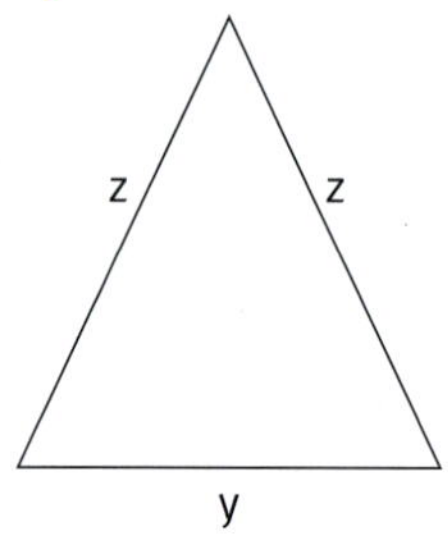

c)

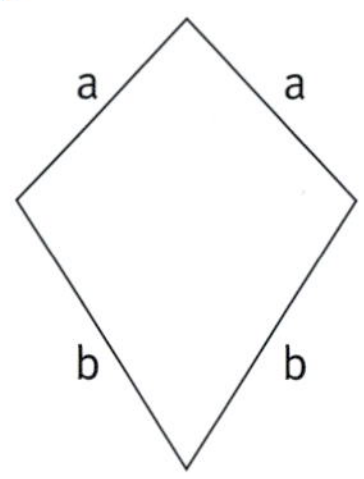

a)

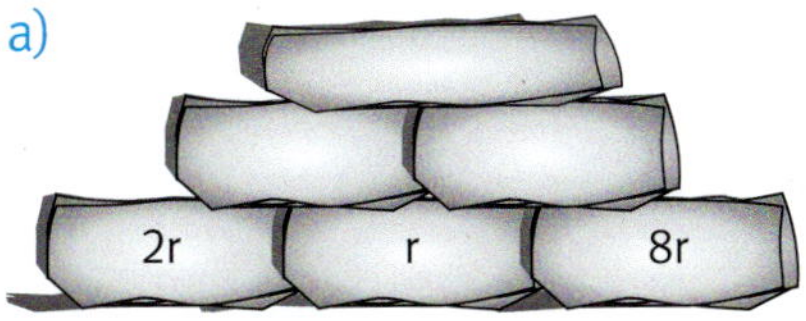

b)

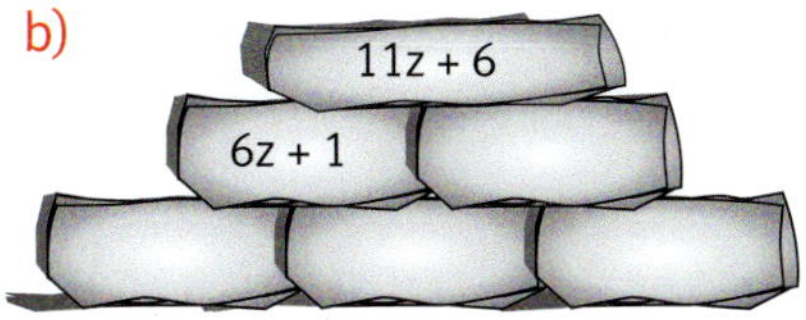

1 Übertrage die Termmauern und löse, indem du benachbarte Steine addierst.

2 Begründe, welche Terme nicht weiter vereinfacht werden können.

a) $z + z + z$ b) $2v - 2$ c) $a + 8a - 5$
d) $y + 3 - 3y + 17$ e) $-10a - 10$ f) $-9t + 9t$

$4 \cdot 3x$	$7y \cdot 5$	$12x : 4$	$35y : 5$
$= 4 \cdot 3 \cdot x$	$= 7 \cdot 5 \cdot y$	$= 12 : 4 \cdot x$	$= 35 : 5 \cdot y$
$= 12x$	$= 35y$	$= 3x$	$= 7y$

Terme lassen sich durch Multiplizieren und Dividieren vereinfachen.

Kommutativgesetz: Bei der Multiplikation können die Faktoren vertauscht werden. Es gilt: $a \cdot b = b \cdot a$

3 Vereinfache.

a) $6 \cdot 2x$ b) $7y \cdot 7$ c) $81a : 9$
d) $12 \cdot 5z - 70z$ e) $5{,}6b : 8 - 3b$ f) $14c : 0{,}14$

TRIMM-DICH-ZWISCHENRUNDE

1 Notiere als Term.

a) Multipliziere eine Zahl mit 3. b) Bilde die Summe aus einer Zahl und 7.
c) Bilde den fünften Teil einer Zahl. d) Subtrahiere 15 von einer Zahl.
e) Bilde das Produkt aus einer Zahl und 4 und addiere 20.

2 Setze für x nacheinander die Zahlen 3 und 6 ein und berechne dann den Wert des Terms.

a) $4 \cdot x$ b) $x + 5$ c) $36 : x$
d) $2x - 1$ e) $(5x - 6) : 3$ f) $3 - x$
g) $24 + 14x$ h) $(2 + x) \cdot (-x + 10)$ i) $x + x + x : 3$

3 Vereinfache so weit wie möglich.

a) $7x + 5x - 12z$ b) $20a - 15b - 5a$ c) $13 + 6y - 4y + 17$
d) $56s - s \cdot 14 + 13t$ e) $28 + 3k - 5k - 10$ f) $5c - 7 - 8c + 3c + 7$

4 Notiere jeweils einen Term für den Umfang der Figur. Vereinfache, wenn möglich.

a)

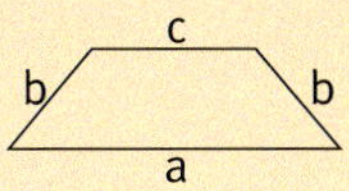

b)

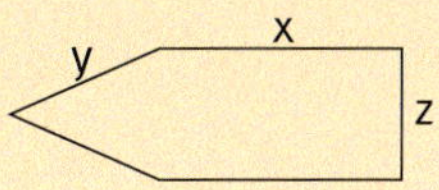

5 Beachte die Rechenregeln.

a) $3 \cdot 7x$ b) $5g \cdot 2 + 3g$ c) $63y : 9$
d) $10 \cdot 6 \cdot 3a$ e) $36m : 6 - 3m$ f) $15d - 20d : 4$

Ein Tag mit der Bahn

Die Berliner Ringbahn ist circa 37 km lang und verläuft um die Innenstadt Berlins herum.

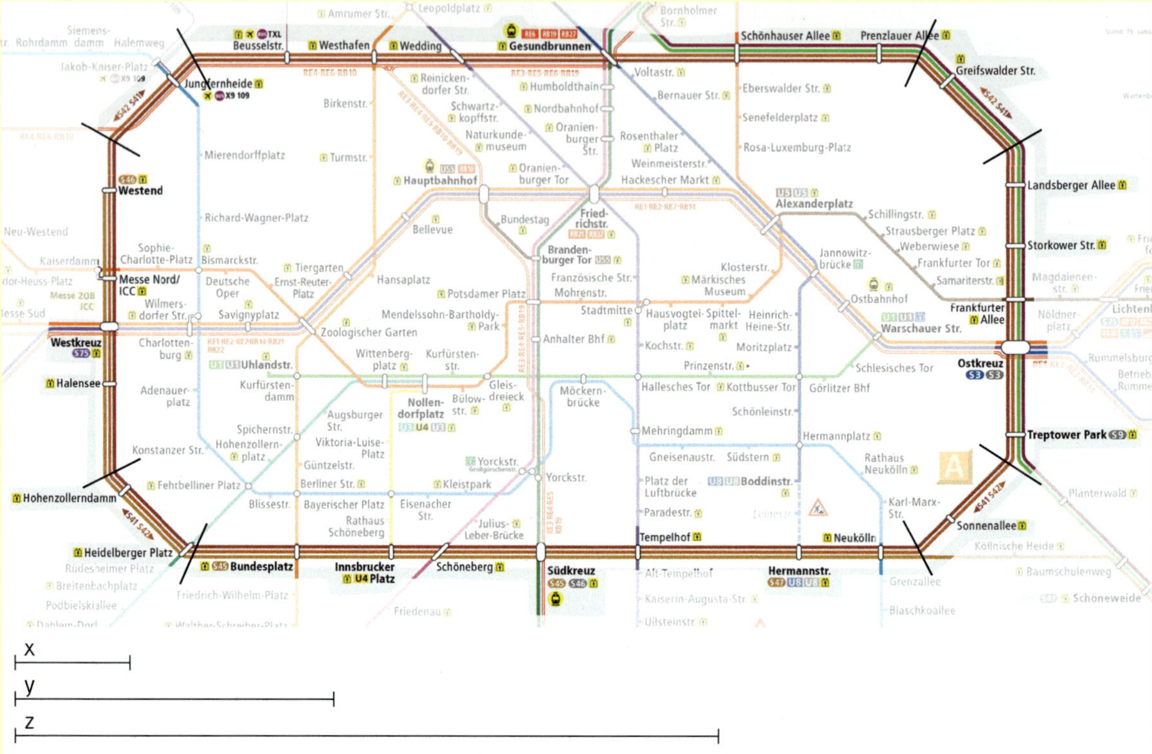

1 Die Strecke der Ringbahn lässt sich ungefähr in drei verschiedene Längen einteilen.

a) Schreibe die Länge der Ringbahn als Term.

b) Markus, Songül und Justine haben die Länge der Ringbahn auch als Term dargestellt.

Markus:
$x + z + x + y + x + z + x + y$

Songül:
$4 \cdot x + 2 \cdot y + 2 \cdot z$

Justine:
$2 \cdot (x + y + x + z)$

Welche Terme passen zur Strecke der Ringbahn?

c) Beschreibe, wie die drei zu ihren Termen gekommen sind.

d) Überprüfe die Länge der Ringbahn für x = 2,4 km, y = 4,3 km und z = 9,4 km.

e) Bei welchem Term rechnest du am schnellsten?

f) Kannst du den Term von Justine noch weiter vereinfachen?

2 Rechts wurde eine neue Strecke aus den Teilen a, b und c gebaut.
a) Stelle einen Term zu der Strecke auf. Notiere verschiedene Möglichkeiten.
b) Berechne die Länge für a = 10 cm, b = 13,5 cm und c = 8 cm.
c) Zeichne aus den gegebenen Streckenteilen eine eigene Strecke und notiere dazu verschiedene Terme.
d) Zeichne zu folgendem Term eine eigene Strecke:
$6 \cdot a + 4 \cdot b + 2 \cdot c$

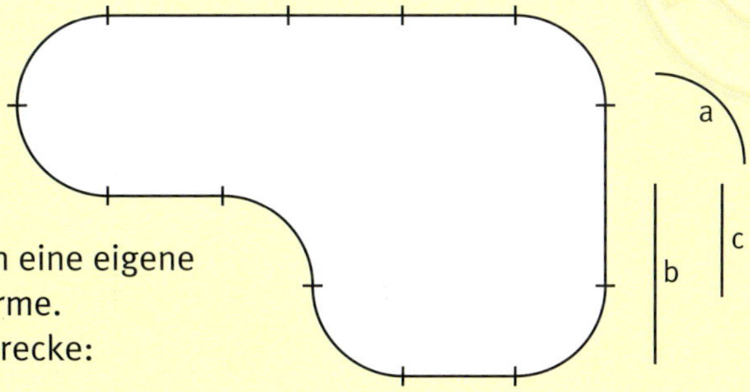

3 Tarifübersicht (Stand: 2017)

Ticket	Berlin AB (in EUR)
Einzelfahrausweis Regeltarif	2,80
Einzelfahrausweis ermäßigt (6–14 J.)	1,70
Kurzstrecke Regeltarif (bis zu 3 Stationen)	1,70
Kurzstrecke ermäßigt	1,30
Gruppentageskarte für Schüler (ab 10 Personen, Preis p. P.)	3,30

a) Frau Abdallah möchte mit ihrer 12-jährigen Tochter von der Frankfurter Allee zur Sonnenallee fahren. Berechne den Gesamtpreis.
b) Stelle einen Term zur Berechnung des Gesamtpreises für x Erwachsene und y Kinder auf.
c) Bei einem Wandertag möchte Herr Schönheim mit seiner Klasse zum Tempelhofer Feld. Die Fahrt beginnt am S-Bahnhof Gesundbrunnen und es nehmen 24 Schüler an dem Ausflug teil. Stelle eigene Fragen und beantworte sie.
d) Für den nächsten Wandertag sollst du der Klasse einen Vorschlag für einen Ausflug machen. Erstelle eine Kostenübersicht für dein Wunschziel (mit Bahnfahrt und Eintritt), indem du einen Term aufstellst.

4 Je nach Tageszeit setzt die Berliner S-Bahn mehr oder weniger Waggons ein. Ein Waggon ist 36,8 m lang.
a) Bestimme die Gesamtlänge einer Bahn mit 4 Waggons.
b) Stelle einen allgemeinen Term für die Berechnung der Länge auf.

5 In einem Waggon können 94 Personen sitzen und 200 Personen stehen.
Berechne die mögliche Gesamtpersonenzahl in einer Bahn mit 4 Waggons.

3 · 4	12 · 4 − 8	15 − 3	3 · 6	9 · 4 + 4
7 + 12 : 4	500 + 500	125 · 8	5 · 4 − 2	20 − 2 · 5

1 Welche Terme haben den gleichen Wert? Schreibe so: ■ = ■.

Gleichung

Sind zwei Terme durch ein Gleichheitszeichen verbunden, so erhält man eine Gleichung. Die Terme auf beiden Seiten einer Gleichung haben den gleichen Wert. Sie sind wertgleich.

$3 = 2 + 1$
$15 - 8 = 4 + 3$
$10 = 10$

Sind die Werte auf beiden Seiten verschieden, spricht man von einer Ungleichung.

$7 - 2 > 4$

Distributivgesetz: Bei zusammengesetzten Rechnungen können durch Klammern die Rechnungen anders verteilt werden. Es gilt:
$a \cdot (b - c) = a \cdot b - a \cdot c$

2 Ordne einander zu und prüfe rechnerisch, ob die Gleichungen stimmen.

Texte

a) Das Produkt von 6 und 3 ist genau so groß wie die Summe von 10 und 8.
b) Subtrahiert man 14 von 39, so erhält man den Quotienten aus 50 und 2.
c) Die Summe von 72 und 24 ist genau so groß wie die Differenz von 100 und 4.

Terme

$39 - 14 = 50 : 2$
$100 - 4 = 72 + 24$
$6 \cdot 3 = 8 + 10$

Assoziativgesetz: Bei der Addition und Multiplikation dürfen Summanden und Faktoren jeweils anders verbunden werden. Es gilt:
$a + (b + c) = (a + b) + c$
und
$a \cdot (b \cdot c) = (a \cdot b) \cdot c$

3 Vergleiche und setze die Zeichen <, > oder =.
a) 13 + 49 ■ 25 + 34
b) 15 · 5 ■ 10 · 5 + 5 · 5
c) 12 · 2 ■ 42 : 2 + 3
d) 5 · 4 + 18 ■ 50 − 3 · 3
e) (11 + 5) · 3 ■ 8 · 6
f) 100 − 6 · 7 + 3 ■ (100 − 6) · (7 + 3)

4 Finde mindestens zwei weitere Schreibweisen für den Term und schreibe sie als Gleichung. Verwende die Rechengesetze.
a) (9 + 18) + 3
b) 10 · 9 + 3 · 9
c) 100 − 23
d) (18 + 66) : 6
e) 6,3 + 7,5 · 2
f) 24 : 6 + 16,8

5 Setze die fehlenden Klammern so, dass die Gleichungen stimmen.
a) 3 + 6 · 4 = 36
b) 3 · 24 − 15 = 27
c) 25 − 11 : 9 − 2 = 2
d) 36 + 4 · 5 − 3 = 64 + 16

6 Fünf Zahlenkärtchen stehen dir zur Verfügung. Ordne sie so an, dass die Gleichung stimmt.

$\frac{■}{■} \cdot ■ = ■ - ■$

1 2 3 4 5

1 Beschreibe die Situation. Stelle dann eine passende Gleichung auf.

2 Stelle eine passende Gleichung zu den Geschichten auf.

a) Berkan kauft vier Paar Socken für je 3,95 € und zwei T-Shirts für je 14,95 €. Er bezahlt insgesamt 45,70 €.

b) Alina und Paul kaufen sich neue Spiele für ihren Computer. An der Kasse stellen sie fest, dass beide gleich viel bezahlen müssen. Alina kauft sich ein Spiel für 15 € und ein anderes für 25 €. Paul muss für beide Spiele eigentlich 50 € bezahlen, aber er bekommt noch 10 € Rabatt.

c) In der Werkstatt bezahlt Herr Kostic für die Reparatur seines Wagens 261,80 €. Auf der Rechnung sieht er, dass er drei Liter Öl für je 6,80 €, Ersatzteile für 137,30 € und drei Stunden Arbeitslohn für je 34,70 € bezahlen musste.

3 Schreibe zu den Gleichungen eine Geschichte.

a) $4 \cdot 3 + 12 \cdot 0{,}99 = 23{,}88$ b) $20 \cdot 7 - 15 = 125$
c) $28 + 37 = 3 \cdot 20 + 2 \cdot 2{,}5$ d) $145 + 2 \cdot 5{,}5 = 160 - 4$

4

$23 - 9$ $36 : 6$ $x : 3$ $17 + ▲$
$4 \cdot 3$ $4 + 5$ $18 : ◆$ $a - 5$
$12 + 3$ $3 + 18$ $6 \cdot z$ $■ + 4$

a) Nenne Terme mit Variablen und Terme ohne Variablen.
b) Schreibe gleichfarbige Terme wie im Beispiel mit einem Gleichheitszeichen. Ersetze die Variablen durch Zahlen, dass auf beiden Seiten wertgleiche Terme stehen.

$12 + 3 = x : 3$

$12 + 3 = 45 : 3$

Lösungen zu 5 und 6

6	6	7
–4	3	5
3	4	5
7	1	–3
–4	–10	–12
7		

5 Löse die Gleichungen im Kopf oder durch Probieren.

a) $x + 10 = 15$ b) $23 - y = 20$ c) $4 \cdot h = 28$
d) $36 : c = 6$ e) $3 + 5 \cdot x = 18$ f) $6 \cdot u - 5 = 19$
g) $-5 \cdot (1 + k) = 45$ h) $(21 - z) : z = -8$ i) $a \cdot a \cdot 2 - a = 1$

6 Welche Zahl muss man für x einsetzen, damit beide Terme wertgleich sind?

a) $-3 + x$ und $28 : x$ b) $32 : (-x)$ und $12 + x$ c) $4 \cdot x$ und $25 - x$
d) $x + 6$ und $2 \cdot x$ e) $17 - x$ und $3 + x$ f) $x + 9$ und $-15 - x$

Gleichungen mit Umkehraufgaben lösen

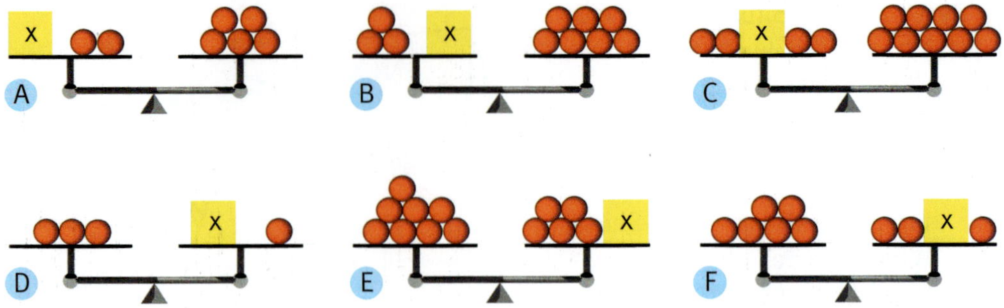

1 a) Auf den Waagen liegt jeweils eine Box mit der Aufschrift „x“.
Ordne die Gleichungen den Waagen zu.

$3 + x = 7$ | $2 + x + 2 = 9$ | $3 = x + 1$ | $8 = 5 + x$ | $x + 2 = 5$ | $6 = 2 + x + 1$

b) Wie viele Kugeln müssen in den Boxen enthalten sein, so dass die Gleichungen stimmen?

c) Beschreibe, wie du zu deiner Lösung gekommen bist.

d) Erkläre anhand der Waage den Begriff „Gleichung“.

2 Umkehraufgaben erleichtern das Bestimmen der Variablen. Erkläre.

Gleichung $a + 11 = 15$	Gleichung $b - 26 = 13$	Gleichung $c \cdot 7 = 63$	Gleichung $d : 15 = 5$
Rechenplan a → + 11 → 15 15 → − 11 → a	Rechenplan b → − 26 → 13 13 → + 26 → b	Rechenplan c → · 7 → 63 63 → : 7 → c	Rechenplan d → : 15 → 5 5 → · 15 → d
Umkehraufgabe $a = 15 - 11$ $a = 4$	Umkehraufgabe $b = 13 + 26$ $b = 39$	Umkehraufgabe $c = 63 : 7$ $c = 9$	Umkehraufgabe $d = 5 \cdot 15$ $d = 75$

3 Stelle zuerst die Gleichung um, dann löse sie. Mache auch die Probe.

$x + 12 = 38$
$x = 38 - 12$
$x = 26$

a) $x + 18 = 23$ b) $x + 34 = 66$ c) $x + 149 = 349$
d) $y - 27 = 23$ e) $y - 45 = 55$ f) $y - 69 = 11$
g) $a \cdot 6 = 36$ h) $a \cdot 20 = 400$ i) $a \cdot 11 = 121$
j) $b : 7 = 9$ k) $b : 9 = 11$ l) $b : 30 = 30$

Lösungen zu 3 und 4

100	7	88
5	100	60
20	99	80
200	50	63
900	11	32
6	32	144
20	0,5	

Probe:
26 + 12 = 38
38 = 38 ✓

4 Wie heißt die gesuchte Zahl? Löse mit der Umkehraufgabe und mache die Probe.

a) Dividiert man die gesuchte Zahl durch 4, erhält man 15.

b) Multipliziert man die gesuchte Zahl mit 8, erhält man 56.

c) Wenn man zur gesuchten Zahl 12 addiert, erhält man 100.

d) Wird die gesuchte Zahl um 27 vermindert, erhält man 73.

e) Das Produkt aus $\frac{1}{2}$ und der gesuchten Zahl ergibt 16.

f) Der vierte Teil der gesuchten Zahl ist 36.

g) Dividiert man die gesuchte Zahl durch −5, erhält man −4.

h) Das Produkt aus der Zahl und $-\frac{1}{4}$ ergibt $-\frac{1}{8}$.

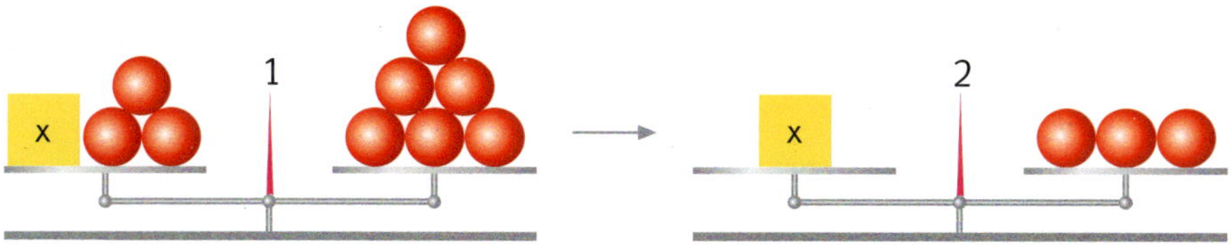

1 a) Beide Waagen befinden sich im Gleichgewicht. Stelle eine Gleichung auf.
b) Gib die Art der Umformung von 1 nach 2 an.
c) Was wurde durch die Umformung erreicht?

Gleichungen darf man verändern, indem man auf beiden Seiten dieselbe Zahl addiert oder subtrahiert.
Man erkennt, für welche Zahl die Variable steht, wenn die Variable allein (isoliert) auf der rechten oder linken Seite der Gleichung steht.

$x + 3 = 15 \quad | -3$
$x + 3 - 3 = 15 - 3$
$x = 12$

Durch die Probe kann man prüfen, ob das Ergebnis stimmt.

Probe:
$12 + 3 = 15$
$15 = 15$ ✓

Wertgleiche (äquivalente) Umformung

2 Gib an, wie die Gleichung umgeformt wurde.

a) b) c) d)

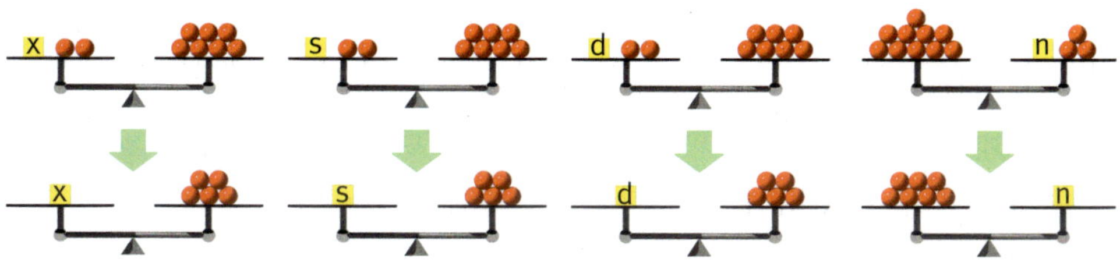

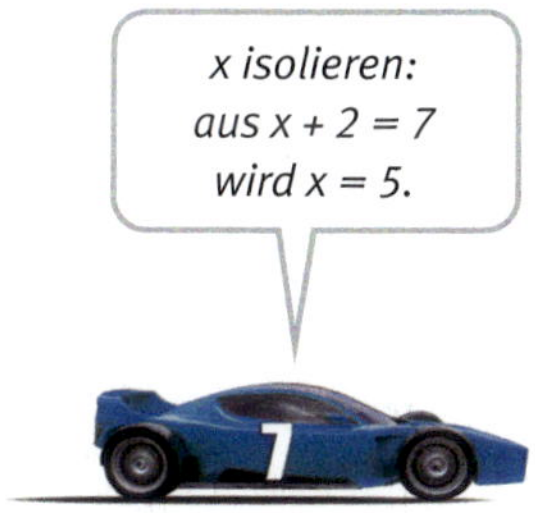

3 Stelle die Gleichungen an der Waage dar. Löse dann durch wertgleiches Umformen.
a) $5 + x = 7$ b) $y + 8 = 11$ c) $9 = 6 + z$ d) $7 = a + 2$ e) $x + 3 = 5 + 7$

4

Löse ebenso und mache auch die Probe.
a) $a + 7 = 10$ b) $b - 13 = 5$ c) $52 = 12 + c$ d) $d - 25 = 99$
e) $66 = e - 19$ f) $3 \cdot 15 = f + 30$ g) $77 + 12 = 34 + g$ h) $86 - 13 = h - 9$
i) $-3{,}9 + i = 12{,}1$ j) $-5 = j - 33$ k) $-12 + k = 14{,}5$ l) $\frac{3}{4} + l = -1$

Lösungen zu 3 und 4

40	−1,75	82
15	5	124
3	3	9
26,5	18	28
16	55	2
3	85	

5 Löse durch wertgleiches Umformen.
a) $3{,}2 + x = 9{,}3$ b) $7 \cdot 2{,}5 = x - 9{,}5$ c) $9{,}3 = x - 5 - 3{,}7$
d) $3 : 0{,}5 = -x - 3$ e) $9{,}6 \cdot 3 = 4{,}2 - x$ f) $x - 12{,}2 = 36{,}9 : 9$

Gleichungen wertgleich umformen

1 a) Stelle eine Gleichung auf und gib die Art der Umformung von 1 nach 2 an.
b) Was wurde durch das Umformen erreicht?

Wertgleiche (äquivalente) Umformung

> Gleichungen darf man auch verändern, indem man auf beiden Seiten mit derselben Zahl multipliziert oder dividiert. Man erkennt, für welche Zahl die Variable steht, wenn die Variable allein (isoliert) auf der rechten oder linken Seite der Gleichung steht.
>
> $2 \cdot x = 6 \mid : 2$
> $2 \cdot x : 2 = 6 : 2$
> $x = 3$
>
> Durch die Probe kann man prüfen, ob das Ergebnis stimmt.
>
> Probe: $2 \cdot 3 = 6$
> $6 = 6$ ✓

2 Schreibe zu jedem Bild die passende Gleichung. Versuche durch wertgleiches Umformen, die Variable auf einer Seite zu isolieren.

a) 

b) 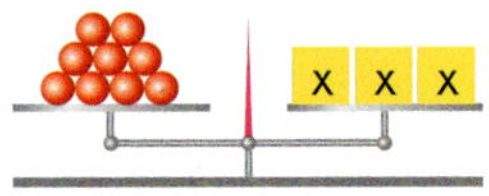

c) 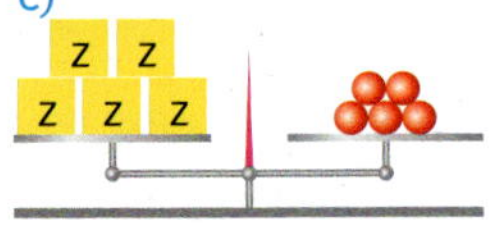

Lösungen zu 3 und 4

8	–4	63
–20	5	108
36	–3	99
10	80	12,8
7	9	11

3 Löse durch wertgleiches Umformen und mache auch die Probe.

a) $7 \cdot p = 35$ b) $84 = 12n$ c) $11y = 121$ d) $a \cdot 8 = 640$
e) $q : 7 = 9$ f) $9 = z : 4$ g) $24 : t = 3$ h) $6{,}4 = x : 2$
i) $13{,}5 \cdot 2 = 3w$ j) $g : 2 = 18 \cdot 3$ k) $-3f + 3 = 12$ l) $5c + 7 = -13$

4 Stelle eine Gleichung auf und löse durch wertgleiches Umformen. Prüfe dein Ergebnis mit der Probe.

a) Paul denkt sich eine Zahl, multipliziert sie mit 3 und erhält 30.
b) Mustafa teilt seine gedachte Zahl durch 9 und bekommt als Ergebnis 11.
c) Lisa erhält die Summe aus 120 und 20, wenn sie eine Zahl und –7 multipliziert.

5 Ergänze die Lösungsschritte.

a) ■ = ■ | −3
$x + 3 - 3 = 9 - 3$
x = ■

b) $3y$ = ■ | : 3
■ = $27 : 3$
y = ■

a) u = 30 cm

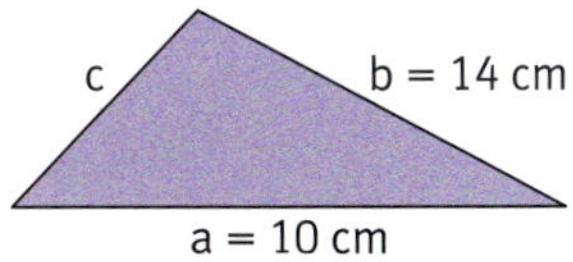

b) u = 104 dm

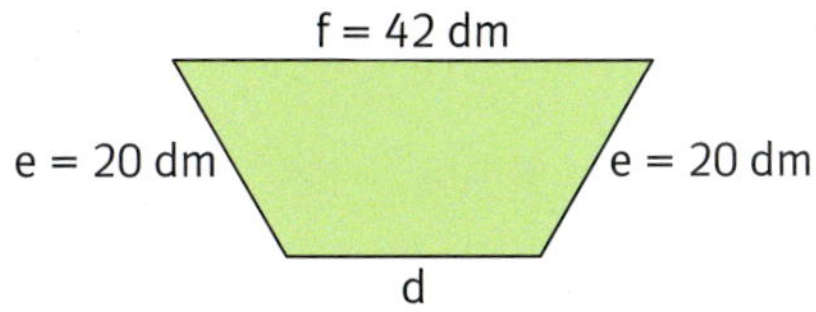

c) u = 76 m

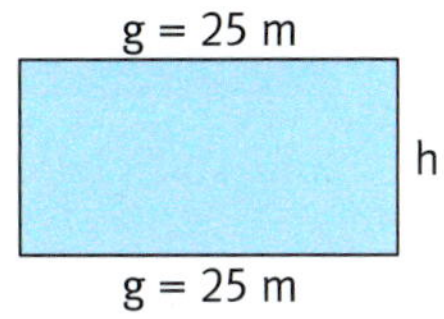

Lösungen zu 1 und 2

60	6
22	70
13	65

1 Der Umfang der Figur ist bekannt. Stelle eine Gleichung auf und berechne die fehlende Länge.

2 Stelle Gleichungen auf und berechne die gesuchten Winkel.

a)

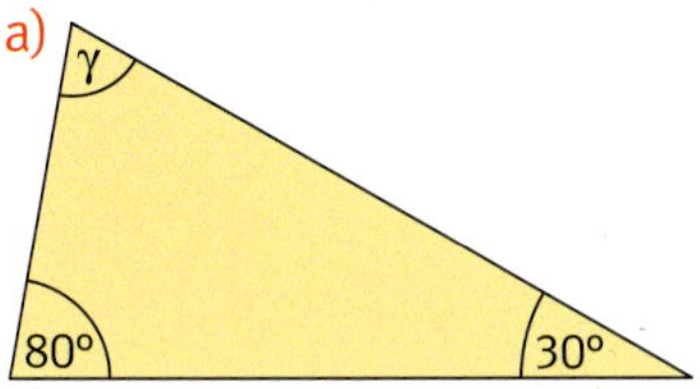

b)

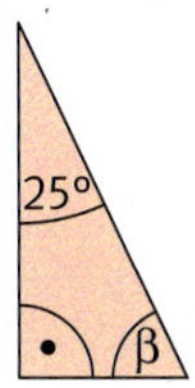

c)

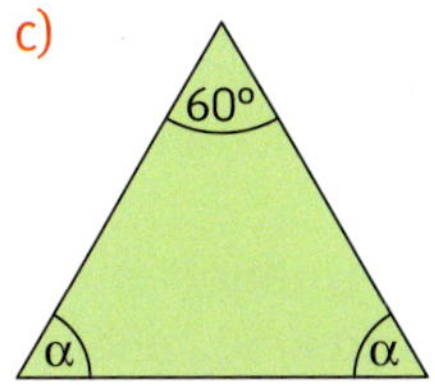

TRIMM-DICH-ZWISCHENRUNDE

1 Finde wertgleiche Terme und schreibe sie als Gleichung.

$54 - 23$ $46 \cdot 0 + 50 - 4$ $(8 + 17) : 5$ $36 - 8 \cdot 3 - 7$

$86 : 2 + 3$ $(26 + 29) : (16 - 11)$ $1 + 5 \cdot 6$ $2 \cdot 3 + 20 : 4$

2 Welche Texte gehören zur Gleichung $6 + x = 5 \cdot 2$? Löse durch Probieren.

a) Das Produkt aus 5 und 2 ergibt das Sechsfache einer Zahl.
b) Addiert man zu einer Zahl 6, erhält man genau so viel wie das Produkt aus 2 und 5.
c) Die Zahl 6 vermehrt um eine Zahl ergibt das Produkt aus 5 und 2.

3 Löse die Gleichungen durch wertgleiches Umformen. Mache auch die Probe.

a) $7 + t = 20$ b) $y + 21 = 62$ c) $55 = a + 40$
d) $87 - v = 77$ e) $o - 4 = 24$ f) $38 = 51 - c$
g) $9 \cdot q = 45$ h) $2s = 12$ i) $21 + 13 = 17 \cdot b$
j) $56 : e = 8$ k) $x : 4 = 20$ l) $85 - 79 = k : 6$

4 Jede Figur hat einen Umfang von 84 cm. Stelle eine Gleichung auf und berechne x.

a)

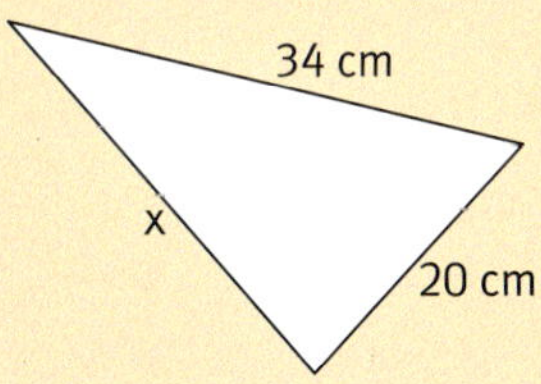

b)

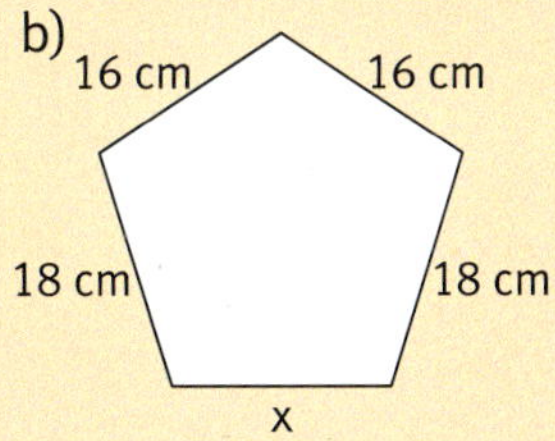

c)

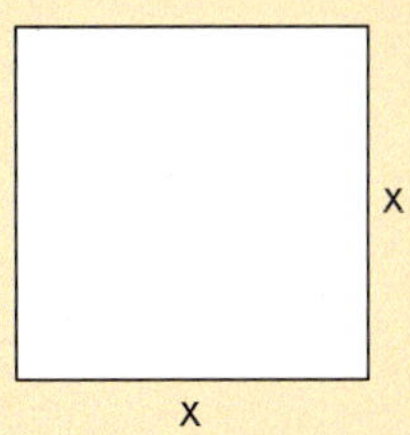

Terme und Gleichungen wiederholen

Terme und Variablen

Terme aufstellen
S. 140 f.

Ein Term ist eine Verbindung aus Zahlen und Rechenzeichen.

Subtrahiere 14 vom Produkt aus 5 und 12. Term: $5 \cdot 12 - 14$	Valentina kauft zwei Pullover für je 20 € und eine Hose für 25 €. Term: $2 \cdot 20$ € + 25 €

Terme mit Variablen aufstellen
S. 142 f.

Eine Variable ist ein Platzhalter für eine Zahl. Meist benutzt man Buchstaben für die unbekannte Zahl, z. B. x, y, a, r, ... Auch Terme können Variablen beinhalten.

Zum Quotienten aus 42 und 7 wird eine Zahl addiert.

$42 : 7 + y$

Setze ein und berechne.

	3	5
$45 - x \cdot 2$	$45 - 3 \cdot 2 = 39$	$45 - 5 \cdot 2 = 35$

Terme mit Variablen vereinfachen
S. 144 f.

Gleiche Variablen kann man zusammenfassen. Das Multiplikationszeichen zwischen Zahl und Variablen darf man weglassen.

$a + a + a + a = 4 \cdot a = 4a$ | $c + c + 5c + 2 - 2c + 7 = 5c + 9$

Gleichungen

Gleichungen (auch mit Variablen) aufstellen
S. 148 ff.

Verbindet man zwei Terme mit einem Gleichheitszeichen, erhält man eine Gleichung.

Eine Zahl addiert mit 16 ergibt die Differenz aus 20 und 3.

Gleichung: $z + 16 = 20 - 3$

Der Umfang eines Dreiecks beträgt 35 cm. Die eine Seite ist 12 cm und die andere 8 cm lang.

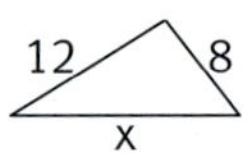

Gleichung:
12 cm + 8 cm + x = 35 cm

Gleichungen durch wertgleiches Umformen lösen
S. 151 ff.

Gleichungen kann man lösen, indem man auf beiden Seiten der Gleichung mit derselben Zahl addiert, subtrahiert, multipliziert oder dividiert. Man erkennt, für welche Zahl die Variable steht, wenn die Variable allein (isoliert) auf der rechten oder linken Seite der Gleichung steht.
Durch die Probe kann man prüfen, ob das Ergebnis stimmt.

$w - 15 = 24 \quad | + 15$
$w - 15 + 15 = 24 + 15$
$w = 39$

Probe: $39 - 15 = 24$
$24 = 24$ ✓

$7e = 63 \quad | : 7$
$7 \cdot e : 7 = 63 : 7$
$e = 9$

Probe: $7 \cdot 9 = 63$
$63 = 63$ ✓

Aufgaben zur Differenzierung

Basis-Aufgaben | **Vertiefende Aufgaben**

1 Stelle einen Term auf und löse.

a) Addiere 20 zur Differenz aus 35 und 12.
b) Bilde den Quotienten aus 45 und 5 und subtrahiere 3.
c) Multipliziere 8 und 15 und dividiere das Ergebnis durch 2.
d) Die Summe aus 14 und 7 soll vom Produkt aus 13 und 10 subtrahiert werden.

Vertiefend:
a) Addiere zum Quotienten aus 45 und 9 das Produkt aus den Zahlen 21 und 7.
b) Dividiere die Summe aus 8 und 4 durch die Differenz der Zahlen.
c) Subtrahiere vom Produkt aus 3,5 und 100 das Drittel von 60 und dividiere das Ergebnis durch die Summe von 6 und 5.

2 Ordne Texte und Terme einander zu und erkläre.

A | $2 : x$
B | $x + 2$
C | $x : 2$
D | $x \cdot 2$

a) Berin ist halb so alt wie Stefan.
b) Tarek besitzt doppelt so viele Briefmarken wie seine Schwester.
c) Ilayda bekommt 2 € mehr Taschengeld als Samuel.

Vertiefend:
Miriam möchte sich für ihre Modelleisenbahn einen neuen Zug kaufen. Die Lokomotive kostet 85 €, ein Waggon kostet 25 €.
a) Miriam möchte einen Zug mit 2 (3, 5) Waggons. Berechne den Gesamtpreis.
b) Stelle einen Term für den Gesamtpreis des Zuges mit x Waggons auf.
c) Wie viele Waggons hat Miriam gekauft, wenn sie 185 € (235 €, 310 €) bezahlt hat?

3 Vereinfache.

a) $g + g + g + g - g$
b) $x + 12x - 4x - 7x$
c) $18b + 26o - 13b - 22o$
d) $36t - 12 - t - 4 - t + 6$

Vertiefend:
a) $70y - 62z + 56y - 13z$
b) $6{,}8d + 33 - 2{,}3d + 1{,}4d - 14{,}5$
c) $-5h + 13q + 8h - 15q$
d) $6 - 23w - 22 - 6 - 46w + 8w$

4 Ordne Text und Gleichung einander zu.

A | $x : 5 - 6 = 8$
B | $5 \cdot x - 6 = 8$
C | $5 \cdot x + 6 = 8$
D | $x : 5 + 6 = 8$

a) Dividiert man eine Zahl durch 5 und subtrahiert davon 6, so erhält man 8.
b) Wenn man zum 5. Teil einer Zahl 6 hinzufügt, erhält man als Ergebnis 8.

Vertiefend:
Stelle eine Gleichung auf.
a) Das Dreifache einer Zahl vermehrt um 12 ergibt die Summe aus 16 und 14.
b) Das Vierfache einer Zahl vermindert um 12 ergibt die Differenz aus 39 und 15.
c) Der vierte Teil einer Zahl vermindert um 7 ergibt die Summe aus 14 und 9.
d) Der dritte Teil einer Zahl vermehrt um 6 ergibt die Differenz aus 25 und 9.

5 Wo steckt der Fehler? Verbessere.

a) $x + 7 = 30$
$x = 37$

b) $12 : n = 3$
$n = 36$

c) $z - 15 = 40$
$z = 25$

d) $64 = a \cdot 8$
$56 = a$

e) $8x + 13 + 7x = 88$
$x = 75$

f) $20 + 5 \cdot 2 + 2 = 2x$
$x = 50$

Vertiefend:
Stelle eine Gleichung auf und berechne x.

a) u = 20 cm

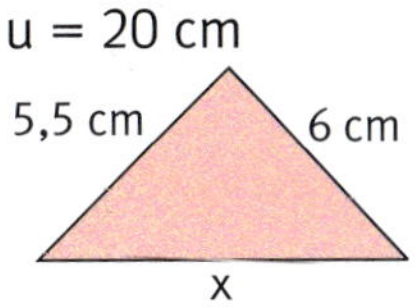

b) u = 48 cm

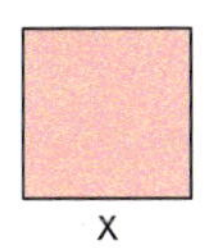

c)

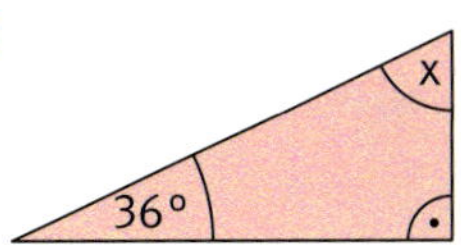

d)

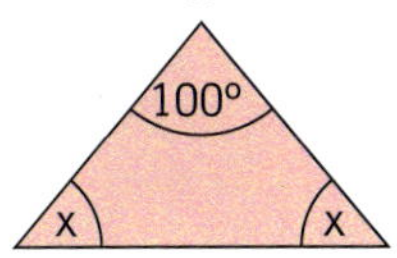

1 Ordne Text und Term einander zu und erkläre, wofür die jeweilige Variable steht.

x – 10 | 2 · a | m : 2 | t + 10

a) Der Preis hat sich verdoppelt.
b) Nina hat 10 € mehr als Leon.
c) Im Sonderangebot kostet ein Produkt nur noch die Hälfte.
d) Wanda kauft sich für 10 € ein T-Shirt.

2 Setze die Tabelle im Heft bis 5 fort und berechne die Termwerte.

x	x + 5	9x – 7	15 + 3x	100 – 4x
1	6	2		
2	7			
3				

3 Für welche Zahl steht die Variable jeweils?

a)

y	y – 12
■	3
■	7
■	12
■	1,5

b)

b	3b
■	15
■	33
■	3,3
■	7,5

4

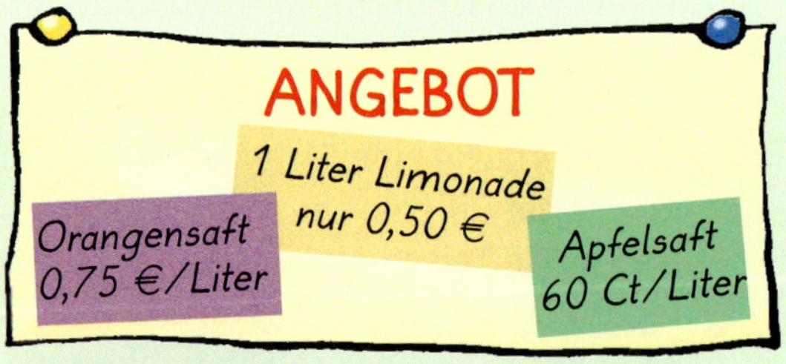

Lena kauft für ihren Geburtstag Getränke ein. Sie hat sieben Freunde eingeladen.
a) Überlege dir, wie viel Liter Lena einkaufen muss und berechne den Gesamtpreis.
b) Stelle einen Term für den Gesamtpreis bei a Liter Orangensaft, b Liter Limonade und c Liter Apfelsaft auf.
c) Lena hat noch 15 € im Portemonnaie. Stelle zwei verschiedene Einkaufsmöglichkeiten auf.

5 Stelle einen Term für die Berechnung des Umfangs der Figur auf und berechne dann den Umfang für x = 5 cm.

a)

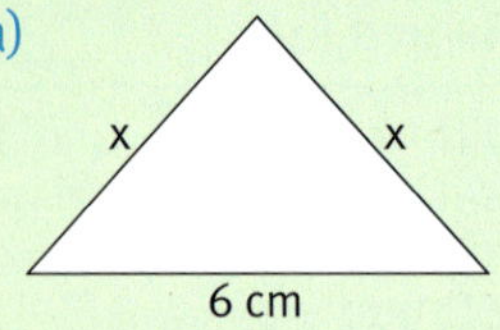

b)

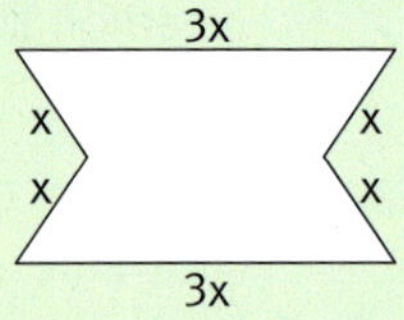

6 Vereinfache.
a) $z + 4z + 3z - 2z$
b) $13j - 2j + 5r - r + 14j$
c) $23t - 41s - 6t + 19t + 58s$
d) $34a + 21 + 23{,}5a - 17$
e) $-67k + 32d + 11k - 30d - 3d$
f) $e - 7 - y + 17e + 11y + 4e$

7 Verbinde gleiche Terme zu einer Gleichung.

$z + 3z$ | $-z - 3z$ | $6z - z - z$ | $6z$ | $4z - z + 3z$ | $z + z$ | $-4z$ | $5z - 2z - z$

8 Ordne die Lösungen den Gleichungen zu. Du erhältst ein Lösungswort.
a) $x - 17 = 20$ b) $5x = 35$
c) $47 = 22 + x$ d) $3x + 4 = 10$
e) $54 : x = 6$ f) $32 = 32 - x$
g) $x : 11 = 3$ h) $7x - 1 = 20$

x = 33 | E x = 7 | M x = 9 | R
x = 0 | M x = 3 | N x = 2 | O
x = 37 | U x = 25 | F

9 Ergänze.
a) $12x +$ ■ $= 17x$
b) $8y -$ ■ $= y$
c) $9g - 5g +$ ■ $= 12g$
d) ■ + ■ $= 14s$
e) ■ – ■ $= 20i$
f) $4r \cdot 2 -$ ■ $= -2r$
g) ■ – ■ + ■ $= 6z$
h) ■ + ■ + ■ $= -8n$

10 Stelle Gleichungen auf und löse.
a) Das Vierfache einer Zahl ergibt 20.
b) Subtrahiert man 15 von einer Zahl, so erhält man 30.
c) Vermindert man das Zehnfache einer Zahl um 38, so erhält man 12.
d) Das Produkt aus 8 und einer Zahl ergibt die Summe aus 60 und 12.

11 Welcher Text gehört zu der Gleichung? Begründe.

$4y + 20 = 56$

a) Manuel hat 4 Monate sein Taschengeld gespart. Zum Geburtstag bekommt er 20 € von seiner Tante. Nun hat er 56 €.
b) Zeynep hat 56 €. Sie kauft sich 4 Paar Socken und eine Hose für 20 €.
c) Selin bekommt 4 Monate hintereinander 20 € von ihren Eltern. Jetzt hat sie 56 €.

12 Löse die Gleichungen durch wertgleiches Umformen. Mache auch die Probe.
a) $p + 13 = 32$ b) $52 - u = 41$
c) $8y = 24$ d) $150 : a = 50$
e) $17 - 3 = 2w$ f) $4 \cdot 8 = 32 \cdot t$

13 Wo steckt der Fehler bei den Umformungen? Korrigiere.
a) $5x = 30$
$x = 25$
b) $b : 12 = 12$
$b = 1$
c) $d - 15 = 9$
$d = 6$
d) $8 + 3x = 17$
$11x = 17$

14 Der Umfang der Figuren ist bekannt. Berechne die fehlenden Seiten.
a) $u = 45$ cm

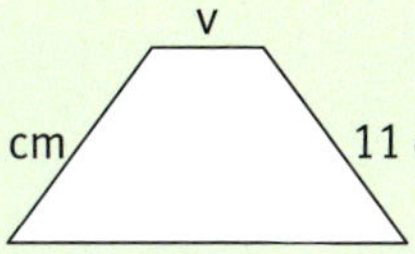

b) $u = 88$ cm

c) $u = 65$ cm

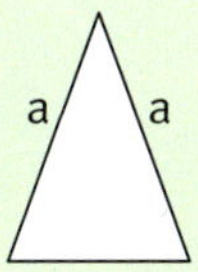

d) $u = 20$ cm

15 Die Kantenmodelle sind aus Draht hergestellt. Welche Terme beschreiben jeweils die Gesamtkantenlänge?

a)
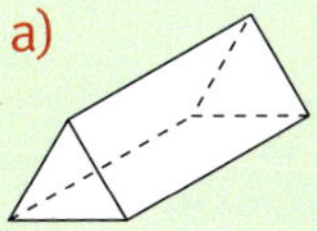
b)
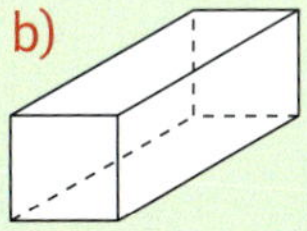
c)
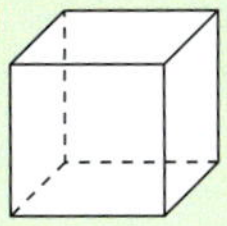
d)
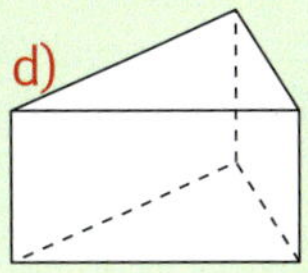

$6a + 3b$
$2a + 4b + 3c$
$8a + 4b$
$12a$

16 Löse durch wertgleiches Umformen.
a) $2x + 6 - 7x = 20 + 21$
b) $-2x + 14 - 2x - 14 = 12$
c) $7 - 9x + 13x = 9{,}6 : 3$
d) $x : 4 - 3{,}5 + 0{,}75x = 0{,}5$
e) $0 = 3{,}3x - 8 - 5{,}3x + 3{,}5 + 6{,}5x$
f) $6{,}4 - 3{,}5x + 3{,}6 + 4{,}6x = 21$

17 Der Flächeninhalt der Figuren ist bekannt. Berechne die fehlenden Seiten.
a) $A = 96\ m^2$ b) $A = 25\ cm^2$

18 Finde äquivalente Gleichungen.

$x = 60$ | $x = 9$ | $3x = 180$ | $x = 1$
$3x + 8 = 11$ | $3x + 9 = 189$ | $3x = 27$
$3x = 33$ | $3x - 6 = 27$ | $3x - 6 = 21$

19 Hier siehst du die Lösung von Gleichungen. Gehe „rückwärts" und erstelle die Ausgangsgleichungen.
a)
___ = ___ | : 5
___ = ___ | − 4
___ = ___ | : 2
$x = 6$

b)
___ = ___ | · 4
___ = ___ | + 3,5
___ = ___ | : 5
$x = 5$

1 Notiere als Term.
a) Addiere zu einer Zahl 37.
b) Bilde ein Achtel einer Zahl.
c) Subtrahiere eine Zahl von 29.
d) Bilde das Produkt aus einer Zahl und 4.

2 Setze ein und berechne den Wert des Terms.

	a)	b)	c)	d)	e)
	4	7	10	3,5	11,25
$23 + y$	■	■	■	■	■
$y \cdot 5$	■	■	■	■	■
$(12 - y) + 2y$	■	■	■	■	■

3 Vereinfache so weit wie möglich.
a) $4e + 5e - e + 3e$
b) $h + 15h - 2h + 12 - 3$
c) $2a + 17i + 25a - 3i + a$
d) $51 - 12 + 13d - 10$
e) $3q - 7z - 5q - 3z - 1{,}5z$
f) $17f - 3{,}8f + 12w - 4{,}1f$
g) $5m \cdot 6 + 30$
h) $42 - 42k : 7$
i) $3b \cdot 5 + 7b - 12$

4 Stelle einen Term zur Berechnung der Streckenlänge auf berechne für $x = 4$ cm.

a)
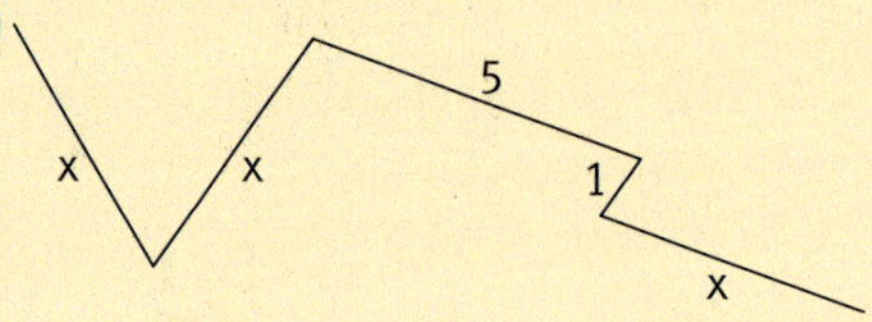

b)
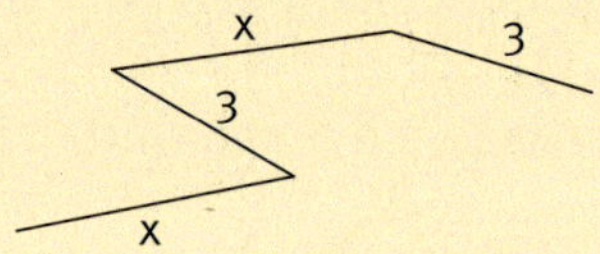

5 Ordne Texte und Gleichungen einander zu. Du erhältst ein Lösungswort.
a) Subtrahiert man 2 vom Dreifachen einer Zahl, so erhält man 8.
b) Die Differenz aus 3 und einer Zahl, vermehrt um 2, ergibt 8.
c) Das Produkt aus 3 und einer Zahl, vermehrt um 2, ergibt 8.
d) Multipliziert man das Dreifache einer Zahl mit 2, erhält man 8.
e) Die Summe aus einer Zahl und 3, vermindert um 2, ergibt 8.

$3 - x + 2 = 8$	U	$3x + 2 = 8$	P
$3x - 2 = 8$	S	$2 - 3x = 8$	A
$3x \cdot 2 = 8$	E	$3 + x - 2 = 8$	R

6 Löse die Gleichungen durch wertgleiches Umformen. Mache auch die Probe.
a) $67 - w = 23$
b) $j \cdot 13 = 91$
c) $20 = f : 9$
d) $5a \cdot 4 = 444 - 204$
e) $24s = 12s - 24$
f) $-7v \cdot 4 = 9 - 18 - 103$

7 Berechne die fehlende Angabe.

a) $u = 116$ cm
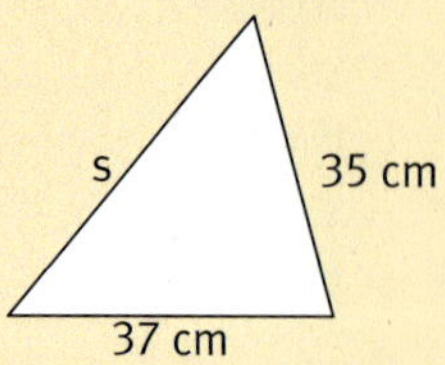

b)
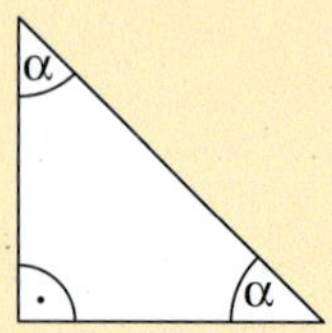

c) $u = 36$ cm
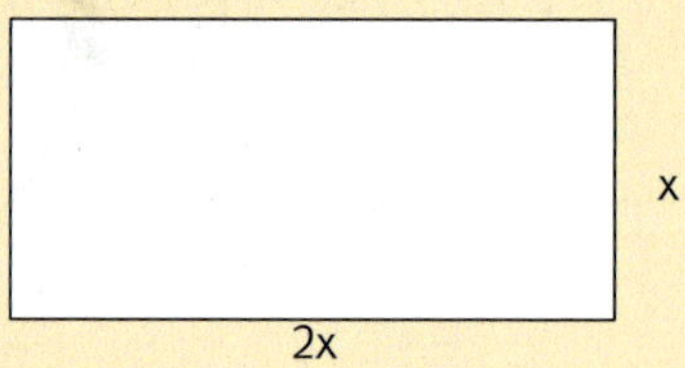

Umfang und Flächeninhalt von Figuren

Die Karte von Nettuno, einer Gemeinde, die zu Rom gehört, stammt aus dem Mittelalter. Die Römer waren hervorragende Baumeister. Ihre Tempel, Arenen und Paläste beeindrucken die Besucher noch heute. In Rom arbeiteten Landvermesser, die das Stadtgebiet durch Raster in Quadrate einteilten, um die Größe zu ermitteln.

Maßstab: 1 : 2000000

Die Karte zeigt die Bundesländer Brandenburg und Berlin.

- Was bedeutet der Maßstab 1 : 2000000?
- Bestimme die Entfernung zwischen Bad Belzig und Luckenwalde und vergleiche mit den Angaben eines Routenplaners.
  Erkläre Unterschiede.
- Bestimme genauso die Entfernung zwischen anderen Orten.
- Vergleiche mithilfe der eingezeichneten Quadrate die Fläche von Berlin und Potsdam.
  Begründe, dass die Fläche von Berlin etwa dreimal so groß ist wie die Fläche von Potsdam.
- Ordne die Fläche der drei Landkreise Dahme-Spreewald, Spree-Neiße und Oberspreewald-Lausitz der Größe nach. Begründe mit dem Raster.
- Finde einen Landkreis, der ungefähr die gleiche Fläche besitzt wie der Landkreis Spree-Neiße.

Strecken, Längen und Flächen

Strecken messen

❶ Gib die Länge der Strecken [AB], [AC] und [BC] an.

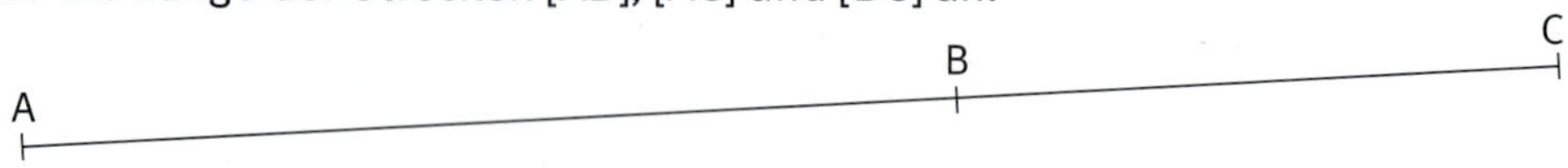

> Der Abstand von zwei Punkten heißt Länge einer Strecke.
> Eine Strecke hat einen Anfangs- und einen Endpunkt.
>
> Gerade: ohne Anfangs- und Endpunkt
>
> 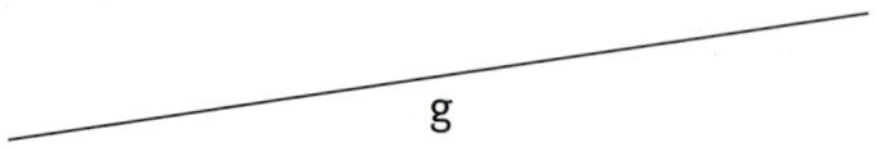
>
>
> Strecke: mit Anfangs- und Endpunkt
>
> 
>
>
> $\overline{AB} = 3{,}5$ cm

Längenmaße umrechnen

❷ a) Übertrage die Figuren und zeichne den Umfang farbig nach.
b) Bestimme die Umfänge durch Auszählen oder Messen.

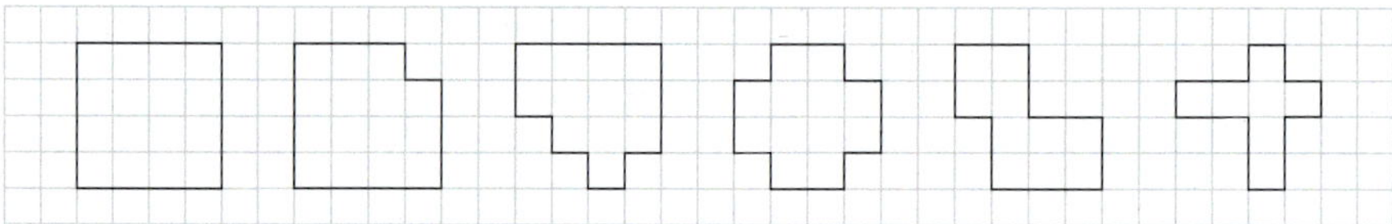

❸ Wandle in die angegebenen Maßeinheiten um.

a) 4 cm = ■ mm b) 1,20 m = ■ cm c) 80 mm = ■ cm
d) 500 cm = ■ m e) 70 cm = ■ dm f) 52 mm = ■ cm

> Die Länge des Randes von Flächen nennt man Umfang.
> Ein Längenmaß kann in verschiedene Einheiten umgewandelt werden.
> 1 m = 10 dm = 100 cm = 1000 mm Die Umrechnungszahl ist 10.
> 1 dm = 10 cm = 100 mm
> 1 cm = 10 mm Zusätzlich gilt: 1 km = 1000 m

Gefühl für Flächenmaße entwickeln

❹ Finde die Flächen heraus, die in etwa der angegebenen Fläche entsprechen.

1 mm^2: ein Fingernagel, ein mit einem Filzstift gezeichneter Punkt, ein Buchdeckel, ein Kopf eines Nagels
1 cm^2: ein Fingernagel, eine Fläche eines Würfels, eine Taste deines Taschenrechners, eine Briefmarke
1 dm^2: ein Fingernagel, ein Buchdeckel, eine Handfläche, ein Handtuch
1 m^2: eine Tischtennisplatte, ein Bild, ein Schulhof, eine Fensterscheibe

> Flächen werden in folgenden Einheiten angegeben: mm^2, cm^2, dm^2, m^2, km^2
>
> Es gelten folgende Zusammenhänge:
> $1\ mm^2 = 1\ mm \cdot 1\ mm$
> $1\ cm^2 = 1\ cm \cdot 1\ cm = 10\ mm \cdot 10\ mm = 100\ mm^2$
> $1\ dm^2 = 1\ dm \cdot 1\ dm = 10\ cm \cdot 10\ cm = 100\ cm^2$
> $1\ m^2 = 1\ m \cdot 1\ m = 10\ dm \cdot 10\ dm = 100\ dm^2$

Senkrecht und parallel

5 Überprüfe mit dem Geodreieck, welche Geraden senkrecht aufeinander stehen bzw. parallel zueinander sind und notiere. Erläutere, wie du das überprüft hast.
Schreibe so: ■ || ■, ■ ⊥ ■

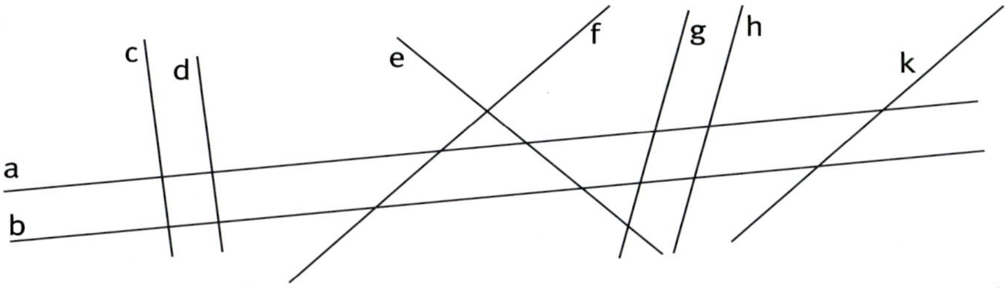

Zwei Geraden oder Strecken stehen senkrecht zueinander, wenn sie sich in einem Winkel von 90° schneiden.
Zwei Geraden oder Strecken sind parallel zueinander, wenn sie an allen Stellen den gleichen Abstand haben.

Senkrechte und parallele Geraden unterscheiden

Achsen- und Punktsymmetrie

6 Überprüfe, ob die Figuren achsen- oder punktsymmetrisch sind.

a) **A** b) **Z** c) **D** d) **X** e) **N**

7 Zeichne die Figuren ab und ergänze sie über die rote Symmetrieachse zu achsensymmetrischen Figuren. Gib die Koordinaten aller Punkte an.

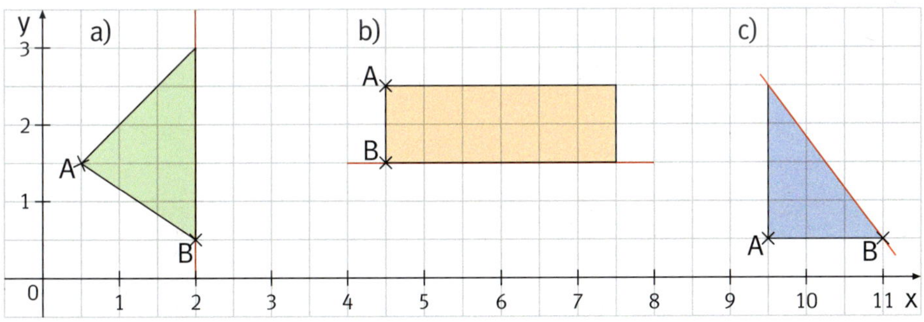

Eine Figur, die man so falten kann, dass beide Teile genau aufeinander liegen, ist achsensymmetrisch. Die Faltlinie heißt Symmetrieachse.

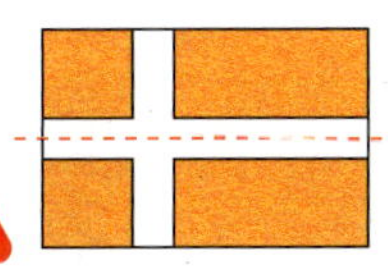

Eine Figur, die bei einer Drehung um einen Punkt Z mit dem Drehwinkel 180° mit sich selbst zur Deckung kommt, ist punktsymmetrisch.

Achsen- und punktsymmetrische Figuren untersuchen und zeichnen

1 Benenne die Figuren mit Parallelogramm, Raute, Rechteck, Quadrat, Drachen, Trapez und Viereck. Überprüfe mithilfe des Merkkastens.

Vierecke

Parallelogramm **Raute** **Trapez** **Drachen** **Rechteck** **Quadrat**

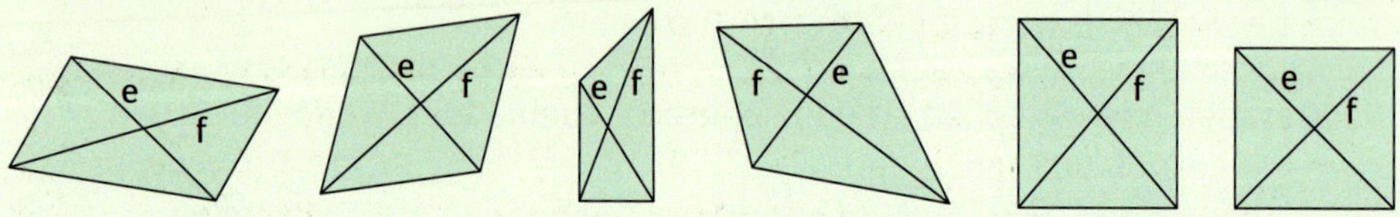

Die **Diagonalen** e und f einer Figur verbinden zwei nicht nebeneinanderliegende Ecken.

2 Gib bei den Figuren von Aufgabe 1 gemeinsame Eigenschaften an.
a) bei 1 und 3 b) bei 2 und 4 c) bei 5 und 7 d) bei 3 und 4

3 Welche Vierecke können das sein?
a) Gegenüberliegende Seiten sind zueinander parallel.
b) Gegenüberliegende Seiten sind gleich lang.
c) Je zwei Nachbarseiten sind gleich lang.
d) Nachbarseiten stehen zueinander senkrecht.
e) Alle Seiten sind gleich lang.

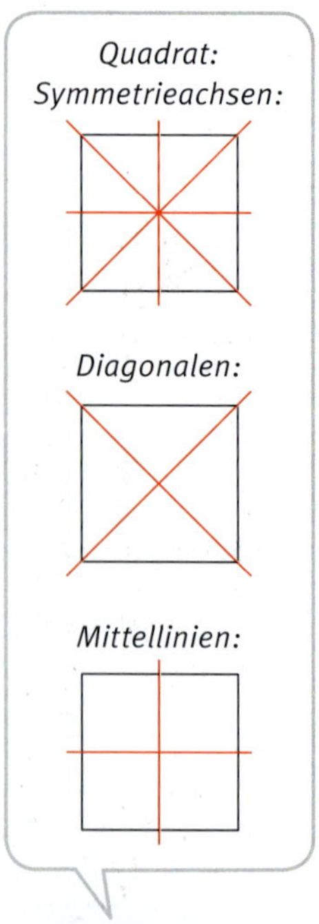

4 Ergänze die Tabelle mit den fehlenden Vierecken und ordne die Eigenschaften den Vierecken zu.

	Seiten	Winkel	Diagonalen	Anzahl Symmetrieachsen
Quadrat	■	■	■	■
Rechteck	■	■		

vier gleich lange Seiten
Diagonalen gleich lang
zwei parallele Seiten
Diagonalen senkrecht zueinander
vier gleich große Winkel
gegenüberliegende Seiten parallel
gegenüberliegende Winkel gleich groß
Diagonalen halbieren sich
zwei gleich lange Seiten
gegenüberliegende Seiten gleich groß

Winkelsummen bei Vierecken bestimmen

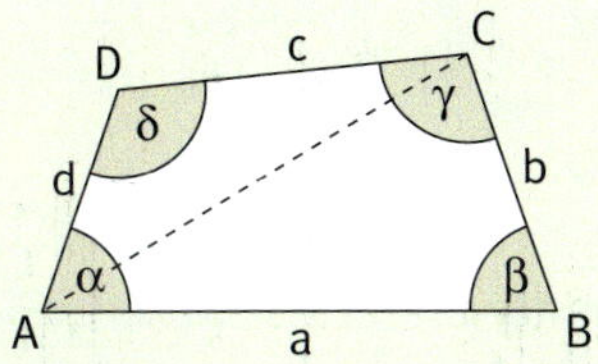

Die **Winkelsumme** beträgt in jedem Viereck 360°.

$\alpha + \beta + \gamma + \delta = 360°$

Winkelsumme in Vierecken

Die Benennung von Eckpunkten und Innenwinkeln bei Vierecken erfolgt analog zu Dreiecken.

1 a) Jedes Viereck lässt sich in zwei Dreiecke zerlegen. Erkläre die Winkelsumme.
b) Zeichne ein Viereck auf ein Blatt Papier. Schneide es aus. Markiere die Winkel. Reiße die Ecken ab und lege sie aneinander. Ergeben sie einen Vollwinkel von 360°?

2 a) Berechne die fehlenden Winkelgrößen.
b) Welche Vierecke können Rechtecke, Parallelogramme oder Trapeze sein?

Viereck	1	2	3	4	5	6	7	8	9	10	11	12
α	68°	■	60°	■	70°	100°	90°	120°	75°	80°	■	130°
β	112°	85°	60°	90°	70°	80°	90°	120°	60°	■	75°	50°
γ	68°	95°	120°	90°	110°	100°	■	■	105°	80°	105°	■
δ	■	90°	■	90°	■	■	90°	60°	■	100°	75°	50°

3 Berechne die Größe der Winkel α, β, γ und δ.

a) Rechteck

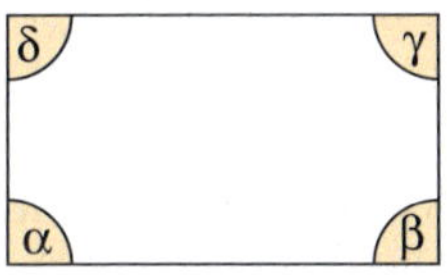

b) Parallelogramm

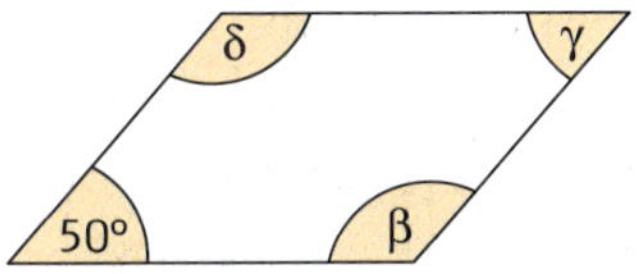

c) Trapez

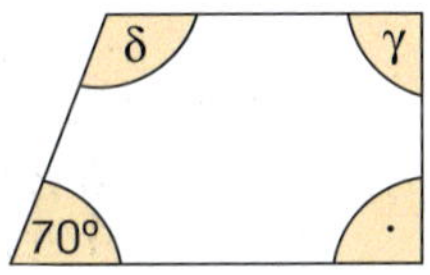

4 Berechne bei den Rechtecken die Winkel der einzelnen Dreiecke.

a)

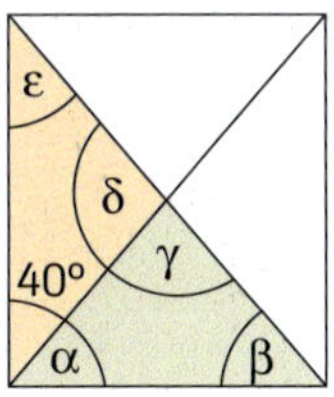

b)

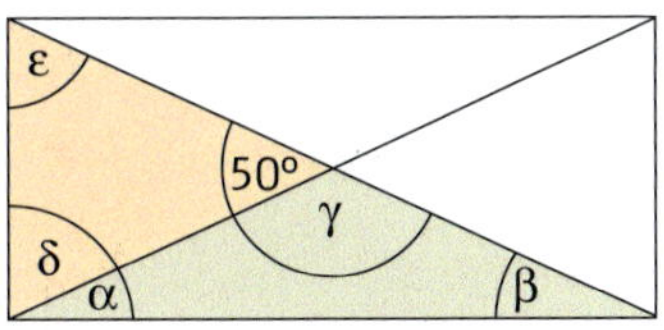

c)

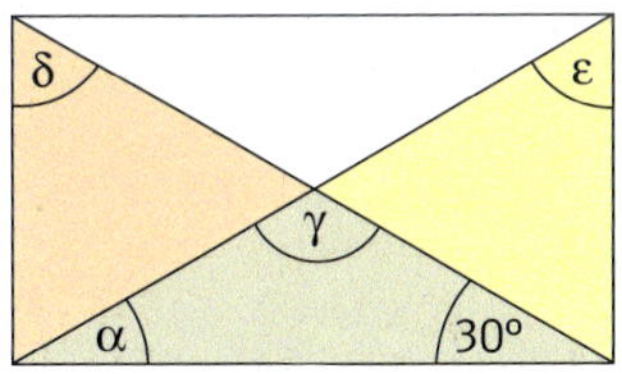

Rechtwinkliges Trapez:

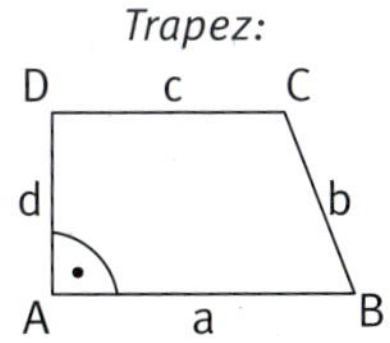

Symmetrisches Trapez: eine Mittellinie ist Symmetrieachse.

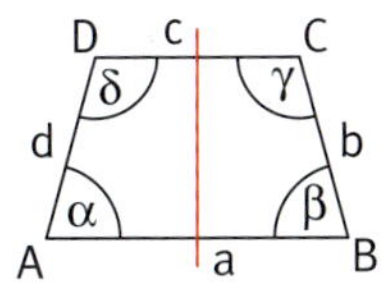

b = d, α = β

5 Welchen Fehler hat Oscar gemacht? Versuche es ihm zu erklären.

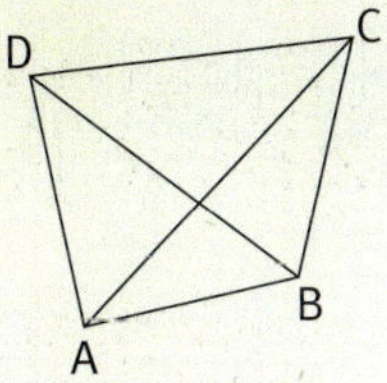

Die Winkelsumme im Dreieck ist 180°.

Ich sehe im Viereck 4 Dreiecke:

4 · 180° = 720°

Also ist die Winkelsumme im Viereck 720°.

Flächeninhaltsgleiche Figuren untersuchen

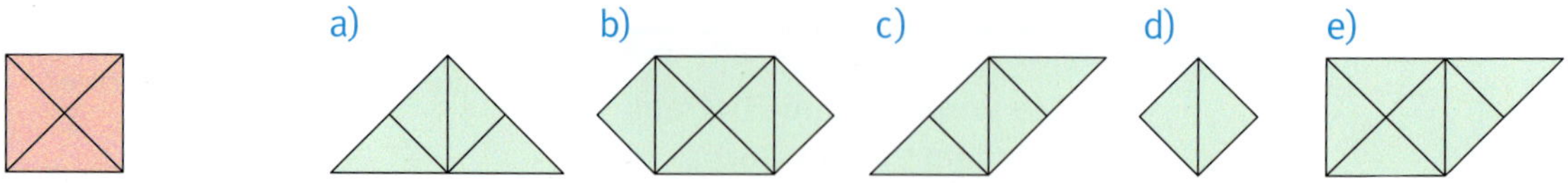

1 Vergleiche den Flächeninhalt der roten Figur mit dem der anderen Figuren.

2 a) Die Flächen lassen sich mit den Legeplättchen auslegen. Übertrage die Figuren und skizziere die Aufteilung wie in a) bis c).
b) Die Figuren a) und f) bezeichnet man als deckungsgleich, alle anderen als zerlegungsgleich. Erläutere.

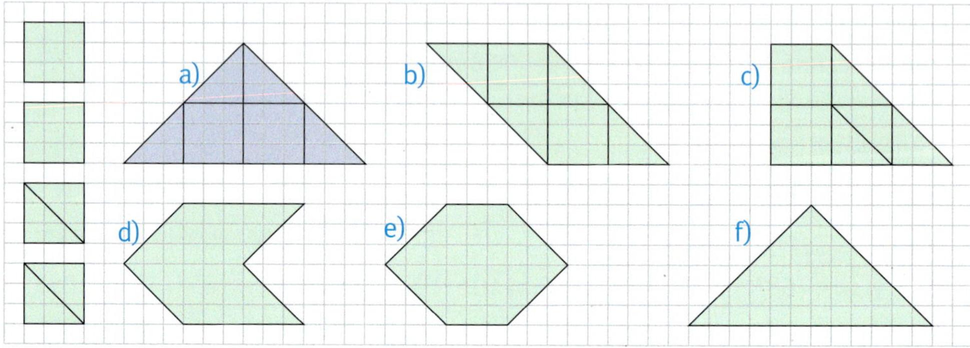

Deckungsgleiche und zerlegungsgleiche Figuren

deckungsgleiche Figuren

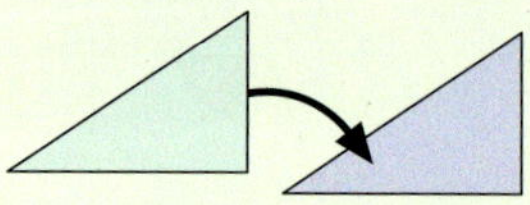

zerlegungsgleiche Figuren

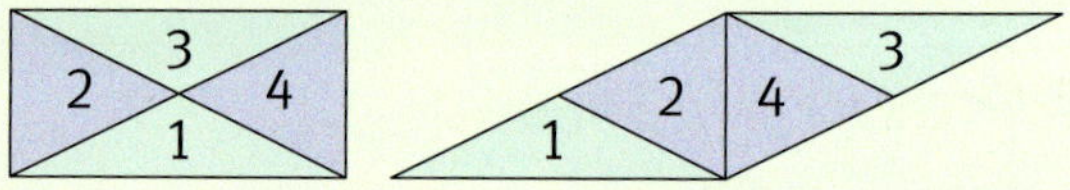

3 a) Zerlegungsgleiche Figuren haben den gleichen Flächeninhalt. Begründe.
b) Weise nach, dass alle Figuren dieser Aufgabe den gleichen Flächeninhalt haben. Übertrage sie dazu, zerlege in die angegebenen Teile und nummeriere entsprechend.

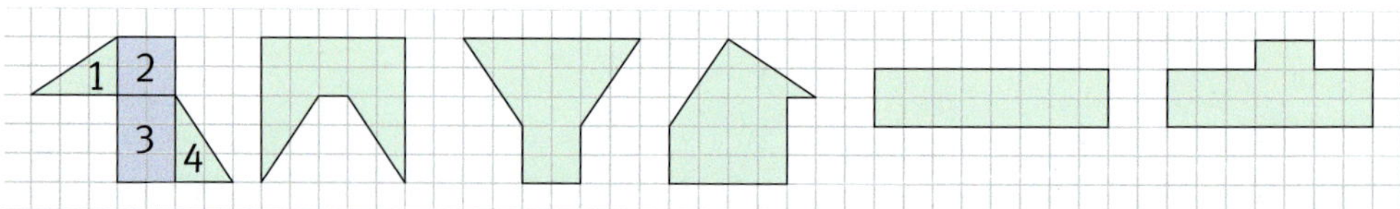

4 Zeichne die Figuren a) bis d) ab und schneide sie aus. Zerschneide sie dann mit möglichst wenigen Schnitten so, dass sie sich zu dem blauen Rechteck zusammensetzen lassen. Vergleiche deine Ergebnisse mit denen deines Nachbarn.

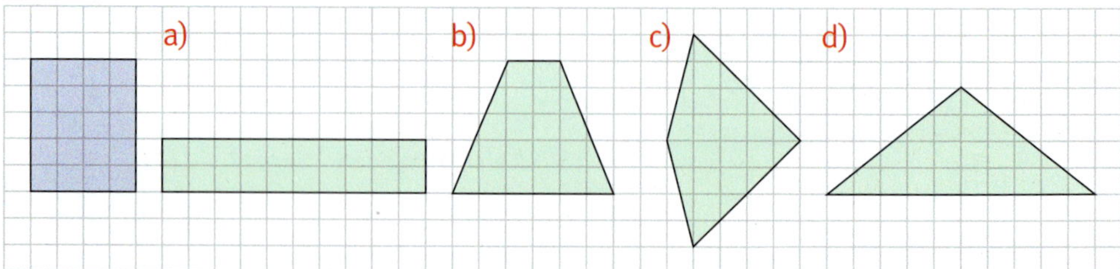

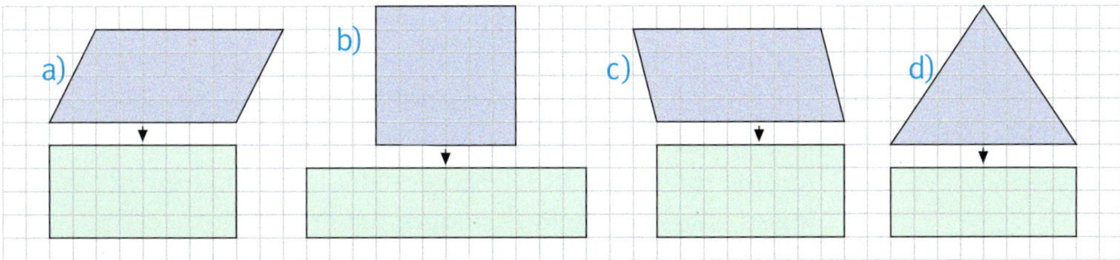

1 Übertrage die blauen Figuren auf Karopapier. Zerschneide sie so, dass sich die entstehenden Teile jeweils zur grünen Figur zusammensetzen lassen. Klebe die Rechtecke der Größe nach geordnet auf. Beginne mit dem größten.

2 Denke dir die Teile der jeweiligen Figuren so umgelegt, dass ein Rechteck entsteht. Bestimme dann den Flächeninhalt.

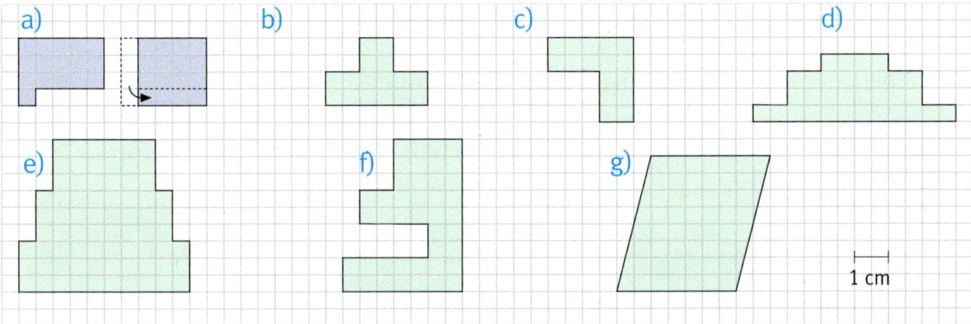

Flächeninhalt des Rechtecks und des Quadrats

Flächeninhalt des Rechtecks:

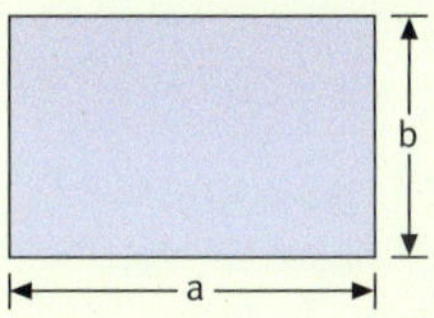

A = Länge · Breite
A = a · b
a = 3 cm; b = 2 cm
A = 3 cm · 2 cm
A = 6 cm^2

Flächeninhalt des Quadrats:

A = Seite · Seite
A = a · a
a = 3 cm
A = 3 cm · 3 cm
A = 9 cm^2

3

a	14 cm	25 cm	11 cm	■	0,20 m	■	5 dm	23 dm
b	8 cm	46 cm	■	12 dm	■	0,80 m	■	■
A	■	■	440 cm^2	108 dm^2	2,80 m^2	0,96 m^2	350 dm^2	1495 dm^2

Lösungen zu 3

40	112
1150	9
1,2	70
65	14

4 a) Welche Teile sind flächengleich, weil sie deckungsgleich sind?
b) Welche Teile sind flächengleich, weil sie zerlegungsgleich sind?
c) Wie kann man nachweisen, dass A, D und H den gleichen Flächeninhalt haben?
d) Bestimme die einzelnen Flächeninhalte.

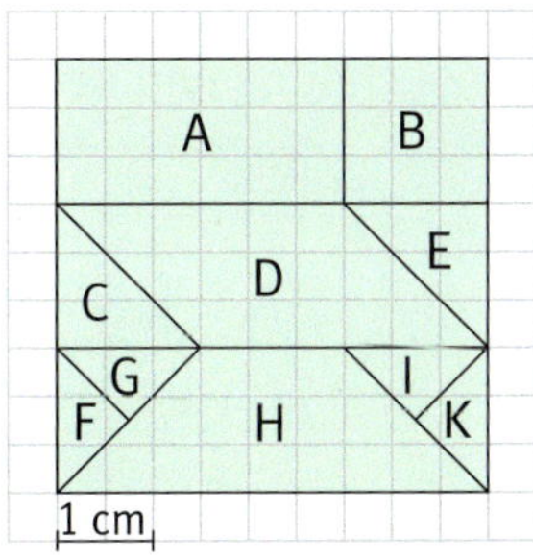

Flächeninhalt des Parallelogramms berechnen

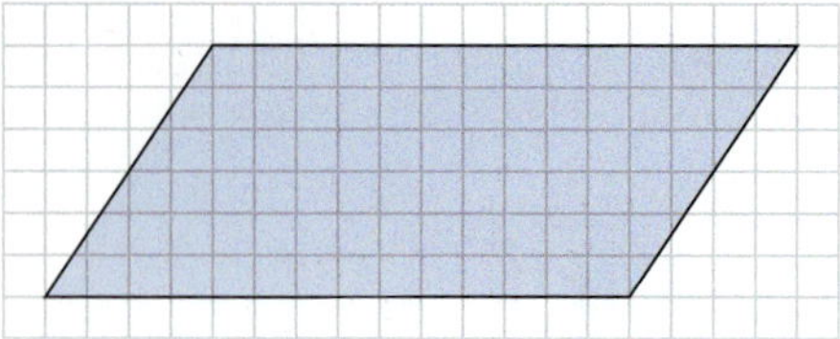

1 Zeichne das Parallelogramm auf Karopapier und schneide es aus.
a) Zerlege es in Teilfiguren und setze diese zu einem Rechteck zusammen. Es gibt verschiedene Möglichkeiten. Zeige sie auf und erläutere.
b) Kannst du ein Rechteck so zerschneiden und neu zusammenlegen, dass du ein Parallelogramm erhältst?

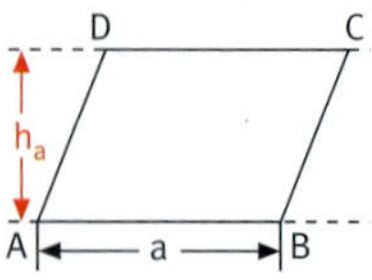

Die Höhe wird immer senkrecht zur entsprechenden Seite gemessen.

2 a) Sind Parallelogramm und Rechteck jeweils zerlegungsgleich? Erläutere.

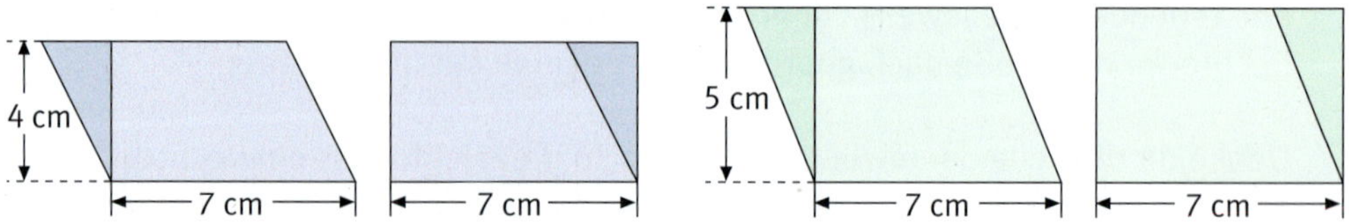

b) Prüfe den folgenden Satz an den Beispielen nach.
Ein Parallelogramm und ein Rechteck haben bei gleicher Grundseite (a) und gleicher Höhe (h_a) den gleichen Flächeninhalt.

3 Welche Parallelogramme haben den gleichen Flächeninhalt wie Rechteck A, welche wie Rechteck B? Begründe.

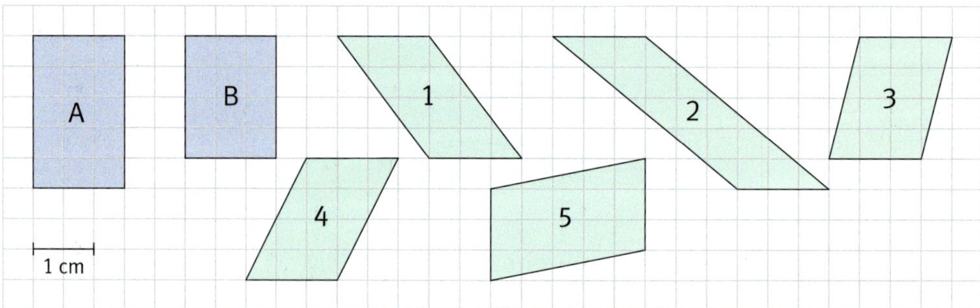

4 Zwischen den Parallelen sind zwei Parallelogramme und ein Rechteck eingezeichnet. Begründe, warum die drei Figuren den gleichen Flächeninhalt haben.

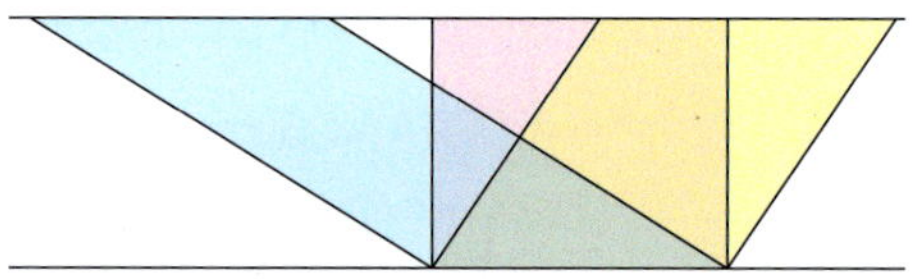

5 Zeichne ein Rechteck mit den Seitenlängen 6 cm und 4 cm (5 cm und 3 cm) und dazu zwei inhaltsgleiche Parallelogramme. Gib den Flächeninhalt an.

Achtung: Manchmal kann die Höhe eines Parallelogramms auch außerhalb der Figur liegen.

6 Über das zugehörige flächeninhaltsgleiche Rechteck lässt sich der Flächeninhalt der jeweiligen Parallelogramme berechnen. Entnimm die notwendigen Maße der Zeichnung und berechne so die Flächeninhalte der abgebildeten Parallelogramme.

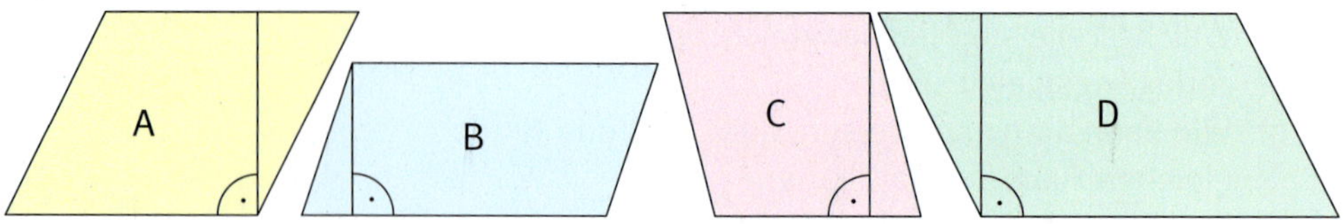

Flächeninhalt des Parallelogramms

Flächeninhalt des Parallelogramms:

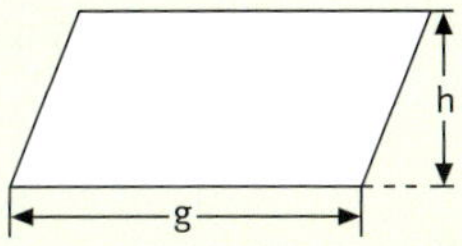

$A = g \cdot h$ oder
$A = a \cdot h_a$ oder $A = b \cdot h_b$
a = 6 cm; h = 3 cm
$A = 6\ \text{cm} \cdot 3\ \text{cm} = 18\ \text{cm}^2$

g: Grundseite
h: zugehörige Höhe

1 Zeichne die Parallelogramme. Miss die Grundseite und die Höhe und berechne die Flächeninhalte.

a) A (2|7) B (2|2) C (7|4) D (7|9)	b) A (1|6) B (6|1) C (9|6) D (4|11)
c) A (2|1) B (10|9) C (11|15) D (3|7)	d) A (2|4) B (14|2) C (19|7) D (7|9)
e) A (5|1) B (14|2) C (10|8) D (■|■)	f) A (2|2) B (14|5) C (20|11) D (■|■)

2 Berechne die fehlenden Größen.

a	4,5 cm	9,8 cm	1,8 m	1,5 m	■	12 cm	0,75 m
h_a	2,2 cm	4,5 cm	5,4 m	74 cm	17 cm	■	0,5 m
A	■	■	■	■	221 cm²	144 cm²	■

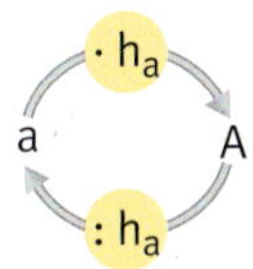

3 Hier ist jeweils eine andere Seite als Grundseite des Parallelogramms genommen. Berechne. Was stellst du fest?

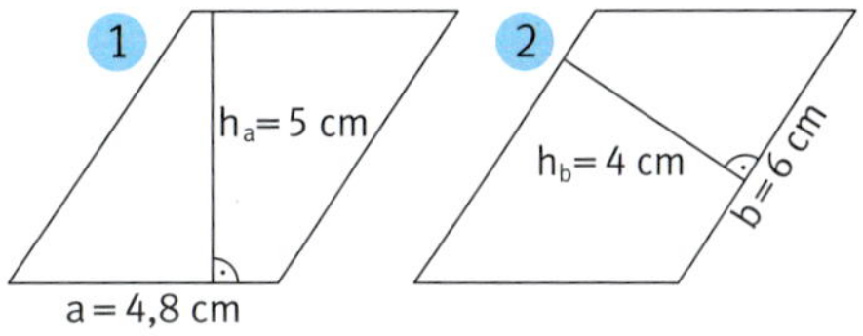

4 Die Auffahrt zum Haus muss neu gepflastert werden.
a) Wie groß ist zu pflasternde Fläche? Entnimm die benötigten Maße der Zeichnung. Der Maßstab beträgt 1 : 200.
b) Familie Yagiz rechnet mit 450 € Kosten. Reicht das Geld, wenn ein Quadratmeter Pflastersteine 25,95 € kostet?

5 Im Hamburger Fischereihafen steht das Dockland. Dieses Gebäude sieht aus wie eine große Yacht, die Fassade erinnert aber stark an ein Parallelogramm. Wie viele Quadratmeter Glas sind wohl für die Fassade verwendet worden? Lege deiner Schätzung zugrunde, dass jedes der fünf Stockwerke ca. 5 m hoch ist.

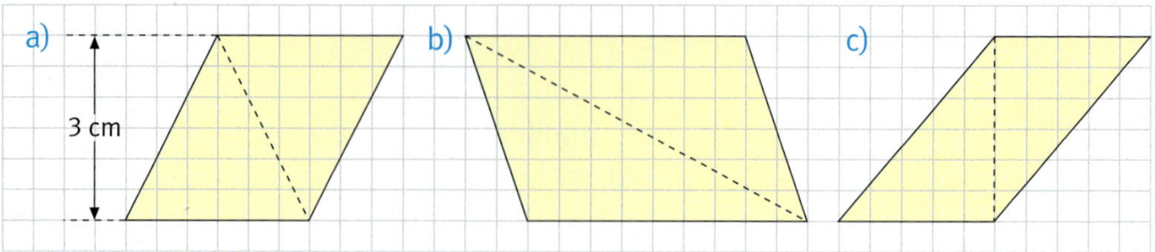

1 Zeichne die Parallelogramme auf ein Blatt Papier. Zerschneide sie dann längs der Diagonalen. Vergleiche jeweils die Fläche des Parallelogramms mit der des Dreiecks.

Flächeninhalt des Dreiecks

Flächeninhalt des Dreiecks:

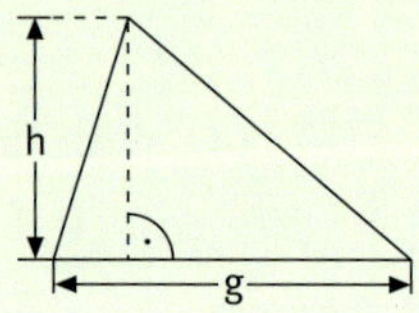

$A = \frac{1}{2} \cdot g \cdot h$ oder $A = \frac{1}{2} \cdot a \cdot h_a$

$A = \frac{1}{2} \cdot c \cdot h_c$ oder $A = \frac{1}{2} \cdot b \cdot h_b$

$c = 5$ cm; $h_c = 3$ cm

$A = \frac{1}{2} \cdot 5\text{ cm} \cdot 3\text{ cm} = 7{,}5\text{ cm}^2$

g: Grundseite

h: zugehörige Höhe

2 Erkläre am Beispiel im Merkkasten, wie man den Flächeninhalt des Dreiecks berechnet.

3 Berechne den Flächeninhalt der Dreiecke.

	a)	b)	c)	d)	e)	f)
g	14 cm	23 cm	5 dm	7 m	2,8 m	0,35 m
h	6 cm	14 cm	15 cm	0,70 m	3 m	0,40 m

4 Ein Waldstück, das von drei Wegen eingegrenzt wird, soll aufgeforstet werden.

a) Zeichne das Dreieck in einem geeigneten Maßstab. Miss die Höhe.

b) Berechne die Größe der Waldfläche.

c) Ermittle die Kosten für die Forstverwaltung, wenn mit 80 € für die Aufforstung von 1 km^2 gerechnet werden muss.

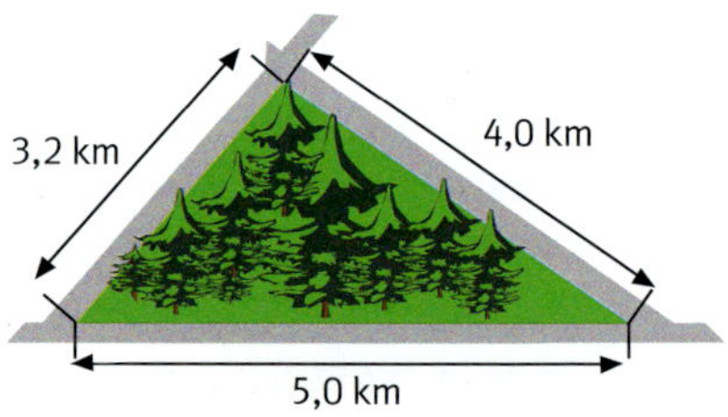

5 Kathrin sagt: „Der Flächeninhalt dieser fünf Dreiecke ist gleich“. Was meinst du?

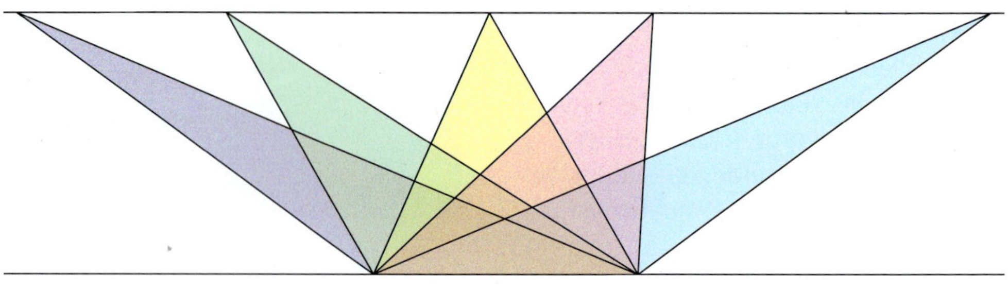

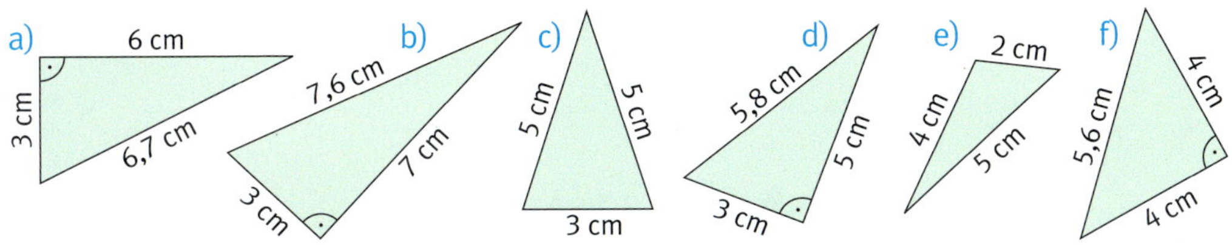

1 Bei vier Dreiecken kann man den Flächeninhalt direkt berechnen.

2 Zeichne die Dreiecke (Einheit 1 cm). Wähle geschickt Grundseite und Höhe und berechne den Flächeninhalt.

a)	A (1|1)	B (8|1)	C (6|7)	b)	A (1|5)	B (6|1)	C (6|7)
c)	A (4|1)	B (6|6)	C (1|6)	d)	A (1|2)	B (6|1)	C (6|6)
e)	A (1|6)	B (6|1)	C (6|6)	f)	A (1|1)	B (7|2)	C (1|6)

Die Einheiten sind weggelassen.

$A = \frac{1}{2} \cdot g \cdot h$

$20 = \frac{4 \cdot h}{2}$

$40 = 4 \cdot h$

$h = 10$ (cm)

3 Ein gleichschenkliges Dreieck hat eine Grundseite c = 6 cm und einen Flächeninhalt von 18 cm². Berechne und zeichne.

4 Berechne die fehlenden Größen eines Dreiecks.
a) $A = 138\ cm^2$; $g = 23$ cm b) $A = 0{,}42\ m^2$; $h = 1{,}2$ m

TRIMM-DICH-ZWISCHENRUNDE

1 Zeichne das Viereck ABCD in ein Koordinatensystem (Einheit 1 cm) und benenne es. Zeichne, falls vorhanden, die Symmetrieachsen ein.
a) A (1|1); B (3|0); C (5|1); D (3|2) b) A (2|3); B (6|3); C (7|6); D (1|6)

2 Berechne die fehlenden Winkel im Viereck.

	α	β	γ	δ
allgemeines Viereck	57°	■	103°	85°
Parallelogramm	70°	■	70°	■

3 Welche Aussagen stimmen?
a) Wenn zwei Figuren den gleichen Flächeninhalt haben, dann sind sie deckungsgleich.
b) Wenn zwei Figuren zerlegungsgleich sind, dann haben sie den gleichen Flächeninhalt.

4 Berechne jeweils den Flächeninhalt (Maße in cm).

a)

b)
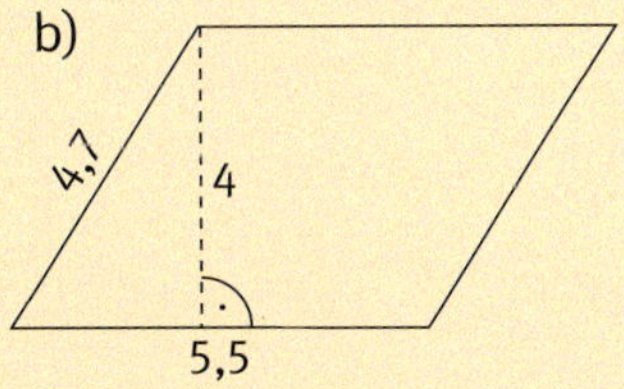

c)
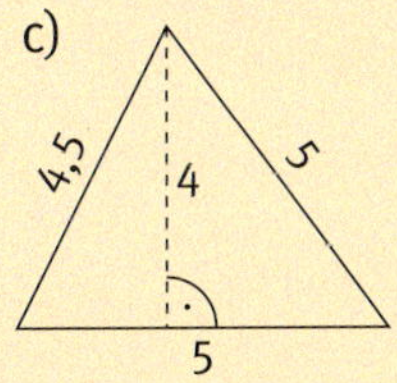

Tangram – ein Weisheitsspiel aus China

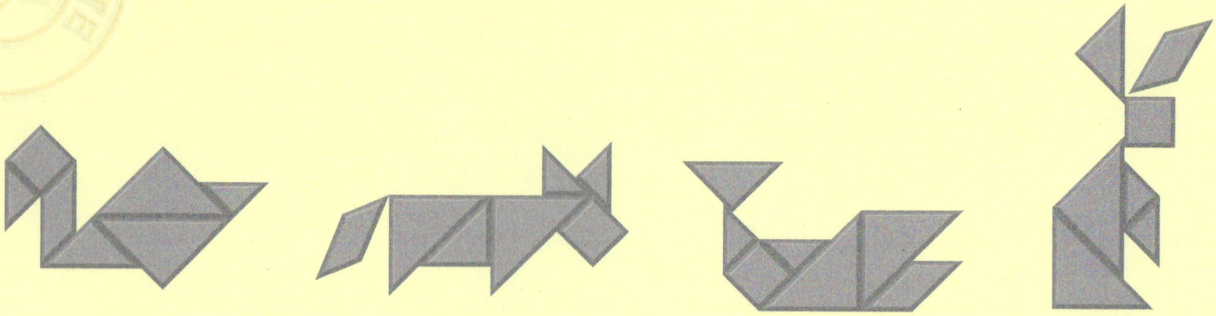

Schwan Hund Wal Hase

Alle diese Tiere lassen sich aus denselben sieben Grundelementen legen. Das Legespiel Tangram ist seit über 4000 Jahren bekannt. Es stammt aus China und es heißt, dass Kaiser Napoleon von Frankreich ein eifriger Tangram-Spieler war. Es gibt fast 2000 Möglichkeiten, aus den Grundelementen neue Figuren zu legen. Probiere es auch mal aus!

- Welche geometrischen Grundformen erkennst du im nebenstehenden Tangram?
- Welche sind doppelt vertreten?
- Das Parallelogramm ist eine besondere Form. Untersuche seine Symmetrieeigenschaften.

Ihr könnt das Tangram nachbauen. Das geht auf Fotokarton oder auf Plastikplatten, die so dünn sein müssen, dass man sie mit einem Bastelmesser ritzen kann.
Ihr könnt auch Sperrholz nehmen und sägen.

1 Das Quadrat hat eine Seitenlänge von 16 cm. Übertrage das Quadrat und trage die Schneidelinien ein. Überlege genau, welche Linien du zuerst zeichnest.
2 Schneide dann die einzelnen Teile sehr genau aus.
3 Färbe die einzelnen Elemente. Doppelt vorhandene bekommen die gleiche Farbe.

Das Parallelogramm muss von beiden Seiten gefärbt werden.

Tangram – ein Weisheitsspiel aus China

1 Nun geht es los. Wir üben erst einmal einfache Formen. Überlege, ob du mehrere Lösungen finden kannst.

a) Lege aus den beiden großen Dreiecken
   ... ein anderes Dreieck.
   ... ein Quadrat.
   ... ein Parallelogramm.

b) Lege aus dem Parallelogramm und einem kleinen Dreieck ein Trapez.

c) Nimm noch das zweite kleine Dreieck dazu und lege ein anderes Trapez.

d) Ergänze das Trapez mit den beiden großen Dreiecken zu einem Rechteck.

2 Wir machen es nun etwas schwieriger. Eine Form und nur die Lage eines Teils werden vorgegeben. Wo liegen die anderen Teile?

a) Das Trapez besteht aus einem großen Dreieck, dem mittleren Dreieck und den zwei kleinen Dreiecken. Hier siehst du, wie das große Dreieck liegt.

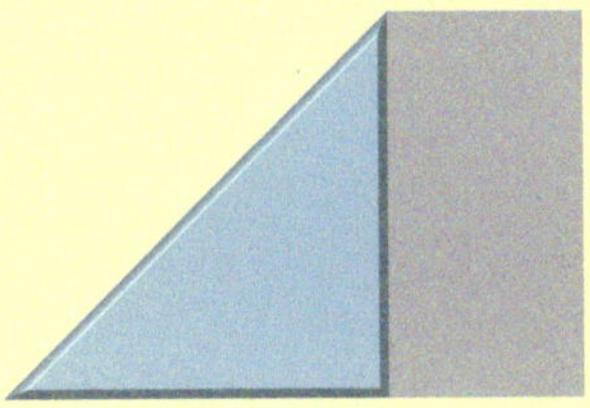

b) Das Trapez besteht aus den zwei großen Dreiecken, dem mittleren Dreieck und den zwei kleinen Dreiecken.

c) Das Trapez besteht aus den zwei großen Dreiecken, den zwei kleinen Dreiecken und dem Parallelogramm.

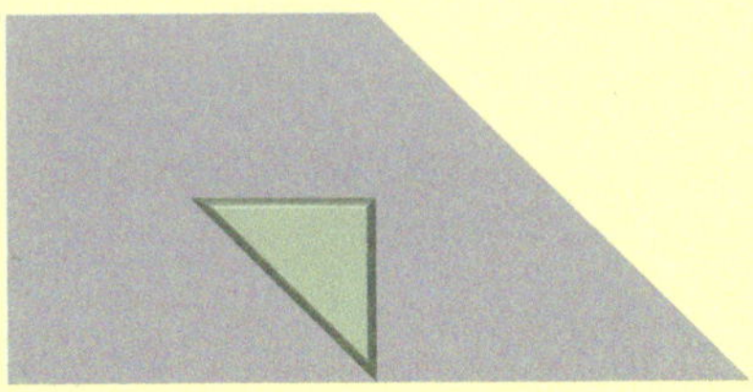

d) Das Quadrat besteht aus einem großen Dreieck, zwei kleinen Dreiecken und dem Parallelogramm.

3 Denkt euch selber ein Rätsel für eure Mitschüler aus. Legt aus allen oder nur einigen Teilen eine Figur auf Papier, zeichnet den Umriss nach und tauscht mit einem anderen Schüler. Kannst du sein Rätsel lösen?

4 Und nun wird es richtig schwer. Wer kann diese Formen mit allen Elementen legen?

1 Familie Glatz möchte dieses Wochenendgrundstück erwerben. Der Preis für 1 m^2 liegt bei 20 €.

a) Wie könntest du die Fläche des Grundstücks ermitteln?
b) Wie würdest du diese Figur geschickt zerlegen?
c) Welchen Wert hat das Grundstück?
d) Kann man jedes Vieleck in Vier- oder Dreiecke zerlegen, deren Flächeninhaltsformel man kennt?

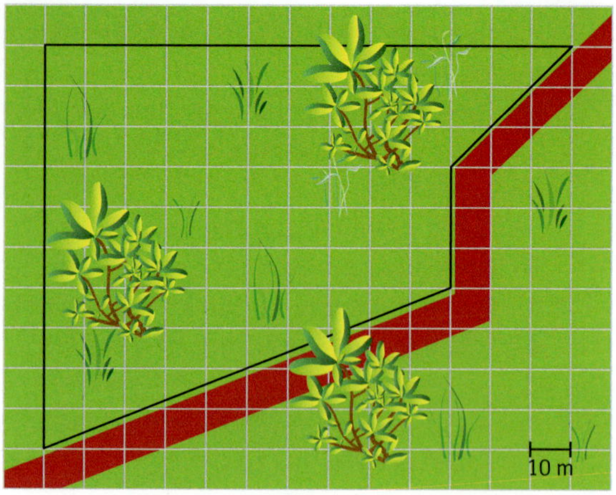

Flächen zerlegen

Jedes Vieleck lässt sich in Dreiecke oder spezielle Vierecke wie Rechteck, Quadrat oder Parallelogramm zerlegen. Die Summe der Flächeninhalte der einzelnen Teilfiguren entspricht dem Flächeninhalt des Vielecks.

2 a) Übertrage die Figuren. Zerlege in berechenbare Teilflächen und bestimme den Flächeninhalt.
b) Übertrage die Figuren nochmals, zerlege anders und berechne.

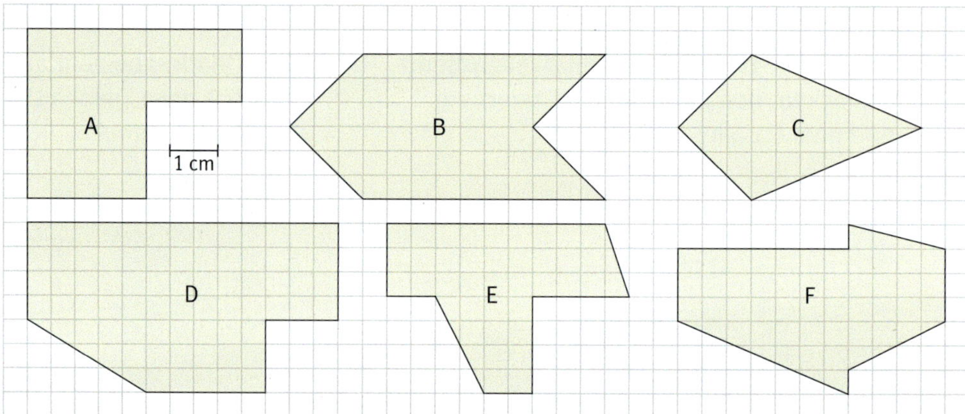

3 Trage die angegebenen Punkte in ein Koordinatensystem (Einheit 1 cm) ein und verbinde zu Vielecken. Zerlege geschickt und berechne die Flächeninhalte.

Vieleck 1	A (2|1)	B (5|1)	C (6|3)	D (5|5)	E (2|5)	F (1|3)
Vieleck 2	A (2|2)	B (6|1)	C (8|3)	D (7|5)	E (3|5)	F (1|3)
Vieleck 3	A (3|2)	B (13|2)	C (10|7)	D (11|11)	E (6|12)	F (1|11)

4 Berechne den Flächeninhalt der Trapeze (Maße in Meter).

a)
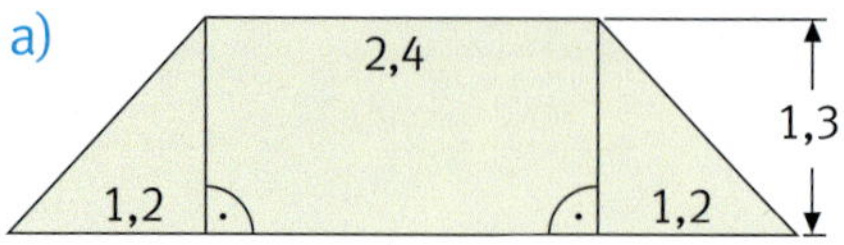

b)
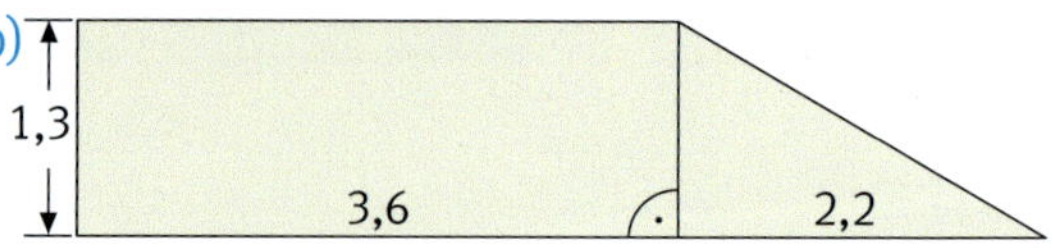

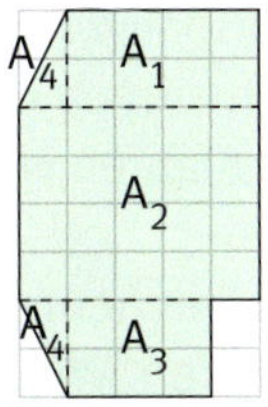

Linda:

$$A = A_1 + A_2 + A_3 + 2 \cdot A_4$$
$$A = 2\,cm \cdot 1\,cm + 2{,}5\,cm \cdot 2\,cm + 1{,}5\,cm \cdot 1\,cm + 2 \cdot \frac{0{,}5\,cm \cdot 1\,cm}{2}$$
$$= 2\,cm^2 + 5\,cm^2 + 1{,}5\,cm^2 + 0{,}5\,cm^2$$
$$= \underline{\underline{9\,cm^2}}$$

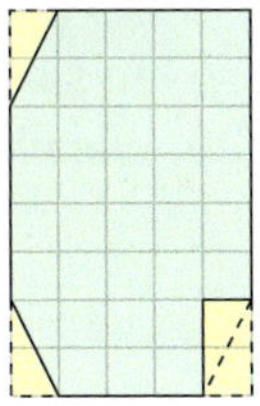

Hannah:

$$A = A_{Rechteck} - 4 \cdot A_{Dreieck}$$
$$= 2{,}5\,cm \cdot 4\,cm - 4 \cdot \frac{0{,}5\,cm \cdot 1\,cm}{2}$$
$$= 10\,cm^2 - 1\,cm^2$$
$$= \underline{\underline{9\,cm^2}}$$

1 Linda und Hannah haben den Flächeninhalt des Vielecks verschieden berechnet. Erkläre ihre Vorgehensweisen.

Flächen ergänzen

Der Flächeninhalt eines Vielecks ist manchmal einfacher zu berechnen, wenn man das Vieleck zu einer bekannten Figur ergänzt und die ergänzten Flächeninhalte wieder subtrahiert.

2 Berechne den Flächeninhalt der gelben Figuren, indem du vom Rechteck die Flächen der grün gefärbten Dreiecke abziehst.

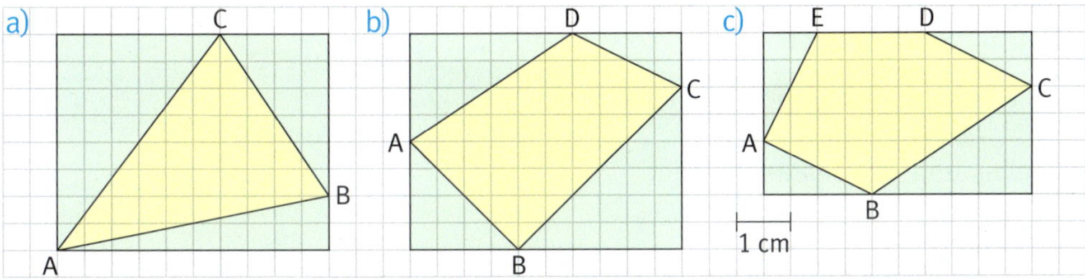

3 Übertrage die Figuren und berechne den Flächeninhalt auf verschiedene Arten.

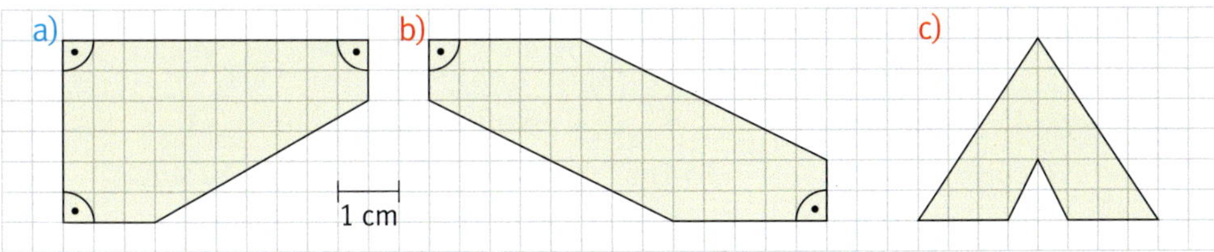

4 Bestimme den Flächeninhalt der gefärbten Figuren (Maße in cm).

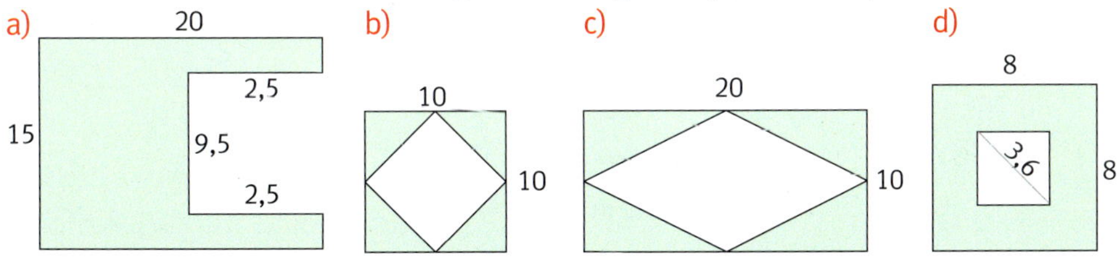

Umfang von Vielecken bestimmen

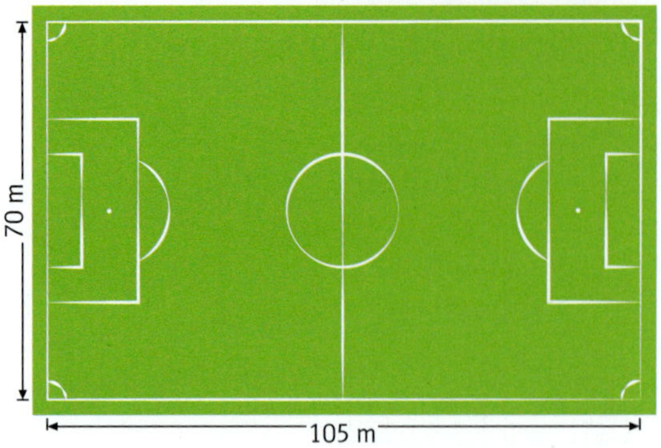

1 a) Nihada trainiert im Fußballverein. Zunächst soll zum Aufwärmen eine Runde um den Platz gelaufen werden. Wie viel m läuft sie?
b) Die Fußballerinnen sollen heute 7 Runden um ihr Feld laufen. Wie viele km sind das?
c) Im nächsten Training sollen sie mindestens 1 km laufen. Wie viele Runden sind das?

2 a) Benenne mit: Raute, gleichseitiges Dreieck, Trapez, Parallelogramm, gleichschenkliges Dreieck.

Der Umfang ist die Summe aller Seitenlängen.

1	2	3	4	5
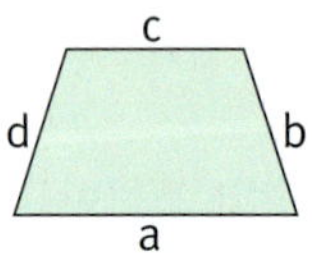 a = 4,2 cm b = d = 2,4 cm c = 2,7 cm	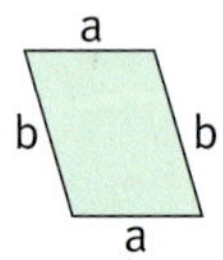 a = 2,4 cm b = 3,6 cm	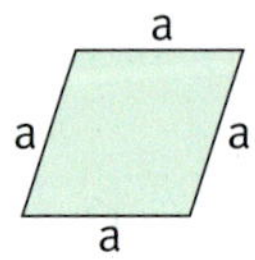 a = 3,6 cm	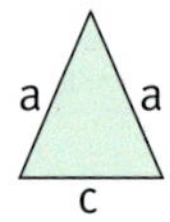 a = 3,4 cm c = 2,7 cm	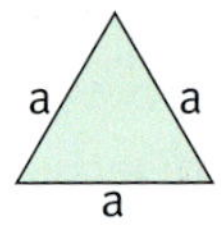 a = 3,8 cm

b) Berechne mit Hilfe der angegebenen Maße jeweils den Umfang.
c) Ordne die folgenden Formeln zur Umfangberechnung richtig zu:

$u = 3 \cdot a$ $u = 2 \cdot a + 2 \cdot b$ $u = 2 \cdot (a + b)$

$u = a + c + 2 \cdot b$ $u = 2 \cdot a + c$ $u = 4 \cdot a$

3 Übertrage die Tabellen und vervollständige sie.

Dreiecke

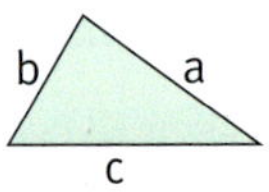

	1	2	3	4	5	6	7
a	7 cm	0,75 cm	51 cm	■	5,4 dm	3,7 m	12,2 m
b	6 cm	0,75 cm	■	6,40 m	■	24 dm	■
c	9 cm	0,75 cm	19 cm	14 dm	34 cm	4 m	4,8 m
u	■	■	111 cm	130 dm	12,2 dm	■	260 dm

Parallelogramm

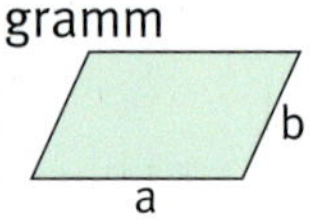

	1	2	3
a	8 cm	■	65 cm
b	3,9 cm	2,4 dm	■
u	■	12 dm	240 cm

Raute

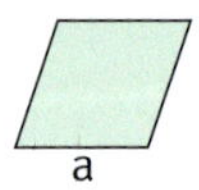

	1	2
a	0,75 m	■
u	■	24,4 m

Trapez

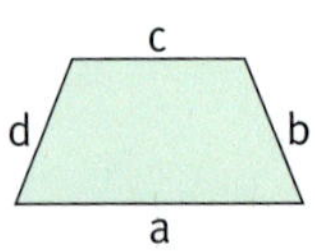

	1	2	3
a	5 cm	■	8,2 m
b = d	3,6 cm	15 cm	■
c	3 cm	2,4 dm	6 m
u	■	70 cm	20 m

Drachen

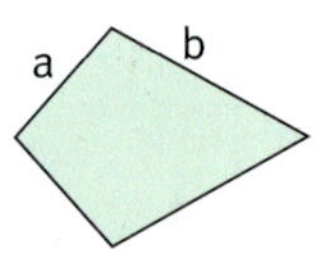

	1	2
a	13,5 cm	4,23 cm
b	22,3 cm	■
u	■	115 mm

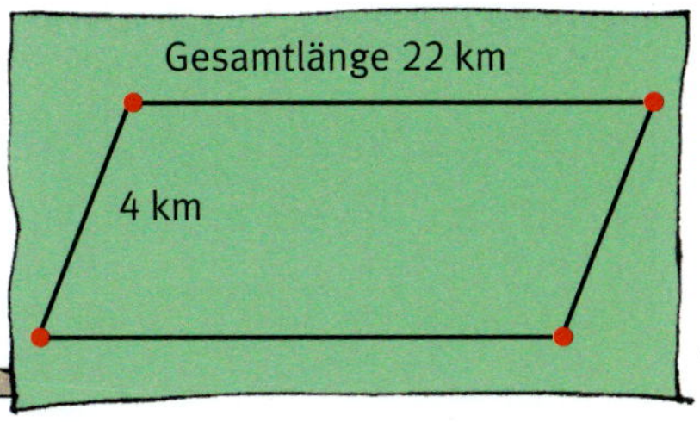

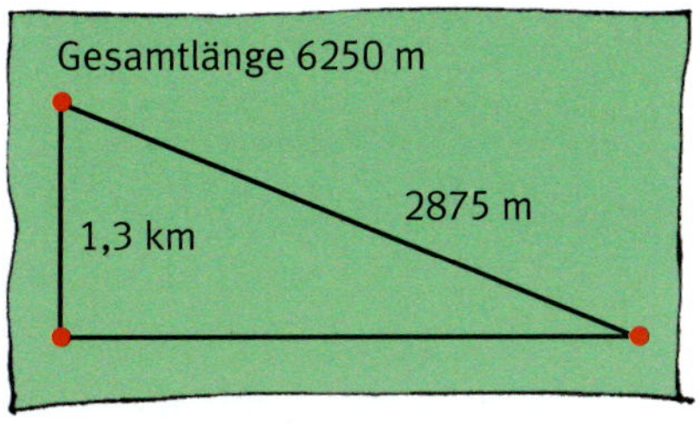

1 Berechne die fehlenden Streckenabschnitte der Fahrradwege.

2 Im Werkstattunterricht sollen aus 24 cm langem Draht Rechtecke gebogen werden. Zeichne verschiedene Lösungen.

3 Bestimme zuerst die fehlenden Längen, dann den Umfang der Figuren.

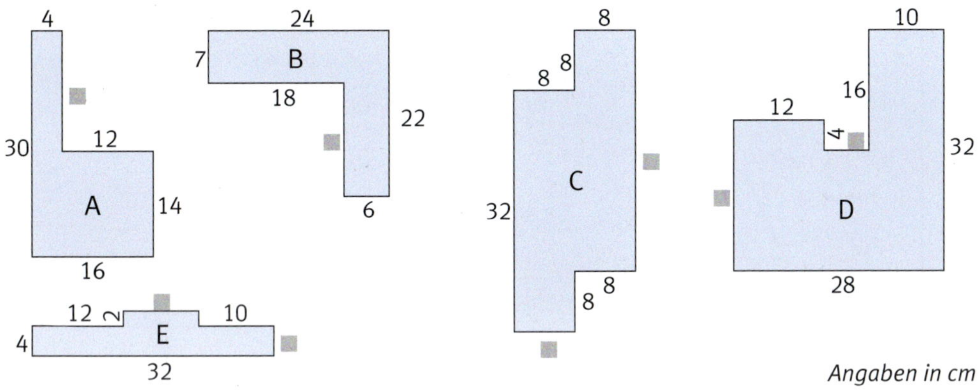

Angaben in cm

Lösungen zu 3

92	92
76	112
128	

TRIMM-DICH-ZWISCHENRUNDE

1 Übertrage die Figuren. Berechne den Flächeninhalt entweder durch Zerlegen oder Ergänzen.

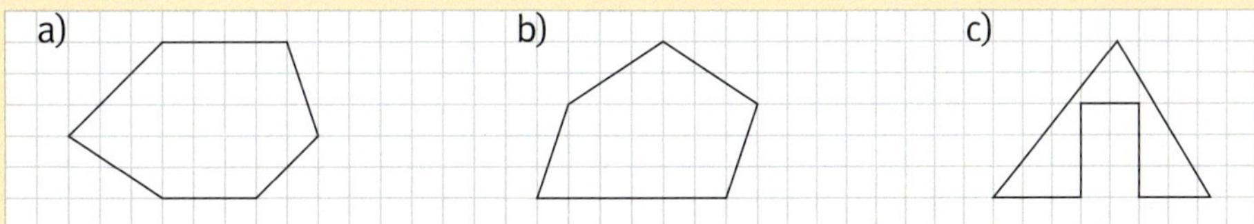

2 Berechne die fehlenden Angaben beim Rechteck.

	a)	b)	c)	d)
a	23 mm	4 cm	■	5 cm
b	8 mm	3,5 cm	6 cm	■
u	■	■	32 cm	140 mm

3 Fatima hat 10,5 cm Silberdraht. Kann sie daraus ein Dreieck mit den Seitenlängen 23 mm, 33 mm und 43 mm biegen?

4 Der Umfang eines gleichseitigen Dreiecks beträgt 18 cm. Zeichne das Dreieck. Berechne dann den Flächeninhalt. Entnimm notwendige Maße der Zeichnung.

Umfang und Flächeninhalt von Figuren wiederholen

Vierecksbetrachtungen

Vierecke unterscheiden
S. 162

Vierecke lassen sich nach der Länge und Lage der Seiten, der Diagonalen, der Symmetrieachsen und der Größe der Winkel einteilen.

In jedem Viereck gibt es diese Bezeichnungen:
Eckpunkte: A, B, C, D   Seiten: a, b, c, d   Winkel: $\alpha, \beta, \gamma, \delta$

Winkel in Vierecken untersuchen
S. 163

Die Winkelsumme beträgt in jedem Viereck 360°: $\alpha + \beta + \gamma + \delta = 360°$

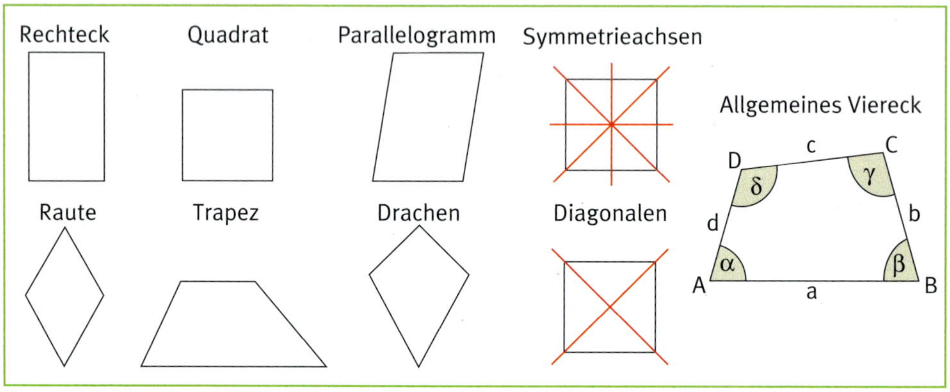

Flächeninhalte und Umfang

Flächeninhalte berechnen
S. 165 ff.

Die Flächeninhalte von speziellen Vierecken und Dreiecken lassen sich mit der Formel berechnen. Flächeninhalte allgemeiner Vielecke berechnet man durch Zerlegen oder Ergänzen.

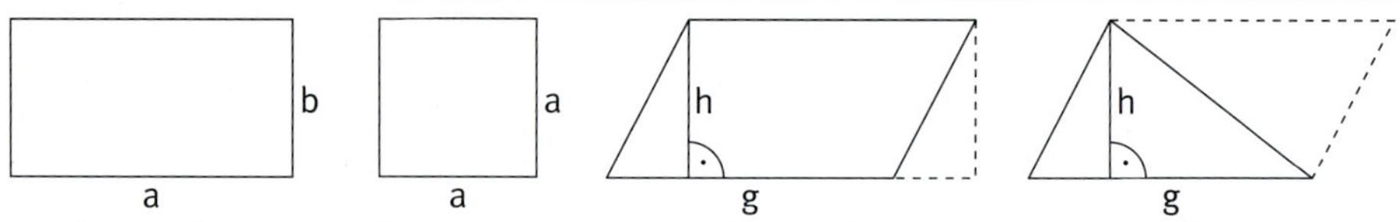

$A = a \cdot b$ $A = a \cdot a$ $A = g \cdot h$ $A = \frac{1}{2} \cdot g \cdot h$

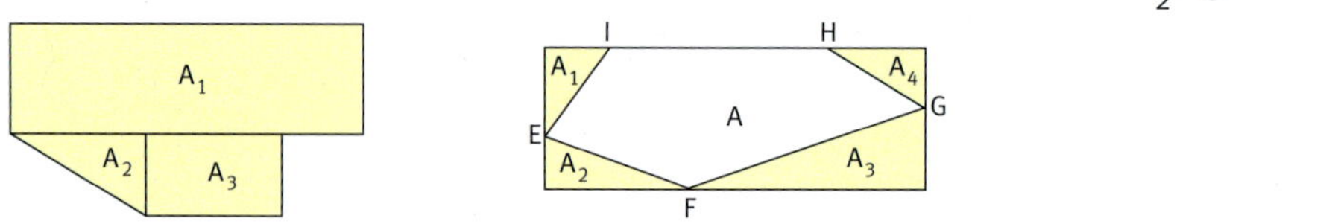

$A = A_1 + A_2 + A_3$ $A = \text{Flächeninhalt Rechteck} - A_1 - A_2 - A_3 - A_4$

Umfänge berechnen
S. 174 f.

Der Umfang eines Vielecks ist die Summe aller Seitenlängen.

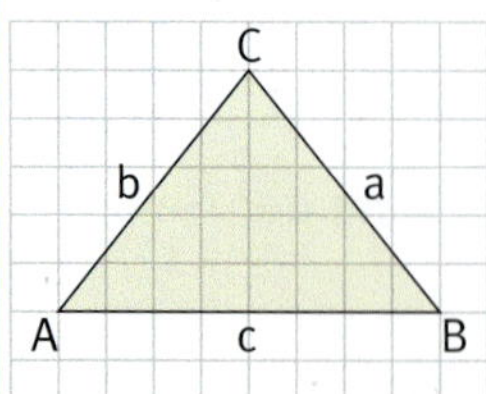

$u = a + b + c$
$= 2a + c,$
weil $a = b$

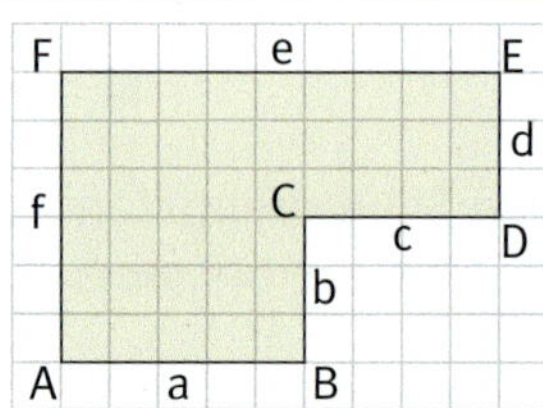

$u = a + b + c + d + e + f$

Aufgaben zur Differenzierung

Basis-Aufgaben | **Vertiefende Aufgaben**

1 Für welches Viereck trifft die Aussage zu? Wo findest du mehrere Namen?

Basis-Aufgaben

a) Es hat genau zwei parallele Seiten.
b) Es hat vier gleich lange Seiten.
c) Es hat genau ein Paar gleich lange Seiten.
d) Es hat zwei Paar gleich lange Seiten.
e) Es hat vier rechte Winkel.

Vertiefende Aufgaben

a) Beide Diagonalen sind Symmetrieachsen und alle Seiten gleich lang.
b) Beide Mittellinien sind Symmetrieachsen.
c) Nur eine Diagonale ist Symmetrieachse.
d) Nur eine Mittellinie ist Symmetrieachse.

2 Bestimme die fehlenden Winkel im Viereck.

Basis-Aufgaben

	a)	b)	c)
α	40°	■	112°
β	50°	30°	130°
γ	80°	150°	■
δ	■	30°	27°

Vertiefende Aufgaben

a) 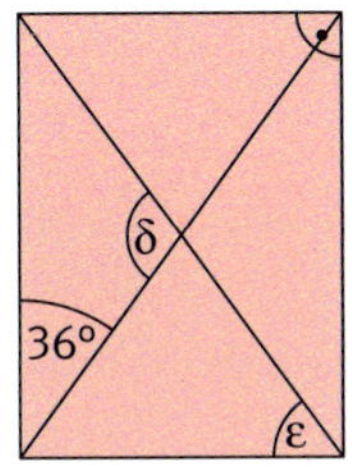

b) 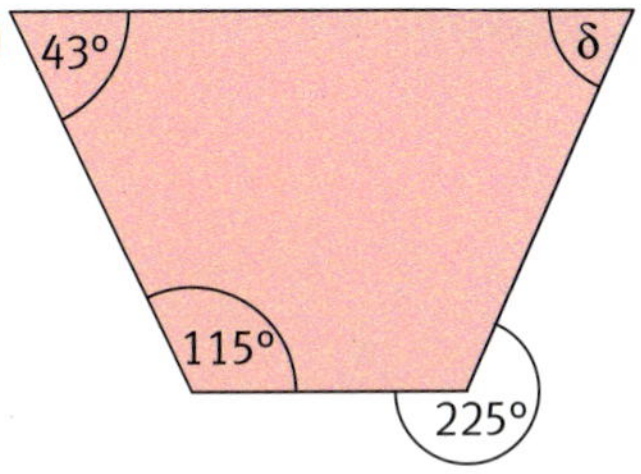

3 Übertrage die Figuren und berechne den Flächeninhalt und den Umfang. Entnimm notwendige Maße der Zeichnung.

Basis-Aufgaben

a) 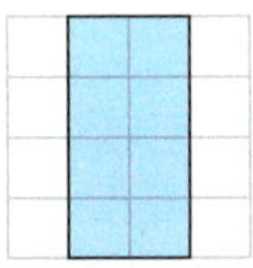

b) 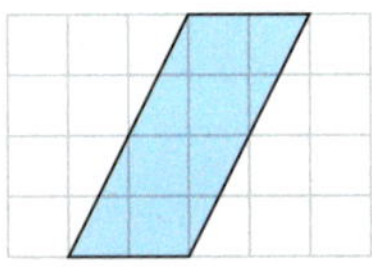

Vertiefende Aufgaben

a) 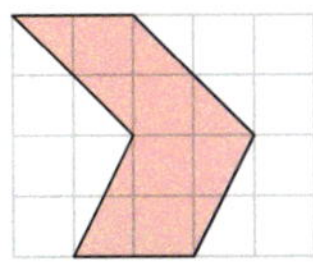

b) 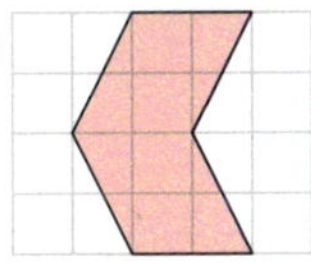

4 Die Schablonen sind im Maßstab 1 : 10 gezeichnet. Berechne den Flächeninhalt der farbigen Fläche. Entnimm notwendige Maße der Zeichnung.

Basis-Aufgaben

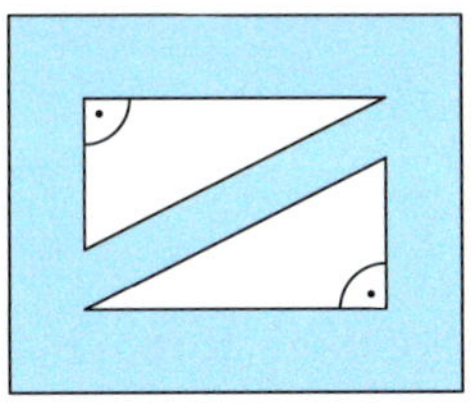

Vertiefende Aufgaben

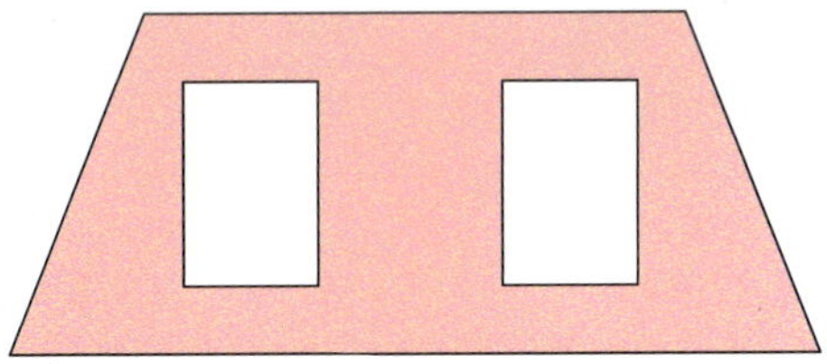

5

Basis-Aufgaben

a) Zeichne ein rechtwinkliges Dreieck ABC mit a = 5 cm und b = 2,5 cm.
b) Bestimme den Flächeninhalt des Dreiecks.

Vertiefende Aufgaben

Zeichne ein gleichschenkliges Dreieck mit der Grundseite c = 8 cm und einem Flächeninhalt von 16 cm². Beschreibe dein Vorgehen.

6 Berechne den Flächeninhalt durch Zerlegen oder Ergänzen.

Basis-Aufgaben

a) 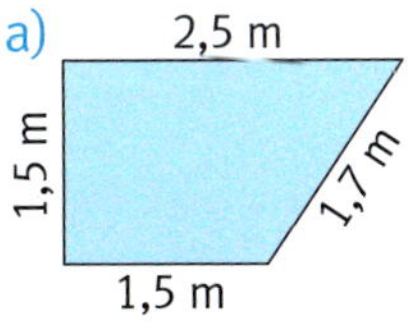

b) 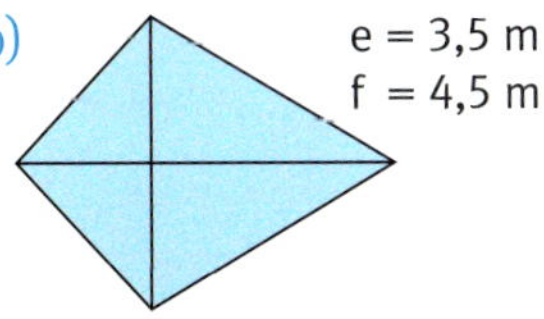

Vertiefende Aufgaben

a) 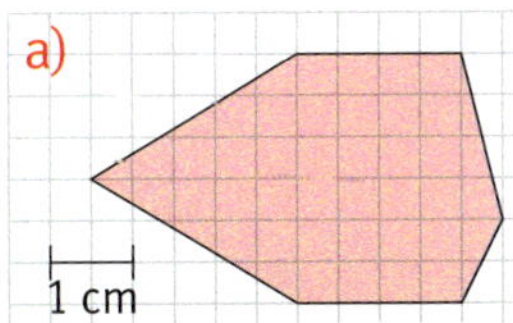

b) 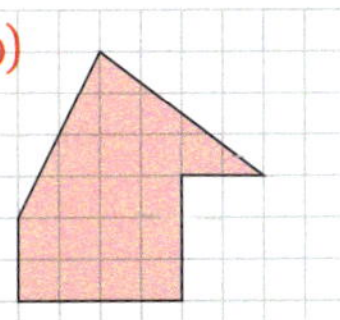

1 a) Übertrage die Figuren und benenne sie.
b) Zeichne die Symmetrieachsen ein.
c) Berechne bei den Figuren 1 bis 5 Flächeninhalt und Umfang.

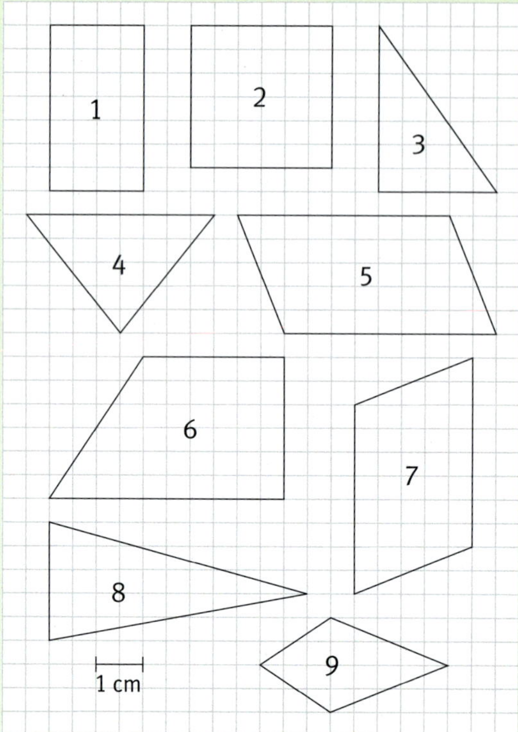

2 a) Berechne die fehlenden Winkelgrößen.

	1	2	3	4
α	125°	65°	103°	■
β	70°	65°	77°	90°
γ	100°	■	103°	90°
δ	■	115°	■	90°

b) Welches Viereck könnte es sein?

3 Vergleiche Umfang und Flächeninhalt der Rechtecke. Rechne im Kopf.
Welche Maße hat das Rechteck, welches bei gleichem Umfang den größten Flächeninhalt hat?

	a)	b)	c)	d)
Länge	16 cm	14 cm	12 cm	10 cm
Breite	4 cm	6 cm	8 m	10 cm

4 Übertrage die jeweils zusammengehörigen Figuren. Weise nach, dass sie den gleichen Flächeninhalt haben. Zerlege und nummeriere entsprechend.

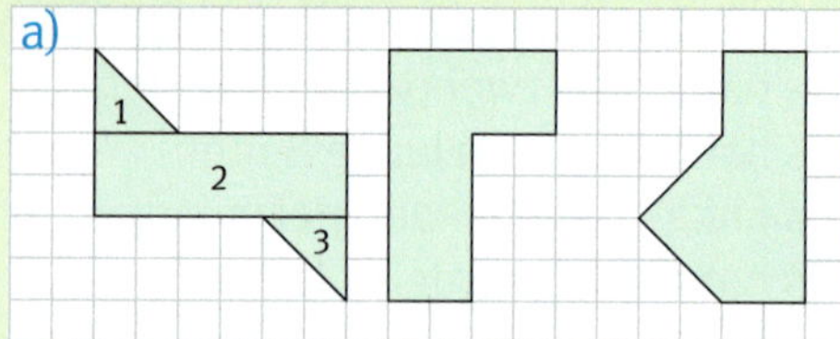

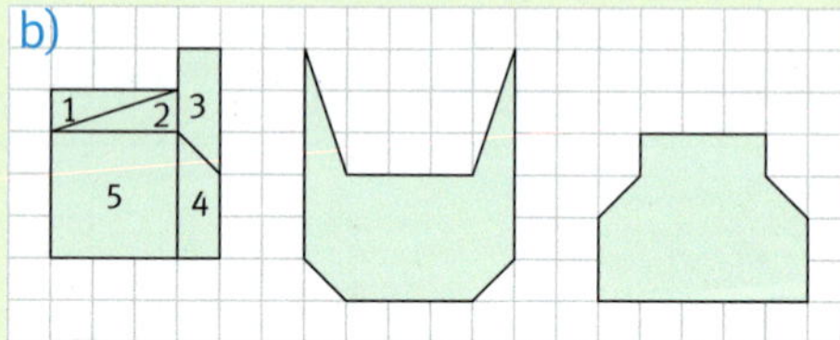

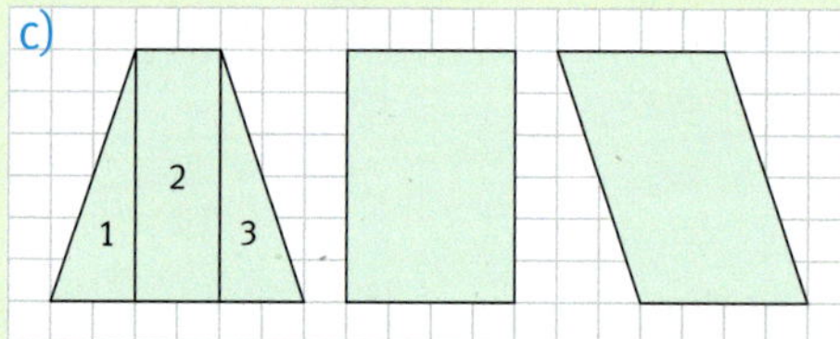

5 Übertrage die Dreiecke.
Berechne den Flächeninhalt jeweils über eine andere Grundseite und die dazugehörige Höhe. Entnimm die Maße der Zeichnung.

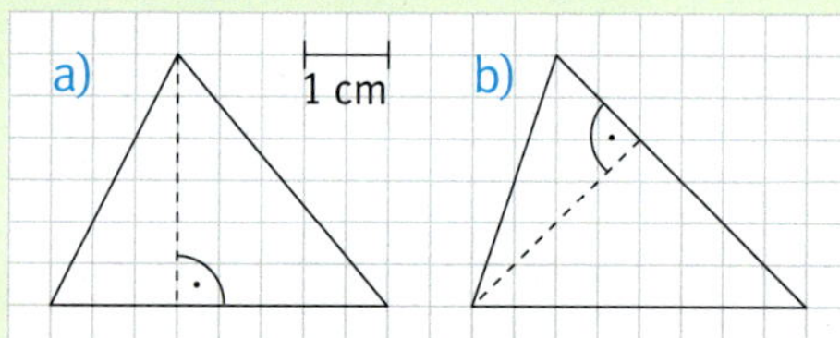

6 Übertrage die Figuren und berechne den Flächeninhalt. Ergänze zunächst zu einem Quadrat und einem Rechteck.

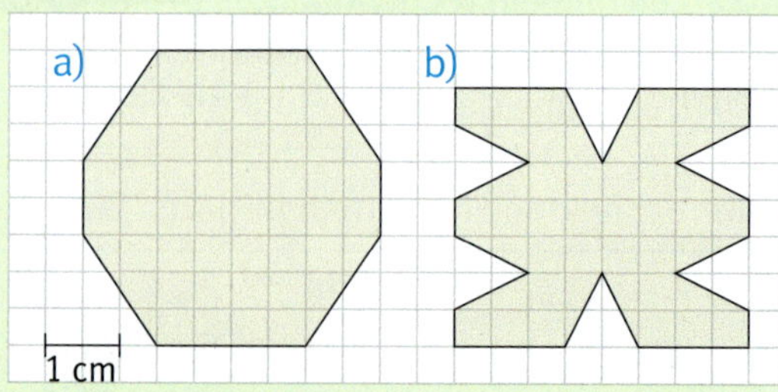

7 Ein rechteckiges Grundstück ist 32,5 m lang und 14,3 m breit. Im Baumarkt gibt es Maschendraht in Rollen zu je 25 m. Reichen fünf Rollen zum Umzäunen des Grundstücks?

8 Berechne den Flächeninhalt einmal durch Zerlegen und einmal durch Ergänzen.

a)
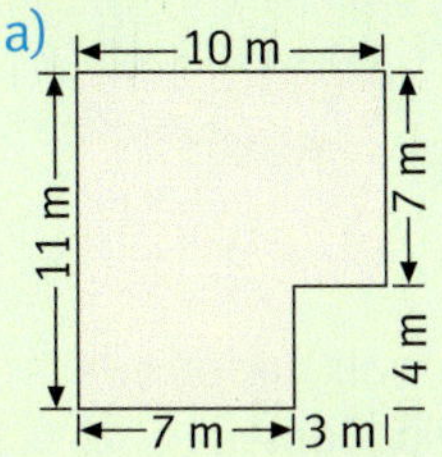

b)
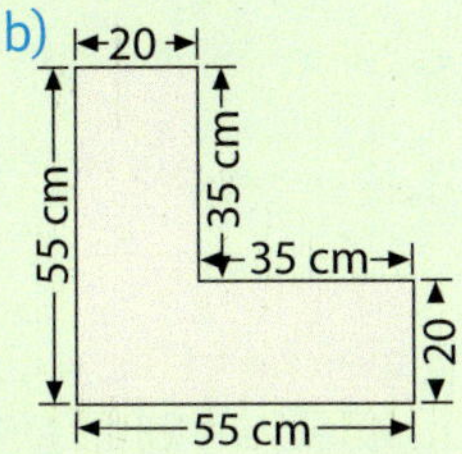

9 Berechne jeweils die Größe der Winkel α, β, γ und δ.

a)
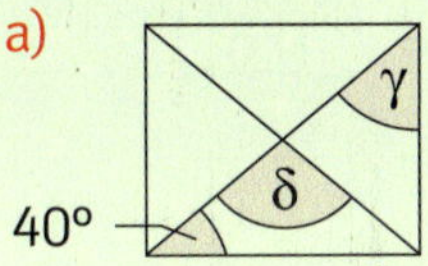

b)
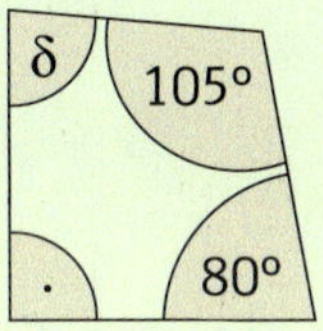

c)
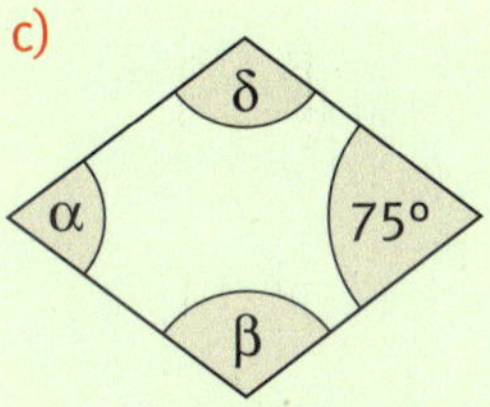

d)
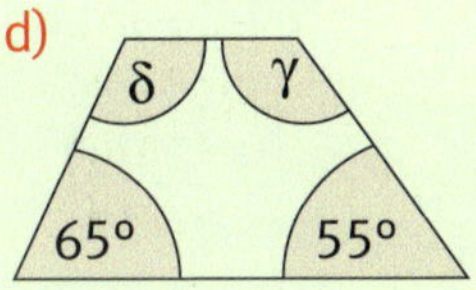

10 Zeichne die Vielecke je zweimal in ein Koordinatensystem (Einheit cm). Berechne ihren Flächeninhalt, indem du das Vieleck einmal in Teilflächen zerlegst, einmal zu Rechtecken ergänzt.

a) A (1|2) B (7|0) C (9|4) D (9|6) E (3|6)
b) A (0|0) B (7|0) C (12|3) D (7|5) E (2|5)

11 Herrn Müllers Bauplatz ist 42 m lang und 25 m breit. Der Bauplatz von Herrn Schulze hat den gleichen Umfang, ist aber 30 m breit. Beide Flächen haben die Form von Rechtecken. Wer hat den größeren Platz? Vermute zuerst.

12 Berechne den Flächeninhalt der Vielecke (Maße in Meter).

a)
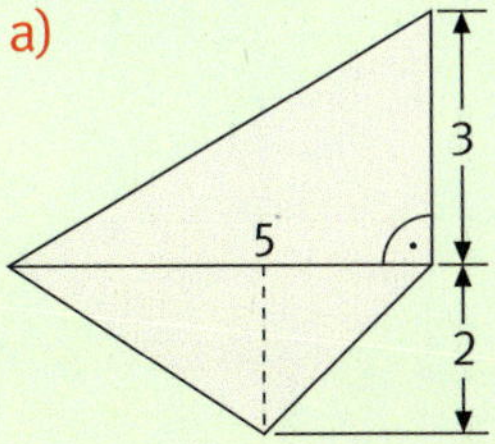

b)
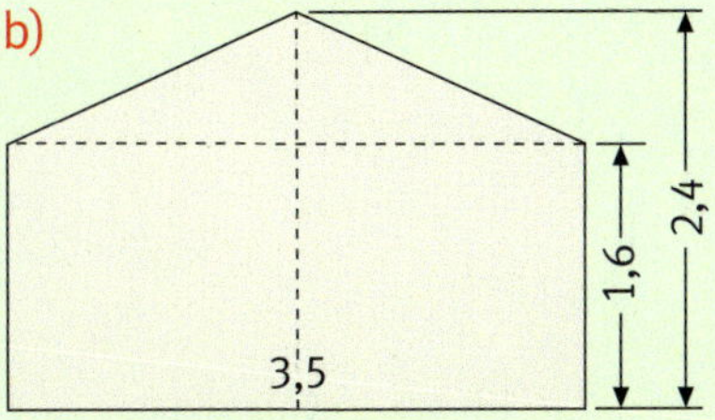

13 Ein Hersteller bietet Tische in Form gleichseitiger Dreiecke an.
Ein Tagungszentrum kauft acht Tische. Der Küchenchef möchte sie für ein Küchenbüfett entlang einer Wand in Form eines Parallelogramms aneinanderreihen.

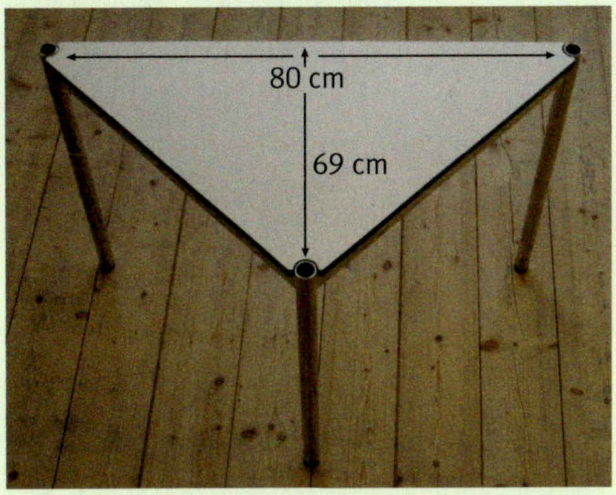

a) Wie viele Quadratmeter stehen für das Büfett zur Verfügung?
b) Wie lang ist eine Grundseite dieser Tischreihe?
c) Reicht eine Wandlänge von 3,50 m für die Tischreihe aus?

14 Sind die Aussagen wahr oder falsch? Begründe.

a) Das Quadrat ist zugleich Rechteck, Parallelogramm und Raute.
b) Wenn jedes Quadrat ein Rechteck ist und jedes Quadrat eine Raute, dann ist auch jedes Rechteck eine Raute.
c) Figuren mit gleichem Umfang haben auch den gleichen Flächeninhalt.
d) Figuren mit gleichem Flächeninhalt haben auch den gleichen Umfang.

1 Übertrage jede Figur zwei Mal. Ergänze jeweils zu Drachen und Parallelogramm.

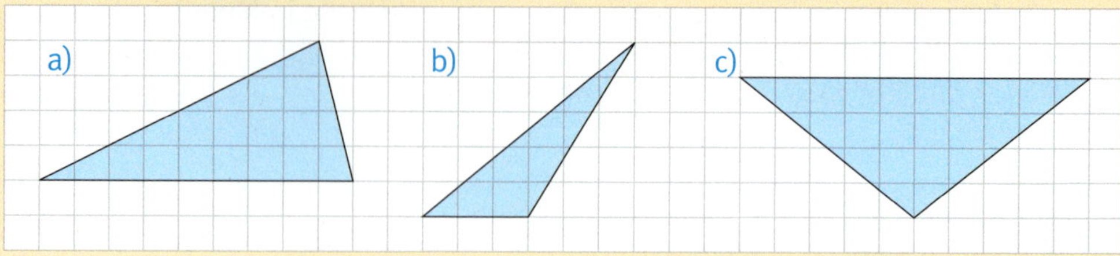

2 Gib jeweils die Größe der gesuchten Winkel in Rechteck und Parallelogramm an.

a)
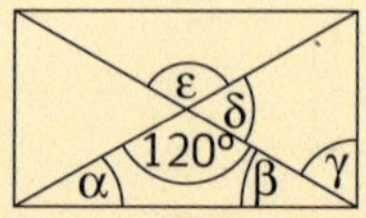

b)
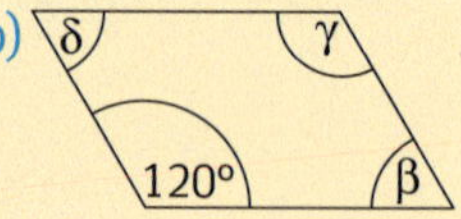

3 Weise nach, dass die Figuren b) mit e) den gleichen Flächeninhalt haben wie Figur a). Übertrage dazu die Figuren, zeichne jeweils die Teilflächen ein und nummeriere entsprechend.

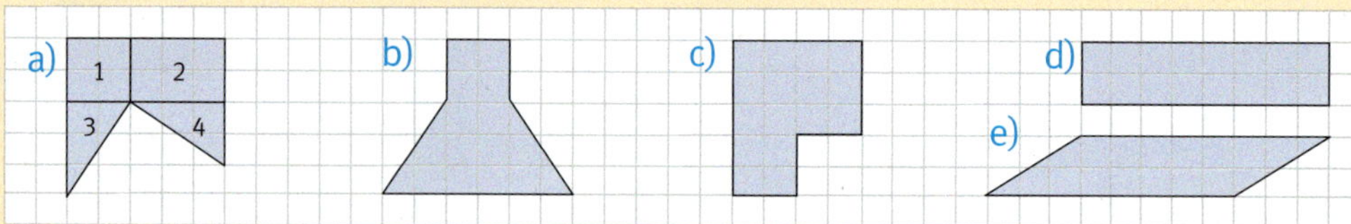

4 Bei zwei Dreiecken reichen die Maßangaben aus, um den Flächeninhalt zu berechnen.

(Maße in cm)

a)
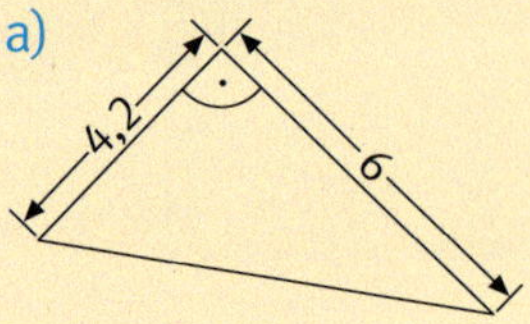

b)
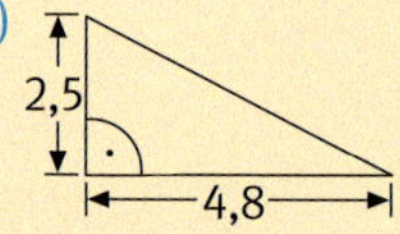

c)
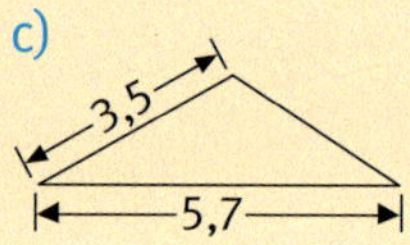

5

	a	b	u	A
Rechtecke	■	4,6 cm	32,4 cm	■
	4,5 m	■	■	16,2 m^2

	a	h	A
Parallelogramme	■	2,3 m	28,75 m^2
	4,5 m	■	27,9 m^2

6 Nimm als Einheit Karokästchen und zeichne das Viereck A (3|1), B (12|1), C (11|8) und D (7|8).
Benenne die Figur und berechne Flächeninhalt und Umfang.

7 Zeichne die Figuren und berechne den Flächeninhalt.

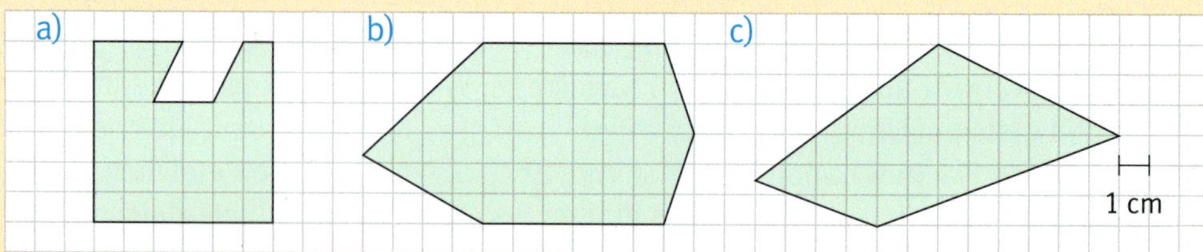

Beschreibende Statistik
Strichliste
Häufigkeitstabelle
Urliste
Rangliste

Strichliste und Häufigkeitstabelle:

	1	2	3	4	5
Strichliste	////	////	////	//	/
Anzahl	4	4	4	2	1

Urliste (ungeordnete Daten):
2; 1; 4; 2; 3; 1; 5; 1; 3; 2; 1; 3; 4; 3; 2

Rangliste (geordnete Daten):
1; 1; 1; 1; 2; 2; 2; 2; 3; 3; 3; 3; 4; 4; 5

absolute und
relative Häufigkeit

absolute Häufigkeit:

Anzahl eines Wertes
Bei 10 Würfen dreimal die 6:
absolute Häufigkeit: 3

relative Häufigkeit:

$$\frac{\text{absolute Häufigkeit}}{\text{Gesamtzahl der Werte}} = \frac{3}{10} = 0{,}3 = 30\,\%$$

Diagramme

Absolute Häufigkeiten kann man in einem Säulendiagramm oder Balkendiagramm darstellen.
Für relative Häufigkeiten eignen sich Streifendiagramme oder Kreisdiagramme.

Liniendiagramm

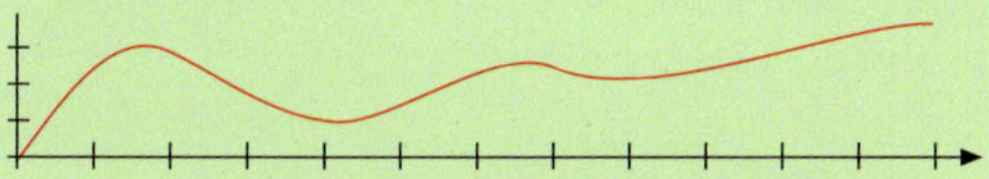

Streifendiagramm

Säulendiagramm

Balkendiagramm

Kreisdiagramm

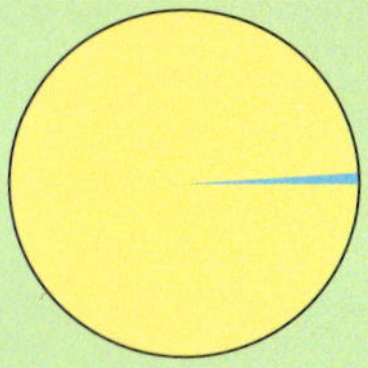

Im Streifendiagramm entspricht das Ganze (100 %) 10 cm.

$0{,}5 = 50\,\% \mathrel{\hat{=}} 5$ cm $\quad 0{,}1 = 10\,\% \mathrel{\hat{=}} 1$ cm $\quad 0{,}01 = 1\,\% \mathrel{\hat{=}} 0{,}1$ cm $= 1$ mm

Im Kreisdiagramm entspricht das Ganze (100 %) 360°.

$0{,}5 = 50\,\% \mathrel{\hat{=}} 180°$ $\quad 0{,}1 = 10\,\% \mathrel{\hat{=}} 36°$ $\quad 0{,}01 = 1\,\% \mathrel{\hat{=}} 3{,}6°$

Maximum, Minimum,
Spannweite
Durchschnittswert
Zentralwert

Statistische Kennwerte:

Datenreihe: 1 3 4 7 9
Maximum: größter Wert der Datenreihe: 9
Minimum: kleinster Wert der Datenreihe: 1
Spannweite s: s = größter Wert – kleinster Wert = 9 – 1 = 8

Durchschnittswert $\overline{x}$: $\overline{x} = \frac{\text{Summe der Einzelwerte}}{\text{Anzahl der Einzelwerte}} = \frac{4+9+1+7+3}{5} = 4{,}8$

Zentralwert z: bei ungerader Anzahl von Werten:
mittlerer Wert der Rangliste
1 3 (4) 7 9 z = 4
bei gerader Anzahl von Werten:
Durchschnittswert der beiden mittleren Werte
1 3 (4 7) 9 11 z = 5,5

proportionale Zuordnung

Beschreibung

Zum n-fachen/n-ten Teil der einen Größe gehört das n-fache/der n-te Teil der anderen. Der Graph bei proportionalen Funktionen ist eine vom Nullpunkt ausgehende Halbgerade.

Wertetabelle

Menge (g)	250	500	750	1000	1250
Preis (€)	1	2	3	4	5

Graph

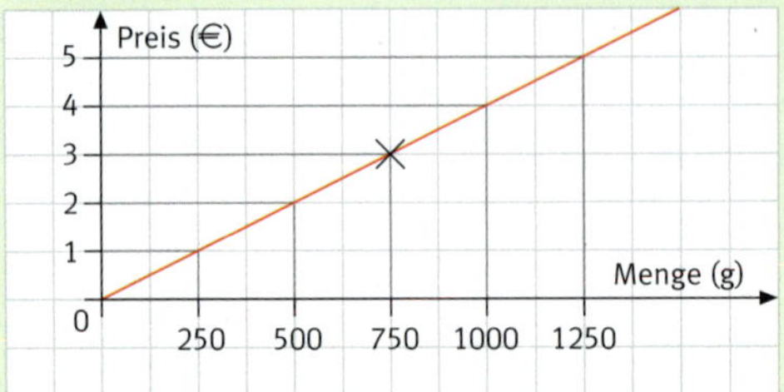

Dreisatz

:5 (500 g → 2 €) :5

100 g → 0,40 €

·11 (1100 g → 4,40 €) ·11

Quotientengleichheit

250 : 1 = 500 : 2 = 750 : 3 = 1000 : 4 = 1250 : 5 = 250 (Proportionalitätsfaktor)

antiproportionale Zuordnung

Beschreibung

Zum n-fachen der einen Größe gehört der n-te Teil der anderen. Zum n-ten Teil der einen Größe gehört das n-fache der anderen. Der Graph ist eine Kurve, die Hyperbel heißt.

Wertetabelle

Maschinen	1	2	4	6
Zeit (h)	12	6	3	2

Graph

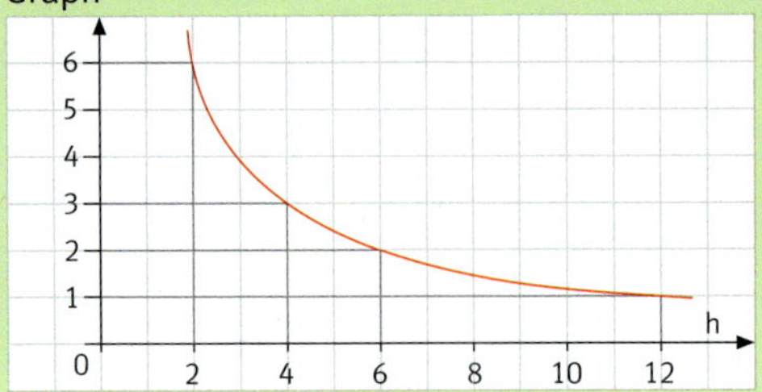

Dreisatz

:2 (2 Maschinen → 6 h) ·2

1 Maschinen → 12 h

·3 (3 Maschinen → 4 h) :3

Produktgleichheit

1 · 12 = 2 · 6 = 4 · 3 = 3 · 4 = 6 · 2 = 12 · 1

Prozentrechnung Einfache Prozentsätze

$\frac{1}{100} = 0{,}01 = 1\,\%$	$\frac{1}{10} = 0{,}1 = 10\,\%$	$\frac{1}{5} = 0{,}2 = 20\,\%$	$\frac{1}{4} = 0{,}25 = 25\,\%$	$\frac{1}{2} = 0{,}5 = 50\,\%$	$\frac{3}{4} = 0{,}75 = 75\,\%$

Prozentwert Prozentsatz Grundwert

Prozentwert berechnen:

Angabe in %	Betrag
100	900 € (G)
1	900 € : 100
15 (p)	9 € · 15
	= 135 € (W)

Prozentsatz berechnen:

Betrag	Angabe in %
900 € (G)	100
1	100 : 900
135 € (W)	100 : 900 · 135
	= 15 (p)

Grundwert berechnen:

Angabe in %	Betrag
15 (p)	135 € (W)
1	135 € : 15
100	135 € : 15 ·100
	= 900 € (G)

Formeln zur Prozentrechnung

$W = \frac{G}{100} \cdot p$

$W = \frac{900\,€}{100} \cdot 15 = 135\,€$

$p = \frac{100}{G} \cdot W$

$p = \frac{100}{900\,€} \cdot 135\,€ = 15$

$G = \frac{W}{p} \cdot 100$

$G = \frac{135\,€}{15} \cdot 100 = 900\,€$

Preiserhöhung und Preissenkung

Preissteigerung

Grundwert 100 % (1 200 €)	Zunahme 3 %
Endwert 103 %	

$1\,200\,€ \cdot 1{,}03 = 1\,236\,€$

Preisnachlass

Grundwert 100 % (1 600 €)	
Endwert 92,5 %	Abnahme 7,5 %

$1\,600\,€ \cdot 0{,}925 = 1\,480\,€$

Sachaufgaben

1. Ich lese den Text mehrmals aufmerksam.
2. Ich unterstreiche und notiere die wichtigen Angaben. *Geg.:*
3. Ich schreibe die Rechenfrage(n) auf. *Ges.:*
4. Ich suche und notiere die Rechenwege. Dabei helfen mir Skizzen und Zeichnungen.
5. Ich ermittle durch Überschlagsrechnung das ungefähre Ergebnis. *Lösung:*
6. Ich rechne schrittweise mit Teilüberschriften.
7. Ich vergleiche das ungefähre Ergebnis mit der Lösung.
8. Ich antworte auf die Rechenfrage(n).

Dreiecke

gleichseitiges · gleichschenkliges · rechtwinkliges · spitzwinkliges · stumpfwinkliges

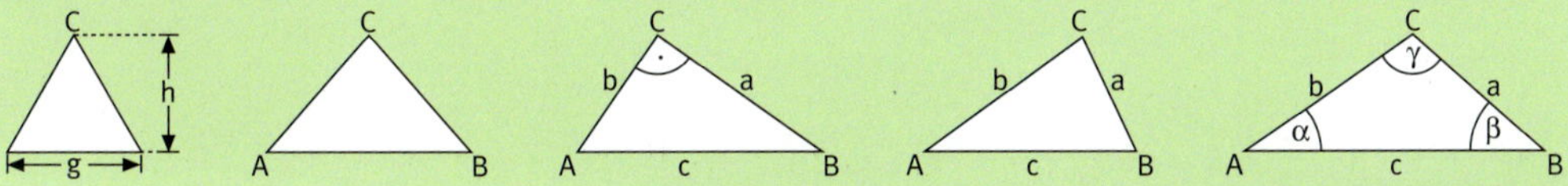

$A = \frac{g \cdot h}{2}$

Besondere Linien in Dreiecken
Mittelsenkrechte
Seitenhalbierende
Höhe

Die Mittelsenkrechte m_c · Die Seitenhalbierende s_b · Die Höhe h_c

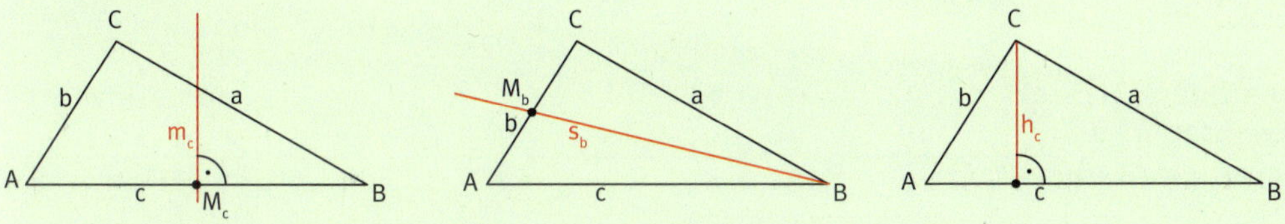

Konstruktion der Mittelsenkrechten

Mit dem Geodreieck:

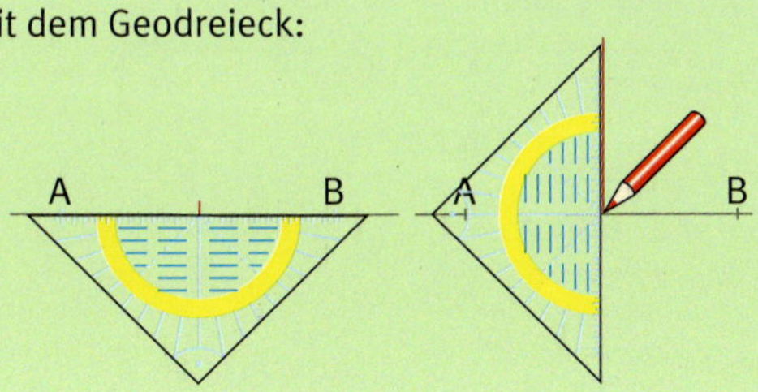

Mit Zirkel und Lineal:

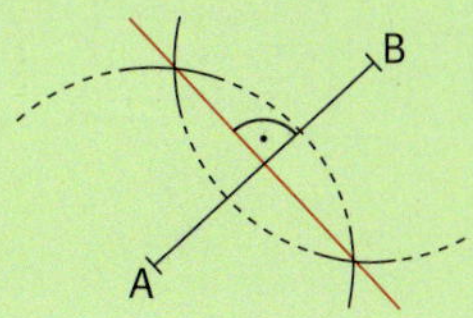

Winkelsumme

Winkelsumme im Dreieck:

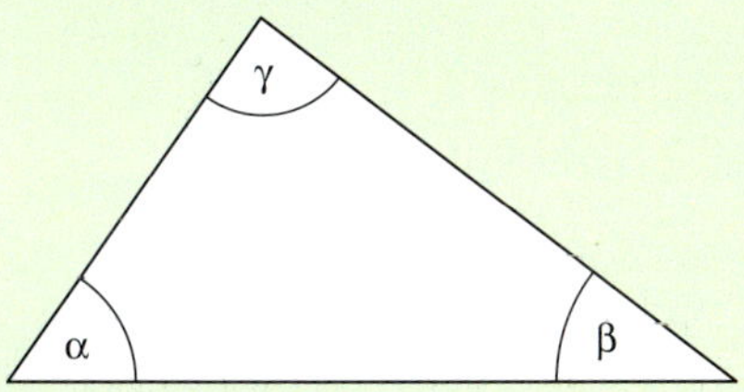

$\alpha + \beta + \gamma = 180°$

Winkelsumme im Viereck:

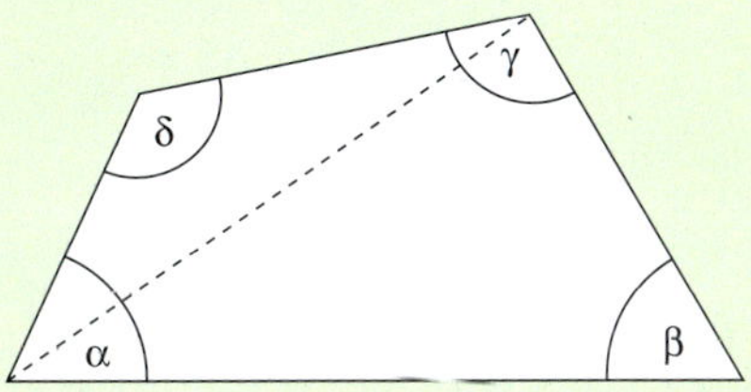

$\alpha + \beta + \gamma + \delta = 360°$

Winkel an Geradenkreuzungen und geschnittenen Parallelen

Wenn zwei Geraden sich schneiden gilt für die Winkel:

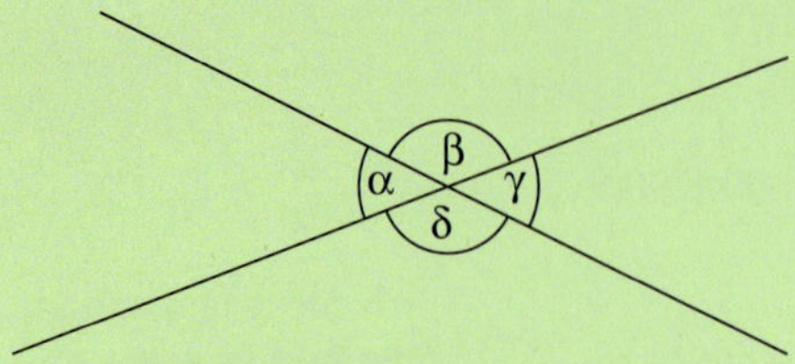

α und γ sind Scheitelwinkel: $\alpha = \gamma$
α und β sind Nebenwinkel: $\alpha + \beta = 180°$

Wenn zwei parallele Geraden durch eine Gerade geschnitten werden, gilt:

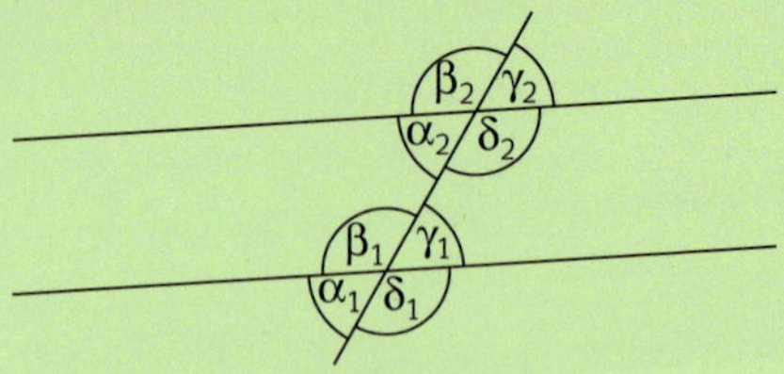

α_1 und α_2 sind Stufenwinkel: $\alpha_1 = \alpha_2$
α_1 und γ_2 sind Wechselwinkel: $\alpha_1 = \gamma_2$

Konstruieren von Dreiecken nach den Kongruenzsätzen

Kongruenzsatz SWS

Gegeben:
$c = 6$ cm
$\beta = 60°$
$a = 4$ cm

Planfigur:

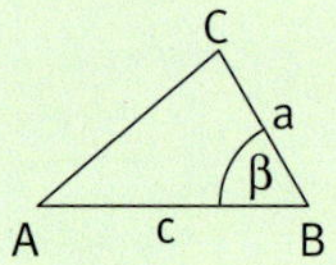

Konstruktionsschritte:

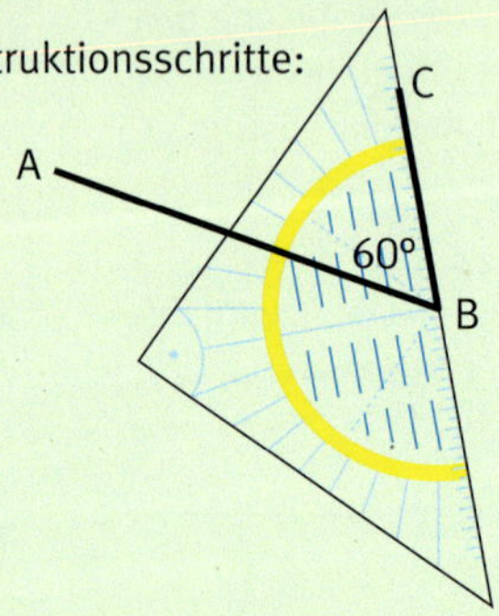

Kongruenzsatz WSW

Gegeben:
$b = 5$ cm
$\alpha = 40°$
$\gamma = 60°$

Planfigur:

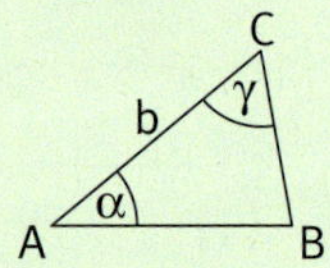

Konstruktionsschritte:

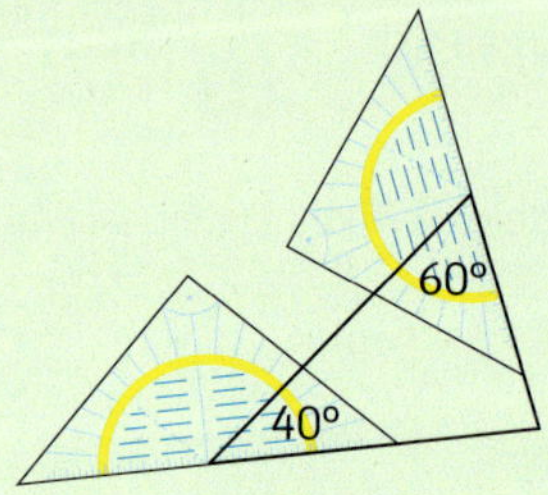

Kongruenzsatz SSS

Gegeben:
$a = 4$ cm
$b = 3$ cm
$c = 5$ cm

Planfigur:

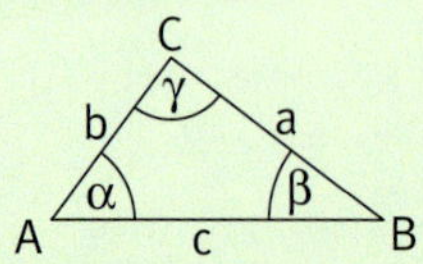

Konstruktionsschritte:

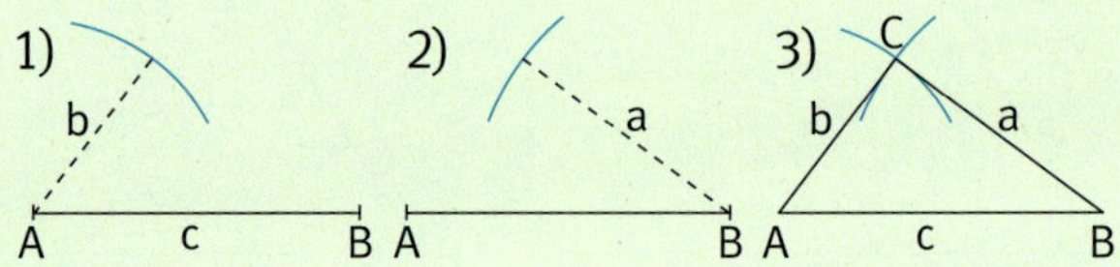

Vierecke

Rechteck

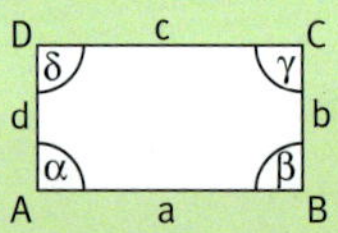

$u = 2 \cdot (a + b)$
$A = a \cdot b$

Quadrat

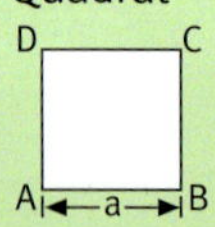

$u = 4 \cdot a$
$A = a \cdot a$

Parallelogramm

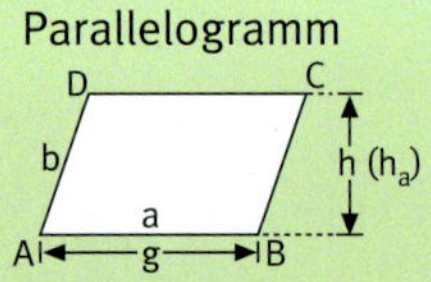

$u = 2 \cdot (a + b)$
$A = g \cdot h \; (= a \cdot h_a)$

Raute

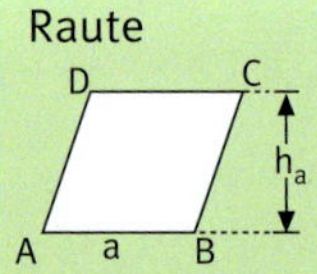

$u = 4 \cdot a$
$A = a \cdot h_a$

Besondere Linien in Vierecken

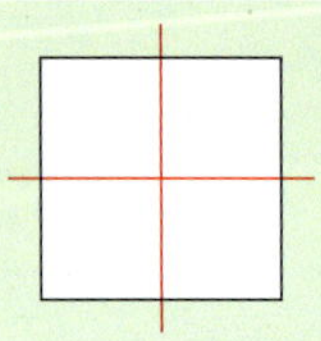

Mittellinien

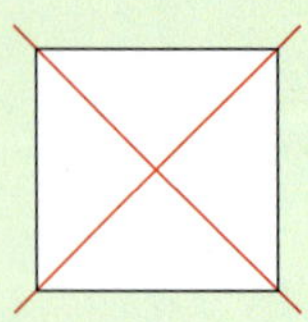

Diagonalen

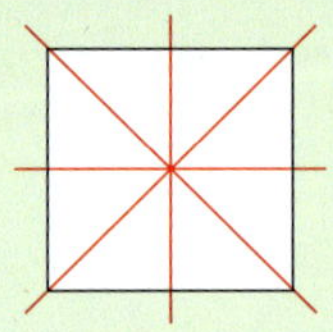

Symmetrieachsen

zusammengesetzte Flächen

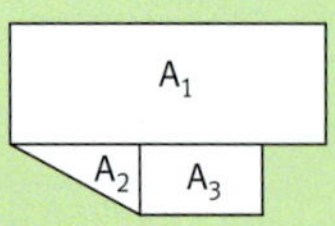

A = Summe der Teilflächen

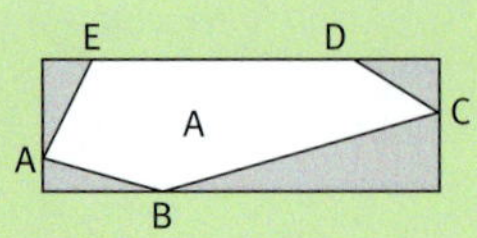

A = ergänztes Vieleck – ergänzte Flächen

rationale Zahlen

Zur Menge der rationalen Zahlen gehören die ganzen Zahlen, Bruchzahlen und Dezimalzahlen.

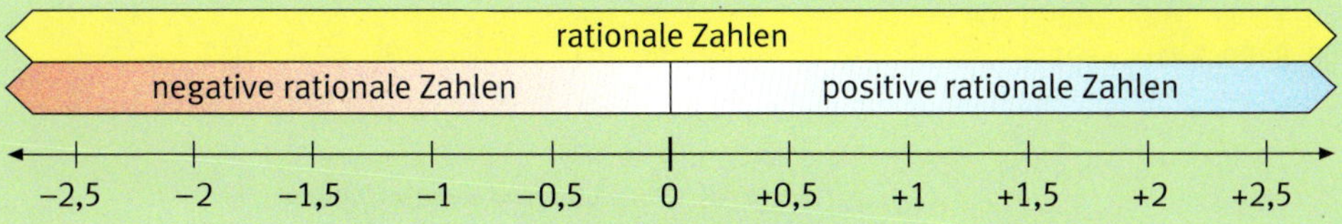

Zustandsänderungen

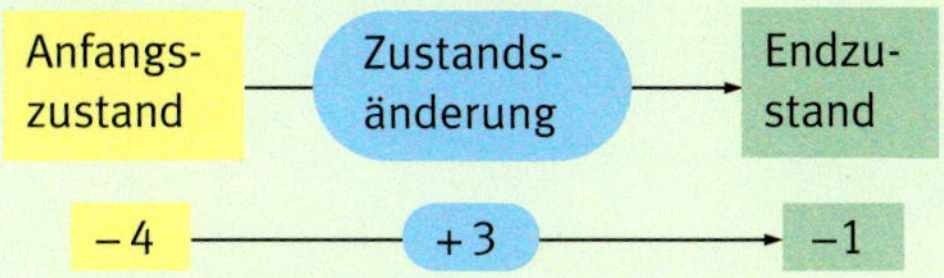

$-4 + 3 = -1$

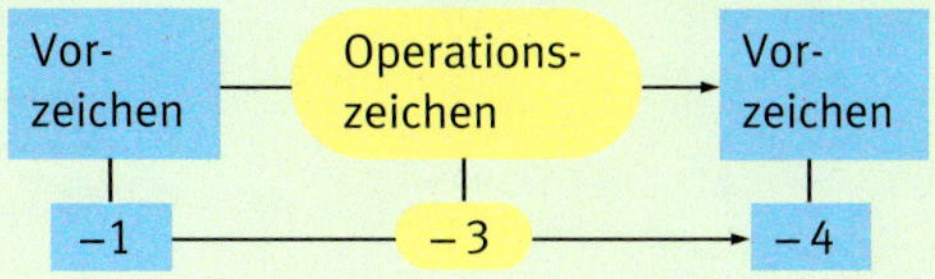

$-1 - 3 = -4$

Rechenregeln

Addieren	Subtrahieren
$(+a) + (+b) = a + b$	$(+a) - (-b) = a + b$
$(+a) + (-b) = a - b$	$(+a) - (+b) = a - b$
$(-a) + (+b) = -a + b$	$(-a) - (-b) = -a + b$
$(-a) + (-b) = -a - b$	$(-a) - (+b) = -a - b$

Multiplizieren	Dividieren
$(+a) \cdot (+b) = a \cdot b$	$(+a) : (+b) = a : b$
$(-a) \cdot (-b) = a \cdot b$	$(-a) : (-b) = a : b$
$(+a) \cdot (-b) = -(a \cdot b)$	$(+a) : (-b) = -(a : b)$
$(-a) \cdot (+b) = -(a \cdot b)$	$(-a) : (+b) = -(a : b)$

Beim Multiplizieren und Dividieren ergeben gleiche Vorzeichen immer +, verschiedene Vorzeichen immer −.

Rechengesetze

Assoziativgesetz	Kommutativgesetz	Distributivgesetz
$(a + b) + c = a + (b + c)$	$a + b = b + a$	$a \cdot (b + c) = a \cdot b + a \cdot c$
$(a \cdot b) \cdot c = a \cdot (b \cdot c)$	$a \cdot b = b \cdot a$	$(a - b) : c = a : c - b : c$

Terme
Gleichungen

Ein Term ist eine Verbindung aus Zahlen und Rechenzeichen. Eine Variable ist ein Platzhalter für eine Zahl. Verbindet man zwei wertgleiche Terme durch ein Gleichheitszeichen, erhält man eine Gleichung.

Terme ohne Variable: $8 - 3$ $9 \cdot 4$ Terme mit Variable: $x : 5$ $y + 7$ Gleichung: $20 : 5 = 7 - 3$

Terme vereinfachen

Gleiche Variablen kann man zusammenfassen. Das Malzeichen zwischen Zahl und Variablen darf man weglassen.

$a + a + a + a = 4 \cdot a = 4a$ $c + c + 5c + 2 - 2c + 7 = 5c + 9$

Gleichungen lösen

Umkehraufgaben

$x + 5 = 12$

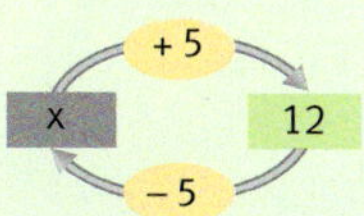

$x = 12 - 5 = 7$

$4 \cdot y = 12$

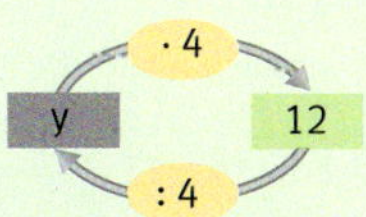

$y = 12 : 4 = 3$

Wertgleiches (äquivalentes) Umformen:

$z + 3 = 17 \quad | -3$
$z = 14$

$a : 5 = 7 \quad | \cdot 5$
$a = 35$

Rechenstrategien

Seite 8/9

1 Kleiner als 1800: 1000; 1008; 1700; 1708; 1709
Größer als 1800: 8000; 8100; 1810; 1801

2 a) 6048 < 6084 b) 9840 > 9480
c) 7007 < 7070 d) 5000 > 4990

3 a) 95 b) 601 c) 395
d) 930 e) 465 f) 23
g) 2 h) 98 i) 101
j) 900 k) 250

4 a) 399 + 101 = 500 b) 1300 − 399 = 901
c) 901 − 451 = 450

5 a) 81 b) 110 c) 121
d) 530 e) 84 f) 900
g) 108900 h) 84 i) 1125
j) 12 k) 5 l) 103
m) 17 n) 450 o) 18008

6 a) Die Hälfte von 700 ist 350.
b) Das Doppelte von 350 ist 700.
c) Das Hundertfache von 1000 ist 100000.
d) 700 dividiert durch 2 ist 350.

7 Drei Bäume müssen gefällt werden, das heißt es bleiben noch 117 stehen.

8 Insgesamt werden 24 Packungen benötigt (72 : 3 = 24). Da du nur zwei Dreierpacks tragen kannst, müsstest du 12-mal gehen oder jemanden fragen, der dir hilft.

9 8 kg Apfelsinen kosten 7,20 €. Dann kostet 1 kg 0,90 € (7,20 € : 8 = 0,90 €). 5 kg kosten dann lose 4,50 € (5 · 0,90 € = 4,50 €).

10 a) $\frac{2}{5}$ b) $\frac{3}{4}$ c) $\frac{2}{3}$
d) $\frac{1}{12}$ e) $\frac{2}{5}$ f) $\frac{1}{2}$

11 a) 1 Kreis von 10 Kreisen muss gefärbt werden.
b) 3 Kreise von 15 Kreisen müssen gefärbt werden.
c) 12 Kreise von 20 Kreisen müssen gefärbt werden.

12 a) $4\frac{3}{4}$ b) $7\frac{7}{10}$ c) 4 d) 5

13 a) $\frac{3}{7} = \frac{27}{63}$ b) $\frac{7}{9} = \frac{49}{63}$ c) $\frac{7}{9} = \frac{84}{108}$
d) $\frac{3}{5} = \frac{33}{55}$ e) $\frac{112}{180} = \frac{28}{45}$ f) $\frac{80}{120} = \frac{2}{3}$

14 a) $\frac{4}{5}$; $\frac{7}{5} = 1\frac{2}{5}$ b) $\frac{7}{10}$; $\frac{9}{10}$ c) $\frac{2}{9}$; $\frac{1}{9}$
d) $\frac{4}{13}$; $\frac{2}{13}$ e) $\frac{15}{11} = 1\frac{4}{11}$; $\frac{15}{17}$ f) $\frac{4}{10} = \frac{2}{5}$; $\frac{16}{9} = 1\frac{7}{9}$

15 a) $\frac{12}{15} = \frac{4}{5}$; $\frac{10}{16} = \frac{5}{8}$ b) $2\frac{7}{9}$; $3\frac{5}{7}$ c) $9\frac{9}{10}$; $\frac{8}{9}$ d) $2\frac{2}{3}$; $\frac{8}{9}$

16 a) $\frac{35}{10} = 3\frac{5}{10} = 3\frac{1}{2}$ b) $\frac{42}{24} = 1\frac{18}{24} = 1\frac{3}{4}$
c) 34 d) 14 e) 20

17 a) 9 Schüler sind Nichtschwimmer.
b) 18 Schüler sind Mädchen.
c) 8 Schüler sind Brillenträger.
d) 15 Schüler sind Fahrschüler.

Daten

Seite 28/29

1 a) $\frac{2}{3}$ b) $\frac{4}{6} = \frac{2}{3}$ c) $\frac{4}{8} = \frac{1}{2}$
d) $\frac{2}{6} = \frac{1}{3}$ e) $\frac{5}{10} = \frac{1}{2}$; $\frac{1}{4}$; $\frac{2}{8} = \frac{1}{4}$

2 a) Ⓐ Das Rechteck ist in 10 gleiche Teile geteilt.
Ⓑ Jeder Teil entspricht $\frac{1}{10}$ des Rechtecks.
Ⓒ Drei Teile des Rechtecks entsprechen $\frac{3}{10}$.

b)
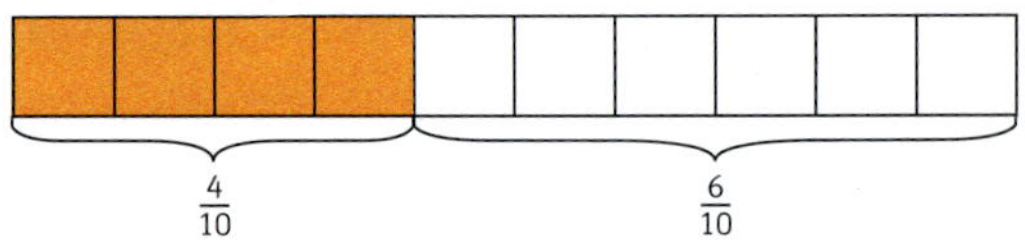

3 a) Meltem kann die Lakritzstange in Hälften, Drittel, Viertel, Sechstel, Achtel oder Zwölftel einteilen. Die Lakritzstange wäre dann 12 cm, 8 cm, 6 cm, 4 cm, 3 cm oder 2 cm lang.
b) Die ganze Stange war 16 cm lang.

4 a) $\frac{1}{50} = \frac{2}{100}$ $\frac{1}{25} = \frac{4}{100}$ $\frac{1}{4} = \frac{25}{100}$
b) $\frac{8}{400} = \frac{2}{100}$ $\frac{10}{1000} = \frac{1}{100}$ $\frac{12}{200} = \frac{6}{100}$
c) $\frac{9}{75} = \frac{3}{25} = \frac{12}{100}$ $\frac{48}{80} = \frac{6}{10} = \frac{60}{100}$ $\frac{25}{125} = \frac{5}{25} = \frac{20}{100}$

5 $0{,}2 = \frac{2}{10} = \frac{1}{5}$ $0{,}8 = \frac{8}{10} = \frac{4}{5}$
$0{,}45 = \frac{45}{100} = \frac{9}{20}$ $0{,}24 = \frac{24}{100} = \frac{12}{50} = \frac{6}{25}$
$0{,}06 = \frac{6}{100} = \frac{3}{50}$

6
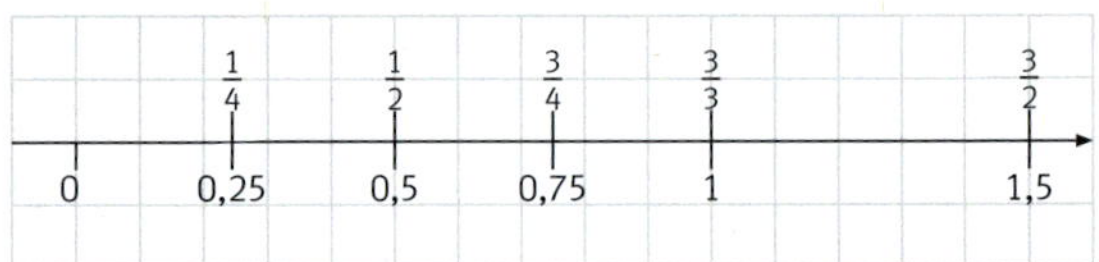

7 Gruppe 1: $\frac{4}{20} = 0{,}2 = \frac{1}{5} = \frac{3}{15}$ Gruppe 2: $\frac{1}{10} = \frac{10}{100} = 0{,}1 = \frac{4}{40}$

8 A: Säulendiagramm B: Streifendiagramm
C: Balkendiagramm D: Kreisdiagramm

9 15 + 18 + 17 + 17 + 16 + 15 + 14 = 112
112 : 7 = 16
Die Durchschnittstemperatur in Athen beträgt 16 °C.

Seite 33

1 a) 1; 2; 2; 2; 2; 2; 2; 2; 2; 3; 3; 3; 3; 3; 3; 3; 3; 3; 3; 4; 4; 4; 4; 5; 5

b)

Note	1	2	3
Relative Häufigkeit	$\frac{1}{25} = 0{,}04$	$\frac{8}{25} = 0{,}32$	$\frac{10}{25} = 0{,}4$
Note	4	5	6
Relative Häufigkeit	$\frac{4}{25} = 0{,}16$	$\frac{2}{25} = 0{,}08$	$\frac{0}{25} = 0$

c) Absolute Häufigkeiten der Noten:

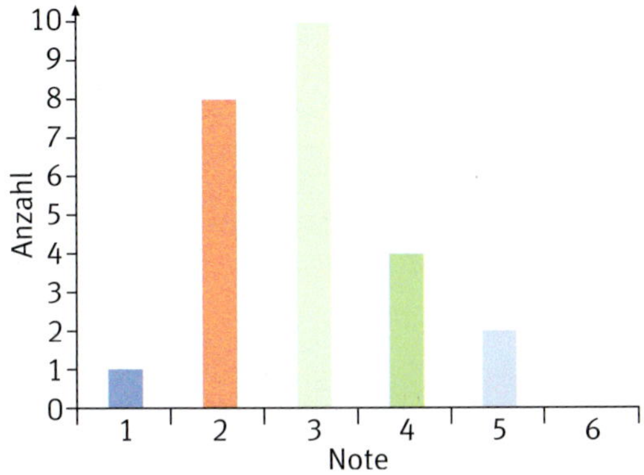

Relative Häufigkeiten der Noten:
Note 1: $0{,}04 \cdot 360° = 14{,}4° \approx 14°$
(oder 0,4 cm Streifenlänge)
Note 2: $0{,}32 \cdot 360° = 115{,}2° \approx 115°$
(oder 3,2 cm Streifenlänge)
Note 3: $0{,}4 \cdot 360° = 144°$
(oder 4 cm Streifenlänge)
Note 4: $0{,}16 \cdot 360° = 57{,}6° \approx 58°$
(oder 1,6 cm Streifenlänge)
Note 5: $0{,}08 \cdot 360° = 28{,}8° \approx 29°$
(oder 0,8 cm Streifenlänge)

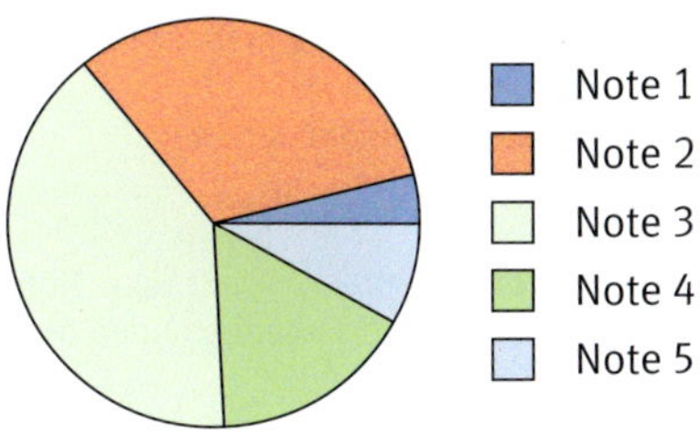

2 Relative Häufigkeiten der Stimmen:
Das Streifendiagramm ist nicht abgebildet.

Paul: $\frac{12}{30} = \frac{4}{10} = 0{,}4 \mathrel{\hat{=}} 4$ cm (Streifenlänge)

Karim: $\frac{6}{30} = \frac{2}{10} = 0{,}2 \mathrel{\hat{=}} 2$ cm (Streifenlänge)

Fatima: $\frac{9}{30} = \frac{3}{10} = 0{,}3 \mathrel{\hat{=}} 3$ cm (Streifenlänge)

Anne: $\frac{3}{30} = \frac{1}{10} = 0{,}1 \mathrel{\hat{=}} 1$ cm (Streifenlänge)

3 a) 29 Schüler
b)

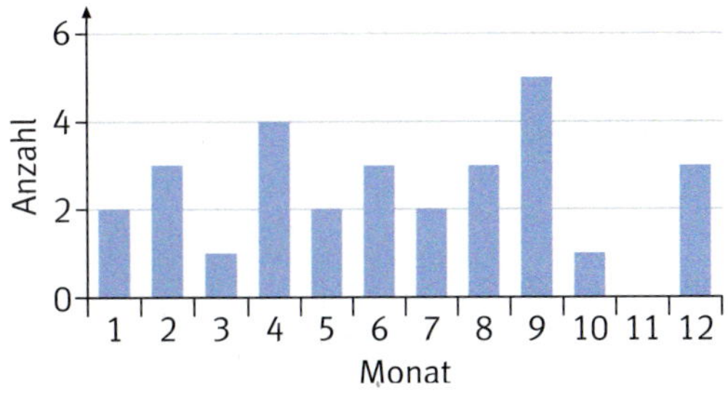

Zuordnungen

Seite 44/45

1

Zahl	Verdoppelung	Halbierung
32	64	16
48	96	24
22	44	11
30	60	15
37	74	18,5

Gerade Zahlen sind einfach zu verdoppeln und zu halbieren.

2 375 g Kartoffeln, 1 kleine Zwiebel, Salz, Pfeffer
125 g Wurst, 40 g Fett, gehackte Petersilie

3 a) $11 \cdot 7 = 10 \cdot 7 + 1 \cdot 7 = 70 + 7 = 77$
b) $8 \cdot 6 = 4 \cdot 6 + 4 \cdot 6 = 24 + 24 = 48$
c) $9 \cdot 3 = 10 \cdot 3 - 1 \cdot 3 = 30 - 3 = 27$
d) $15 \cdot 4 = 30 \cdot 4 : 2 = 120 : 2 = 60$
e) $14 \cdot 6 = 10 \cdot 6 + 4 \cdot 6 = 60 + 24 = 84$
f) $15 \cdot 9 = 10 \cdot 9 + 5 \cdot 9 = 90 + 45 = 135$
g) $16 \cdot 5 = 5 \cdot 16 = 10 \cdot 16 : 2 = 160 : 2 = 80$
h) $17 \cdot 3 = 17 \cdot 2 + 17 \cdot 1 = 34 + 17 = 51$
i) $18 \cdot 4 = 18 \cdot 2 + 18 \cdot 2 = 36 + 36 = 72$
j) $19 \cdot 5 = 20 \cdot 5 - 1 \cdot 5 = 100 - 5 = 95$
Auch andere Rechenwege sind möglich!

4 a) $8\,262\,219 : 21 = 393\,439$ GEHEGE
b) $598 \cdot 365 + 3 \cdot 33\,701 = 319\,373$ ELEGIE
c) $500 + 1 : 0{,}2 = 505$ SOS
d) $289 \cdot 289 + 32 \cdot 251 = 91\,553$ ESSIG

5 3 € 35 Cent = 3,35 € = 335 Cent
30 € 55 Cent = 30,55 € = 3055 Cent
35 € 5 Cent = 35,05 € = 3505 Cent
5 € 35 Cent = 5,35 € = 535 Cent

6 a) Diesel: 1 € 17,9 Cent = 1,179 € = 117,9 Cent
Super: 1 € 43,9 Cent = 1,439 € = 143,9 Cent
Super Plus: 1 € 49,9 Cent = 1,499 € = 149,9 Cent
b) 1,179 € ≈ 1,18 €
1,439 € ≈ 1,44 €
1,499 € ≈ 1,50 €

7 Haus: b2, b6, d7, i7, k6, k2 Dach: b6, d7, i7, k6
Fenster: c4, c5, e5, e4 Tür: g2, g5, i5, i2

8

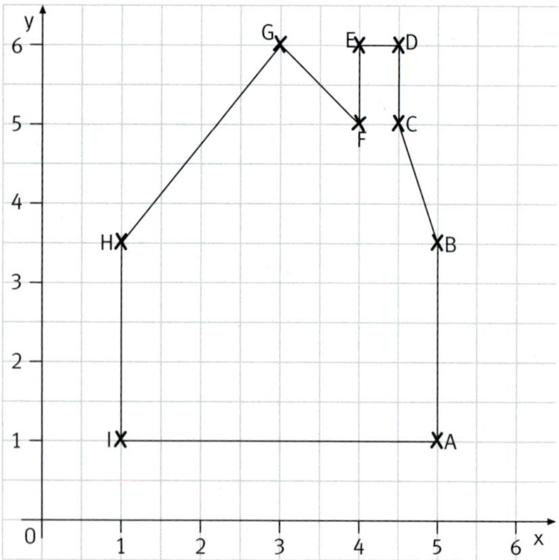

Seite 55

1 a)

Gewicht (g)	Preis (€)
300	2,70
900	8,10

b)

Eiskugeln	Preis (€)
6	4,80
3	2,40

c)

Packungen	Stifte
5	60
20	240

d) Zum Beispiel:

Gewicht (g)	100	500	1 000
Preis (€)	0,90	4,50	9,00

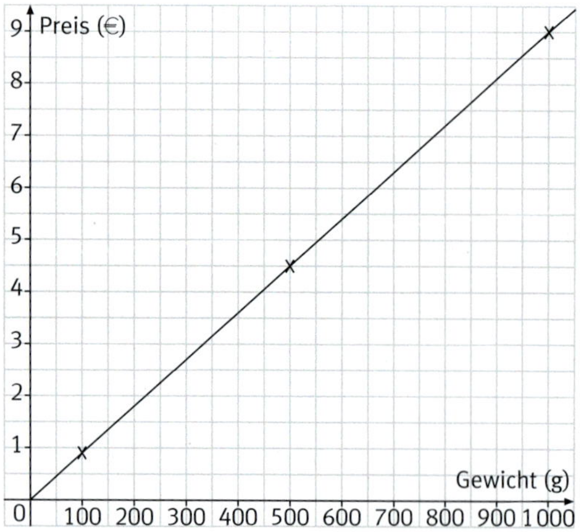

Eiskugeln	1	5	10
Preis (€)	0,80	4,00	8,00

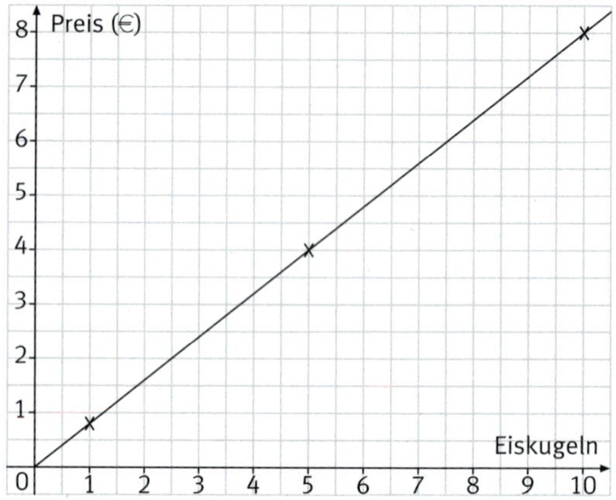

Packungen	1	10	15
Stifte	12	120	180

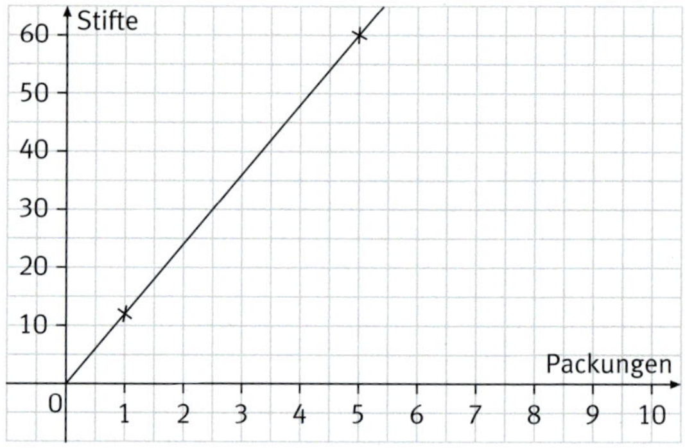

2 a) Zeit in Stunden (h) → Lohn (€)
b) Der Graph ist eine Halbgerade durch den Nullpunkt.
c) Für 4 Arbeitsstunden bekommt man 60 €, für 1,5 Arbeitsstunden 22,50 €.
d) Für 30 € muss man 2 Stunden arbeiten, für 52,50 € 3,5 Stunden.

3 a) In einer Arbeitsstunde verdiente Herr Ugur 17 € (680 € : 40 = 17 €). Für 95 Arbeitsstunden bekommt er 1 615 € (17 € · 95 = 1 615 €).
b) Im letzten Monat hat er 168 Stunden gearbeitet (2 856 € : 17 € = 168 (Stunden)).

Seite 63

1 a)

Anzahl LKW	4	2	6
Fahrten pro LKW	12	24	4

b)

Anzahl Pferde	2	5	8
Vorratsdauer (Tage)	100	40	25

2 a)

Anzahl Pumpen	1	2	4	6	8	12
Dauer (Stunden)	12	6	3	2	1,5	1

b)

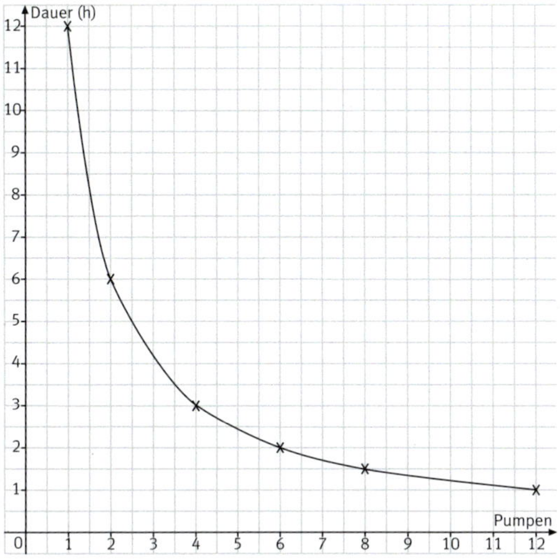

3 a) Der Vorrat reicht bei einem täglichen Verbrauch von einem Liter 2700 Tage (150 · 18 = 2700), bei einem Verbrauch von 30 Liter 90 Tage (2700 : 30 = 90), bei einem Verbrauch von 22,5 Liter 120 Tage (2700 : 22,5 = 120).

b) Wenn der Vorrat 108 Tage reicht, werden pro Tag 25 Liter (2700 : 108 = 25) verbraucht, bei 180 Tagen 15 Liter (2700 : 180 = 15).

Prozentrechnung

Seite 70/71

1 a) 802,04 b) 8900000 c) 1555,95
d) 0,8 e) 100,09

2 a) 100000000 b) 3200 c) 40
10000 320 0,4
d) 7 e) 2350 f) 0,75
14 24950 0,06

3 a) $\frac{1}{4}$; $\frac{1}{2}$; $\frac{2}{8}$ b) $\frac{5}{8}$; $\frac{3}{8}$ c) $\frac{1}{2}$; $\frac{3}{6}$ d) $\frac{1}{8}$; $\frac{1}{4}$; $\frac{5}{8}$ e) $\frac{2}{5}$; $\frac{2}{10}$; $\frac{4}{10}$

4 a) $\frac{1}{2}$ b) $\frac{1}{10}$ c) $\frac{75}{100} = \frac{3}{4}$ d) $\frac{2}{5}$

5 a) $\frac{1}{4}$ von 32 Muffins: 8 Muffins
b) $\frac{2}{5}$ von 25 Schülern: 10 Schüler
c) $\frac{3}{8}$ von 64 Wohnungen: 24 Wohnungen

6 a) $\frac{1}{2} = \frac{5}{10} = 0{,}5$ $\frac{3}{4} = \frac{75}{100} = 0{,}75$ $\frac{3}{5} = \frac{6}{10} = 0{,}6$

b) $\frac{7}{20} = \frac{35}{100} = 0{,}35$ $\frac{9}{50} = \frac{18}{100} = 0{,}18$
$\frac{3}{25} = \frac{12}{100} = 0{,}12$ $\frac{2}{10} = 0{,}2$

c) $\frac{6}{200} = \frac{3}{100} = 0{,}03$ $\frac{21}{300} = \frac{7}{100} = 0{,}07$
$\frac{49}{700} = \frac{7}{100} = 0{,}07$ $\frac{65}{500} = \frac{13}{100} = 0{,}13$

7 a) $0{,}1 = \frac{1}{10}$; $0{,}7 = \frac{7}{10}$; $0{,}5 = \frac{5}{10} = \frac{1}{2}$; $0{,}9 = \frac{9}{10}$

b) $1{,}2 = \frac{12}{10} = \frac{6}{5}$ $1{,}5 = \frac{15}{10} = \frac{3}{2}$
$2{,}35 = \frac{235}{100} = \frac{47}{20}$ $4{,}12 = \frac{412}{100} = \frac{103}{25}$

8 a) ≈ 0,88 b) ≈ 0,21 c) ≈ 0,48 d) ≈ 0,62

9 a) 20 Brötchen → 3 €
1 Brötchen → 0,15 €
7 Brötchen → 1,05 €
b) 3 Kugeln Eis → 2,40 €
1 Kugel Eis → 0,80 €
5 Kugeln Eis → 4 €

Seite 78

1 a) 0,09; 9 % b) 35 %; $\frac{35}{100}$; $\frac{7}{20}$ c) 0,28; $\frac{28}{100}$; $\frac{7}{25}$
d) 0,32; $\frac{32}{100}$; 32 % e) 60 %; $\frac{60}{100}$; $\frac{6}{10}$; $\frac{3}{5}$
f) $\frac{2}{10}$; $\frac{20}{100}$; 0,2; 20 % g) $\frac{12{,}5}{100}$; $\frac{1}{8}$; 0,125

2 a) 7,2 kg b) 7 Ct c) 1,20 €
d) 430 T-Shirts e) 225 Schüler

3 a) G = 15 Lose; p = 20 $W = \frac{15 \cdot 20}{100} = 3$
b) G = 40 Punkte; W = 32 Punkte $p = \frac{32 \cdot 100}{40} = 80$
c) G = 640 Teilnehmer
W = 80 Teilnehmer (Ehrenurkunde)
W = 224 Teilnehmer (Siegerurkunde)
$p = \frac{80 \cdot 100}{640} = 12{,}5$ (Ehrenurkunde)
$p = \frac{224 \cdot 100}{640} = 35$ (Siegerurkunde)

Beschreibung und Konstruktion von Dreiecken

Seite 90/91

1 Eine Strecke hat einen Anfangs- und einen Endpunkt.
Ein Strahl hat einen Anfangspunkt aber keinen Endpunkt.
Eine Gerade hat weder einen Anfangs- noch einen Endpunkt.

2 $\overline{AB} = 3$ cm; $\overline{CD} = 1{,}6$ cm; $\overline{EF} = 5$ cm

3 $\overline{AC} = 5$ cm $\overline{AB} = 0{,}35$ dm
$\overline{AG} = 110$ mm $\overline{AD} = 0{,}055$ m

4 a) dm oder cm b) m c) m oder cm
d) m oder km e) mm f) km

5 b ∥ d c ∥ e b ⊥ a d ⊥ a

6 ① α = 33°, spitzer Winkel
② β = 124°, stumpfer Winkel
③ γ = 90°, rechter Winkel

7 a) spitzer Winkel b) stumpfer Winkel
c) spitzer Winkel d) stumpfer Winkel
e) spitzer Winkel

8 a) Quadrat b) Quadrat
c) Rechteck d) Quadrat

Seite 98

1
a) gleichschenkliges rechtwinkliges Dreieck
b) gleichschenkliges rechtwinkliges Dreieck
c) allgemeines stumpfwinkliges Dreieck
d) allgemeines stumpfwinkliges Dreieck
e) allgemeines rechtwinkliges Dreieck
f) gleichschenkliges spitzwinkliges Dreieck
g) allgemeines rechtwinkliges Dreieck
h) allgemeines rechtwinkliges Dreieck

2
a) In einem gleichseitigen Dreieck sind alle Seiten gleich lang.
b) Ein rechtwinkliges Dreieck hat einen rechten Winkel.
c) Ein stumpfwinkliges Dreieck hat einen stumpfen Winkel.
d) Ein gleichschenkliges Dreieck hat zwei gleich lange Seiten.
e) In einem gleichseitigen Dreieck ist jeder Winkel 60° groß.
f) Hat ein Dreieck zwei spitze Winkel, so kann auch der dritte ein spitzer sein.

3 a) $\gamma = 45°$ b) $\gamma = 55°$ c) $\beta = 30°; \gamma = 90°; \varepsilon = 30°$

Seite 105

1 a) gleichschenkliges rechtwinkliges Dreieck

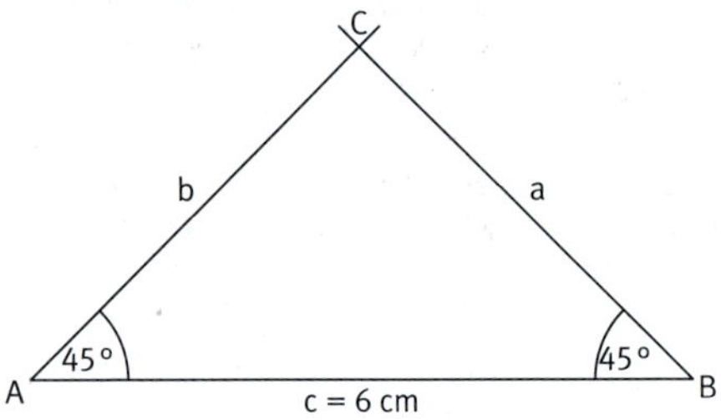

b) allgemeines stumpfwinkliges Dreieck

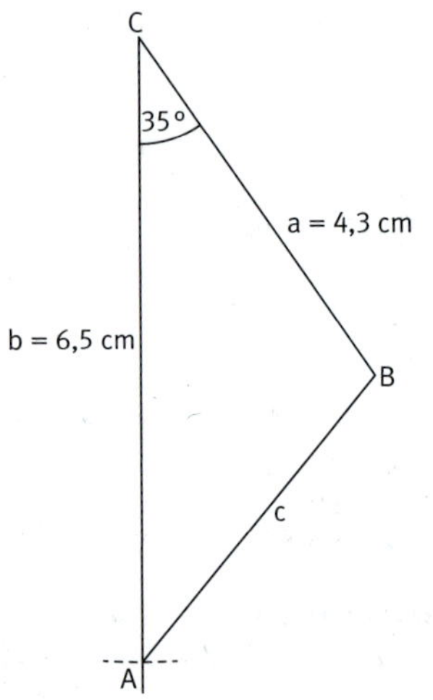

c) gleichseitiges spitzwinkliges Dreieck

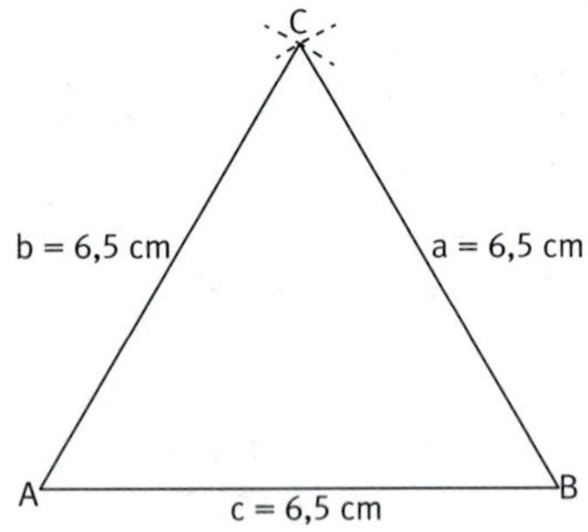

d) allgemeines spitzwinkliges Dreieck

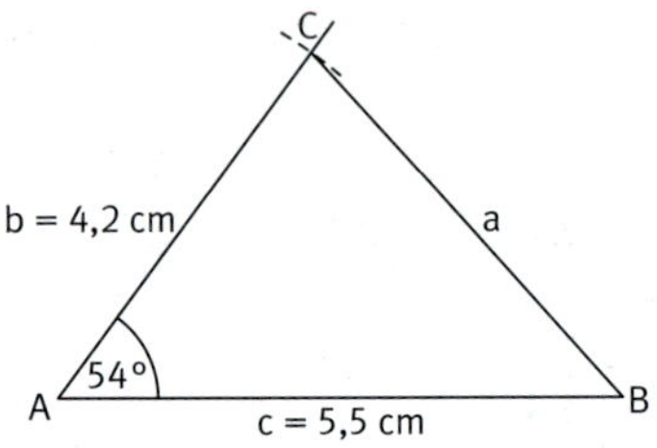

2

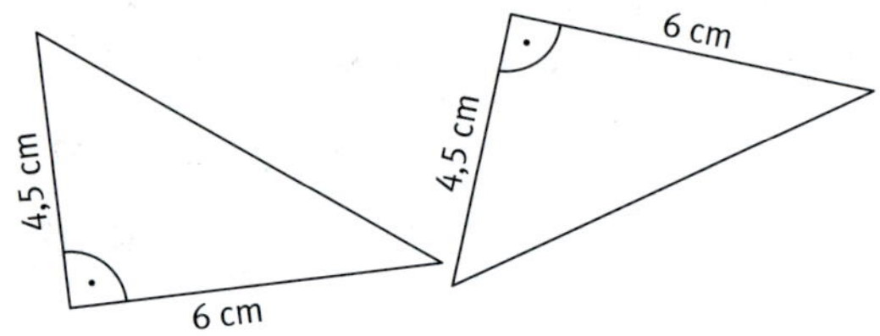

3 a) $h \approx 64$ m b) $b \approx 713$ m c) $\alpha \approx 44°$

4 a) a oder α (bzw. β oder γ) b) α oder a
c) a d) c oder γ

5 Möglichkeit 1: Länge der Basis: c = 5 cm
Länge der Schenkel: a = b = 3 cm

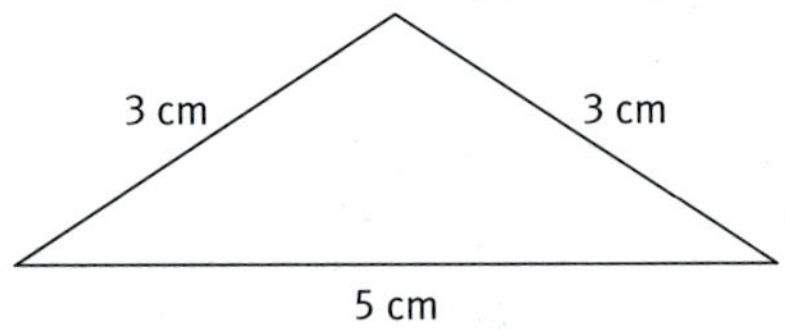

Möglichkeit 2:
Länge der Basis: c = 3 cm
Länge der Schenkel: a = b = 5 cm

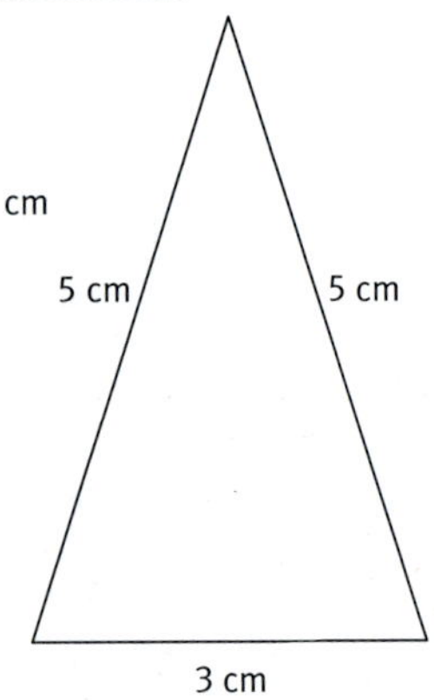

Rationale Zahlen

Seite 112/113

1 a) A: 4 B: 7 C: 10 D: 13
b) E: 6 F: 20 G: 39 H: 55

2
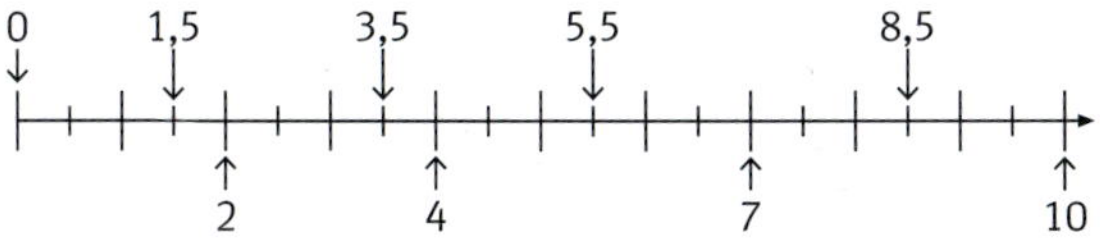

3 a) $0{,}2 < 1{,}5 < 2 < 3{,}5 < 4 < 5{,}5 < 7 < 8{,}5 < 10$
b) $54 > 27 > 25 > 8{,}5 > 5 > 3 > 2{,}4 > 0{,}9 > 0$

4 a) $23 > 13$ b) $0{,}2 > 0{,}02$ c) $1{,}5 < 2$
d) $\frac{1}{4} < 0{,}4$ e) $\frac{1}{5} > \frac{1}{6}$ f) $\frac{3}{4} = 0{,}75$

5 a)

x	1	2	3
y	0,4	0,8	1,2

b)

x	4	5	6
y	1,6	2	2,4

6 a) 61 b) 63 c) 2 d) 28
e) 8 f) 78 g) 6 h) 72

7 a) 150 b) 480 c) 900 d) 2700

8 a) $\frac{2}{8} = \frac{1}{4}$ b) $\frac{3}{4}$ c) $\frac{7}{12}$ d) $\frac{11}{15}$ e) $\frac{41}{24}$

9 a) $\frac{3}{8}$ b) $\frac{4}{21}$ c) $\frac{35}{48}$ d) $\frac{1}{11}$ e) 1

Seite 117

1 a) A: −3 B: −1 C: 2 D: 5
b) A: −3,5 B: −2,1 C: −0,4 D: 0,9 E: 3,8

2 a) $-3 < 3$ b) $7 > -12$ c) $-5 < -1$
d) $-2{,}5 > -3$ e) $\frac{1}{2} > -0{,}5$

3 a) $|+13| = 13$ b) $|-9| = 9$
c) $|-6{,}8| = 6{,}8$ d) $|+5{,}9| = 5{,}9$

4 a) 15 b) 20 c) 16 d) 15 e) 7

Seite 129

1 a) 68 b) 14 c) 11 d) −42
e) −3 f) −22,2 g) −4,1 h) −0,2

2 a) −36 b) 49 c) −160 d) −8
e) −4540 f) 100 g) −440 h) −27

3 a) −7 b) −9 c) 9 d) 350
e) −7,5 f) 11,1 g) −5 h) 0,5

4 a) 17 b) −13 c) 65 d) 50
e) −8 f) −72 g) −100 h) 7

Terme und Gleichungen

Seite 138/139

1 a) Addition: $24 + 3$
Subtraktion: $24 - 3$
Multiplikation: $24 \cdot 3$
Division: $24 : 3$

b) Summe: $16 + 4$
Differenz: $16 - 4$
Produkt: $16 \cdot 4$
Quotient: $16 : 4$

2 a) 78 33 72 9
b) 505 254 252 48
c) 14,92 5,1 18,5 0,4

3 a) −19; 5 b) −53; −56 c) −1,2; −3,25
d) −78; 99 e) −12; 5 f) −25,2; −4

4 a) 43; 83 b) 46; 105 c) 15,2; 0,8

5 a) 78; 9 b) 49; 56 c) 17,5; 10,4

6 Kommutativgesetz: $3 + 5 = 5 + 3$
Distributivgesetz: $(10 + 5) \cdot 7 = 10 \cdot 7 + 5 \cdot 7$
Assoziativgesetz: $(6 + 7) + 8 = 6 + (7 + 8)$

7 a) $4 + 3 = 7$ $19 + 10 = 29$
b) $58 - 16 = 42$ $75 - 20 = 55$
c) $11 \cdot 6 = 66$ $45 : 5 = 9$

Seite 145

1 a) $3x$ b) $7 + x$ c) $x : 5$
d) $x - 15$ e) $4x + 20$

2 a) 12; 24 b) 8; 11 c) 12; 6
d) 5; 11 e) 3; 8 f) 0; −3
g) 66; 108 h) 35; 32 i) 7; 14

3 a) $12x - 12z$ b) $15a - 15b$ c) $2y + 30$
d) $42s + 13t$ e) $-2k + 18$ f) 0

4 a) $a + 2b + c$ b) $2x + 2y + z$

5 a) $21x$ b) $13g$ c) $7y$
d) $180a$ e) $3m$ f) $10d$

Seite 153

1 $54 - 23 = 1 + 5 \cdot 6$
$46 \cdot 0 + 50 - 4 = 86 : 2 + 3$
$(8 + 17) : 5 = 36 - 8 \cdot 3 - 7$
$(26 + 29) : (16 - 11) = 2 \cdot 3 + 20 : 4$

2 Zur Gleichung gehören Text b) und c).
$x = 4$

3 a) $t = 13$ b) $y = 41$ c) $a = 15$
d) $v = 10$ e) $o = 28$ f) $c = 13$
g) $q = 5$ h) $s = 6$ i) $b = 2$
j) $e = 7$ k) $x = 80$ l) $k = 36$

4 a) $x + 34\text{ cm} + 20\text{ cm} = 84\text{ cm}$ $\Leftrightarrow$ $x = 30\text{ cm}$
b) $2 \cdot 16\text{ cm} + 2 \cdot 18\text{ cm} + x = 84\text{ cm}$ $\Leftrightarrow$ $x = 16\text{ cm}$
c) $4 \cdot x = 84\text{ cm}$ $\Leftrightarrow$ $x = 21\text{ cm}$

Umfang und Flächeninhalt von Figuren

Seite 160/161

1 $\overline{AB} = 7{,}0$ cm $\overline{AC} = 11{,}5$ cm $\overline{BC} = 4{,}5$ cm

2 Bei allen Figuren ist der Umfang 16 Kästchen oder 8 cm lang.

3 a) 4 cm = 40 mm b) 1,20 m = 120 cm
c) 80 mm = 8 cm d) 500 cm = 5 m
e) 70 cm = 7 dm f) 52 mm = 5,2 cm

4 a) 1 mm^2 ist ungefähr so groß wie ein mit einem Filzstift gezeichneter Punkt oder der Kopf eines kleinen Nagels.
b) 1 cm^2 ist ungefähr so groß wie ein Fingernagel oder die Taste deines Taschenrechners.
c) 1 dm^2 ist ungefähr so groß wie eine Handfläche oder der Buchdeckel eines kleinen Pappkinderbuches.
d) 1 m^2 ist ungefähr so groß wie eine Fensterscheibe oder ein großes Bild.

5 $a \parallel b$ $c \parallel d$ $g \parallel h$ $f \parallel k$
$a \perp c$ $a \perp d$ $b \perp c$ $b \perp d$

6 Achsensymmetrisch: A, D, X

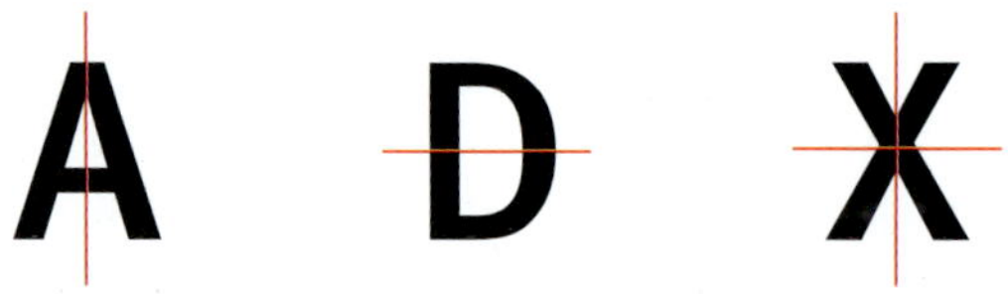

Punktsymmetrisch: Z, X, N

7 Verkleinerte Darstellung ohne Koordinatensystem:

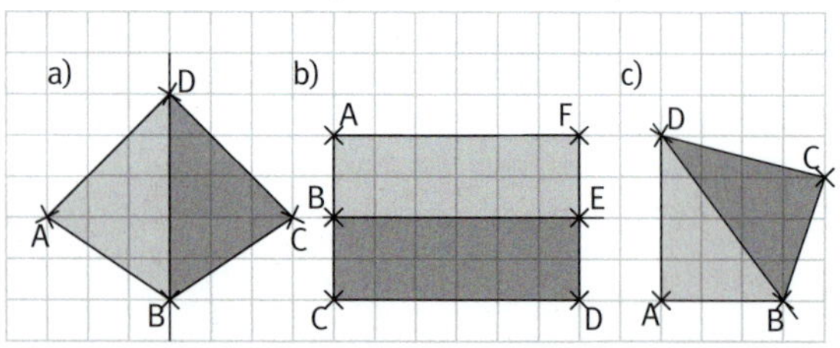

a) A (0,5 | 1,5) B (2 | 0,5) C (3,5 | 1,5) D (2 | 3)
b) A (4,5 | 2,5) B (4,5 | 1,5) C (4,5 | 0,5) D (7,5 | 0,5)
E (7,5 | 1,5) F (7,5 | 2,5)
c) A (9,5 | 0,5) B (11 | 0,5) C (11,5 | 2) D (9,5 | 2,5)

Seite 169

1 a) Es entsteht eine Raute mit zwei Symmetrieachsen.
b) Es entsteht ein symmetrisches Trapez mit einer Symmetrieachse.

2 Allgemeines Viereck:
$\beta = 360° - (57° + 103° + 85°) = 115°$
Parallelogramm:
$\beta = \delta = 360° - (70° + 70°) : 2 = 110°$

3 a) Die Aussage ist falsch. Gegenbeispiel: ein Quadrat mit der Seitenlänge a = 4 cm hat den gleichen Flächeninhalt wie ein Rechteck mit den Seitenlängen a = 2 cm und b = 8 cm. Die beiden Figuren sind aber offensichtlich nicht deckungsgleich.
b) Die Aussage ist richtig.

4 a) $A = 4\text{ cm} \cdot 6\text{ cm} = 24\text{ cm}^2$
b) $A = 5{,}5\text{ cm} \cdot 4\text{ cm} = 22\text{ cm}^2$
c) $A = 5\text{ cm} \cdot 4\text{ cm} : 2 = 10\text{ cm}^2$

Seite 175

1 Mögliche Teilflächen:

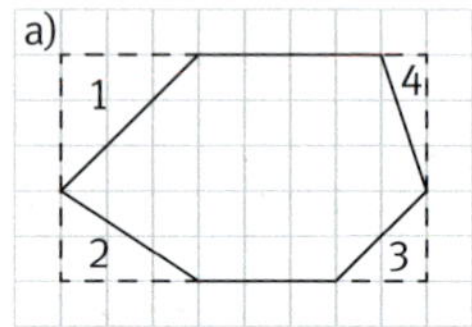

$A_a = A_{Rechteck} - (A_1 + A_2 + A_3 + A_4)$
$A_a = 10\text{ cm}^2 - (1{,}125\text{ cm}^2 + 0{,}75\text{ cm}^2 + 0{,}5\text{ cm}^2 + 0{,}375\text{ cm}^2)$
$A_a = 7{,}25\text{ cm}^2$

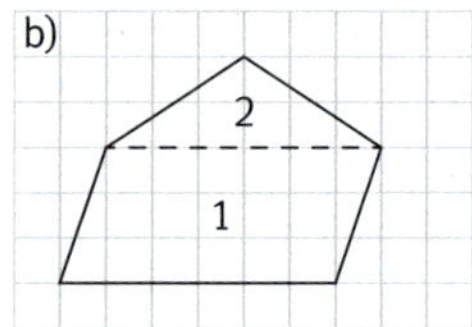

$A_1 = 4{,}5\text{ cm}^2$ $A_2 = 1{,}5\text{ cm}^2$
$A_b = 6\text{ cm}^2$

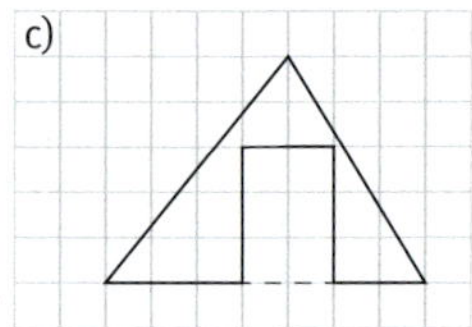

$A_c = A_{Dreieck} - A_{Rechteck}$
$A_c = 4{,}375\text{ cm}^2 - 1{,}5\text{ cm}^2$
$A_c = 2{,}875\text{ cm}^2$

2

	a)	b)	c)	d)
a	23 mm	4 cm	10 cm	5 cm
b	8 mm	3,5 cm	6 cm	2 cm
u	62 mm	15 cm	32 cm	140 mm

3 10,5 cm Silberdraht reichen, denn:
2,3 cm + 3,3 cm + 4,3 cm = 9,9 cm

4 $h \approx 5{,}2$ cm $A = 6\text{ cm} \cdot 5{,}2\text{ cm} : 2 \approx 15{,}6\text{ cm}^2$

Stichwortverzeichnis

Bildnachweis

Fotolia / Tatiana Belova – S. 80; - / Dagmar Breu – S. 137; - / Sergii Figurnyi – S. 120; - / fovito – S. 83; - / Gerd Gropp – S. 74; - / Sergey Kamshylin – S. 159; - / ī masa – S. 120; - / Monkey Business – S. 34, 35; - / monropic – S. 27; - / Alexander Raths – S. 43; - / unpict – S. 34, 137; - / VRD – S. 75; - / ykumsri – S. 120; Getty Images / Robert Harding / World Imagery – S. 167; iStockphoto / adventtr – S. 121; Uwe Kraft Fotografie, Düsseldorf – Einband ; Gerd-Rudolf Neumann, Berlin – S. 6, 7, 27; Nils Sprenger, Bremen – S. 20, 21, 24, 26, 28, 29, 44, 45, 63, 67, 70, 71, 90, 91, 112, 113, 138, 139, 149, 160, 161; Thinkstock / Fuse – S. 120, 121; - / Hemera / Aliaksey Hintau – S. 58; - / iStockphoto / anna1311 – S. 83; - / iStockphoto / Mariusz Blach – S. 83; - / iStockphoto / CCat82 – S. 111, 147; - / iStockphoto / DEmaxQ – S. 69; - / iStockphoto / dvarg – S. 87; - / iStockphoto / EtoileArk – S. 87; - / iStockphoto / Handmade Pictures – S. 57; - / iStockphoto / iSailorr – S. 83; - / iStockphoto / JFsPic – S. 72; - / iStockphoto / jnkramer10 – S. 121; - / iStockphoto / KatarzynBialasiewicz – S. 61; - / iStockphoto / LianeM – S. 83; - / iStockphoto / MajaPhotos – S. 120; - / iStockphoto / MidoSemsem – S. 83; - / iStockphoto / MikeyGen73 – S. 50; - / iStockphoto / Maksym Narodenko – S. 83; - / iStockphoto / osheaphotography – S. 55; - / iStockphoto / Achim Prill – S. 45; - / iStockphoto / Sannie32 – S. 59; - / iStockphoto / scanrail – S. 73; - / iStockphoto / shujaa777 – S. 111; - / iStockphoto / urf – S. 111; - / iStockphoto / Vladimirs – S. 56; - / iStockphoto / volkovslava – S. 56; - / iStockphoto / yvadvyd – S. 50; - / iStockphoto Editorial / manfredxy – S. 51; - / Photodisc / Digital Vision – S. 89; - / Amador Sarduy – S. 56; Wikimedia / Renee Comet / CC-0 – 137 (2); 123rf / alodorado10 – S. 69; © 2016 Kartographie Berliner Verkehrsbetriebe (BVG) – S. 146